HEYNE <

VERENA LÜTSCHG

ÜBER MORGEN

Der Zukunftskompass

Wie wollen wir in
Zukunft leben?

**Alle wichtigen
neuen Technologien
auf einen Blick**

WILHELM HEYNE VERLAG
MÜNCHEN

MIX
Papier aus verantwortungsvollen Quellen
FSC® C083411

Penguin Random House Verlagsgruppe FSC® N001967

Originalausgabe 01/2022

Redaktion: Evelyn Boos-Körner
Umschlaggestaltung: Favoritbüro, München,
unter Verwendung eines Motivs von: Stocksy / VALERIYA SIMANTOVSKAYA
Satz: Satzwerk Huber, Germering
Druck: CPI books GmbH, Leck
Printed in Germany
ISBN: 978-3-453-60604-3

www.heyne.de

Für Moritz

Inhalt

Einleitung

»Man braucht im Leben nichts zu fürchten,
man muss es nur verstehen. Jetzt ist es an der Zeit,
mehr zu verstehen, damit wir weniger fürchten.«
Marie Skłodowska-Curie

Die Welt steht am Sprungbrett. Vergnügt nimmt sie Anlauf und hüpft in das erfrischende Nass. Taucht ein in die schöne neue digitale Welt, in der alles Lästige von Algorithmen und Künstlichen Intelligenzen erledigt wird. Die Welt braucht sich nur noch um ihr Vergnügen zu kümmern. Energiekrise? Erledigt, dank hocheffizienter Solartechnik, rückstandsloser Atomreaktoren und künstlicher Bäume mit Fotosynthesetechnologie. Umweltkrise? Im Griff, da neue Energietechnik das Problem an der Wurzel packt und die Fortschritte in Schadstoff-Rezyklierung und Umwelttechnologie die angerichteten Schäden wieder ausmerzen, während staubkörnchengroße Sensoren durch Luft und Wasser schwirren und deren Qualität in Echtzeit überwachen. Es muss keiner mehr arbeiten, der nicht will. Keine Burn-outs und Bore-outs, keine Arbeitsunfälle, keine lästigen Arbeitszeiten. Ein bedingungsloses Grundeinkommen garantiert jedem Bürger diese Freiheit. Pflanzliche Nahrungsmittel wachsen in perfekt abgestimmten, automatisierten Farmen, tierische entstehen in ebenso automatisierten Laboren, ohne dass Tiere leiden. Beide landen über autonome Lieferung auf unseren Tellern, wann immer wir es wünschen. Und während wir in süßem Nichtstun auf der digitalen Welle floaten, brauchen wir uns nicht einmal vor Krankheiten zu sorgen. Denn Nano-Roboter patrouillieren durch unsere Körper und warnen uns frühzeitig, sollte etwas außer Kontrolle geraten. Falls doch einmal ein Körperteil schwächelt, können wir uns immer noch ein maßgeschneidertes Ersatzteil drucken lassen. Und unsere lästige, fehlerbehaftete Genetik wurde längst durch die Genschere optimiert.

Schöne neue Welt, also – oder?

Die Welt steht am Sprungbrett. Ängstlich blickt sie über den Rand, sie will nicht springen, aber von hinten kommt ein kräftiger Stoß. Doch im Becken ist kein Wasser. Der Aufschlag ist hart. Wir haben es verpasst, unsere Industrie nachhaltig zu gestalten, und die Wirklichkeit erfüllt alle Schreckensszenarien. Weite Teile des Planeten sind unbewohnbar geworden, verwüstet, abgesoffen, überhitzt. Eine nie da gewesene Völkerwanderung findet statt, auf der Flucht vor Hunger, Flut und Dürre. Sie verschärft die ohnehin rasant zunehmende Spaltung der Gesellschaft. In der *The-winner-takes-it-all*-Ökonomie der digitalen Plattformen hat sich eine kleine Elite herausgebildet, die sich immer weiter von der Masse entfernt. Sie bestimmt, was die Menge zu sehen, zu lesen und zu kaufen bekommt. Während die meisten immer heftiger mit Krankheiten, wie durch Umweltgifte hervorgerufene Tumore oder Zivilisationskrankheiten, zu kämpfen haben und ihre Gesundheitsversorgung nicht mehr bezahlen können, erhält die Elite die neuesten Therapien. Sobald die Manipulation unseres Erbguts mit hoher Präzision und Sicherheit möglich ist, ist die Elite nicht mehr einzuholen. Sie leistet sich genetische Vorteile, die sie vom Rest der Menschheit abheben wird, verbessertes Gedächtnis, verfeinerte Sinne, stärkere Körper. Die breite Masse zerreibt sich im Kampf um immer weniger Ressourcen und Jobs auf den digitalen Märkten. Solidarität, Gleichberechtigung und ein zugewandtes Miteinander sind ferne Erinnerungen. Kreativität, Andersartigkeit und Freigeistigkeit bleiben in einer durch ein Sozialkreditsystem permanent überwachten Gesellschaft auf der Strecke. Fehlt nur noch die Designer-Droge, um diese Menschen ruhigzustellen – schöne neue Welt.

Wie wird die Entwicklung verlaufen? Werden wir die sonnige Utopie verwirklichen können oder in einer dystopischen Hölle unser Dasein fristen? Die Antwort ist zunächst recht simpel: weder noch. Nichts ist rein schwarz oder weiß. Warum wird es keine perfekte Utopie geben? Yuval Harari, brillanter Denker, beschäftigt sich in seinem faszinierenden Buch *Homo Deus* mit unserer Zukunft, doch so interessant seine Gedanken sind, es unterläuft ihm ein Kardinalfehler: Er erklärt die drei größten Geißeln der Menschheit, Hunger, Krieg und Krankheit, in absehbarer Zeit für erledigt. Obwohl wir unbestreitbar bei allen drei Themen immense Fortschritte erzielten, werden uns alle drei weiterhin begleiten und einen großen Teil unserer Aufmerksamkeit fordern. Hunger wird wohl am ehesten eines Tages verschwinden. Immer effizientere und nachhaltigere Produktionsmethoden mögen irgendwann die Menschheit ausreichend ernähren, ohne unseren Planeten zu ruinieren. Doch die Prognosen der steigenden Erdbevölkerung bei schwindenden Ackerflächen und Raubbau an der Natur lassen dies in den nächsten 100 Jahren als eher unwahrscheinlich erscheinen. Selbst die günstigsten Prognosen sehen keinen Bevölkerungsrückgang vor 2050, und bis dahin wird es locker neun Milliarden Menschen geben. Krankheit und Krieg allerdings werden uns heimsuchen, solange es Menschen gibt. Solange wir physiologische Körper haben, werden diese sich abnutzen und Ersatzteile brauchen. Angenommen, wir können uns diese Ersatzteile wortwörtlich auf den Leib schneidern lassen, müssen wir dennoch durch den Reparaturprozess gehen, der an keinem Körper spurlos vorbeigeht. Auch Infektionskrankheiten wird es immer geben, einerseits, weil sich auch die Mikroben fortentwickeln, andererseits, weil wir unsere Fortschritte im Kampf gegen Viren und Bakterien selbst boykottieren, was sich beispielsweise an den zunehmenden Antibiotikaresistenzen verfolgen lässt. Auch die Genschere wird nicht alle unsere genetischen Probleme lösen. Zunächst ist das Zusammenspiel unserer Gene so außerordentlich komplex, dass wir es erstens noch nicht durchblicken, zweitens lassen sich die wenigsten genetischen Krankheiten auf ein einzelnes Gen zurückführen, und drittens werden wir häufig in den Konflikt kommen, dass eine vermeintliche Reparatur bzw. Verbesserung unserer genetischen Ausstattung in anderen Bereichen heftigen Schaden nach sich zieht.

Und Krieg ist tief verankert im Menschsein. Gier, Wahn und Hybris werden weder magisch noch biotechnologisch aus unserem Charakter getilgt werden, ebenso wenig unsere Anfälligkeit für Ideologien aller Art. Es ist leicht vorstellbar, dass eine zunehmende und immer anspruchsvollere Bevölkerung nicht dazu beiträgt, Konflikte zu entschärfen. Und all diejenigen, die denken, dass in einer zukünftigen digitalen Welt materielle Ressourcen wie Öl, Gold und Land nicht mehr wichtig sind und als Kriegsgrund wegfallen, sollten sich fragen, worauf ihre digitale Welt eigentlich basiert. Denn sie steht bei aller Virtualität auf physischen Beinen: Wir werden enorme Energiemengen für unsere digitalen Visionen benötigen, seltene Erden und Metalle für unsere Rechner sowie sichere Standorte für unzählige Server. Die Gründe, Krieg zu führen, werden nicht ausgehen. Hunger, Krieg und Krankheit werden uns also weiterhin begleiten. Auch abseits davon ist viel Utopisches, was begehrenswert scheint, auf den zweiten Blick gar nicht so erstrebenswert. Wollen wir wirklich nicht mehr arbeiten? Was macht das mit uns? Woher kommen Sinn und Anerkennung? Wollen wir wirklich ewig leben? Wie sieht überhaupt eine Utopie für Milliarden von Menschen mit unterschiedlichen Vorlieben, Interessen und Voraussetzungen aus? Eine Utopie beschreibt eine ideale Gesellschaft, die das Glück aller Menschen zum Ziel hat, doch wie kann man das verwirklichen, ohne dass die Gesellschaft fragmentiert? Ist das alles wirklich lebenswert?

Was ist mit der Dystopie? Es gibt genügend Vordenker, die uns auf dem besten Weg dorthin sehen. Im Extremfall wird die Menschheit gleich ganz ausgerottet, sei es durch Naturkatastrophen, Nuklearkriege oder eine wild gewordene Künstliche Intelligenz. Auch wenn die Menschheit sich irgendwann selbst auslöschen wird, die Erde wird sie nicht vernichten. Der Planet wird sich vom Boden des leeren Beckens wieder aufrappeln, leicht deformiert zwar, aber lebendig klopft er sich den Staub ab und macht weiter, bis er sich in etwa 7,5 Milliarden Jahren in die Sonne stürzt. Aber gehen wir mal davon aus, unsere Spezies besteht weiter, findet sich jedoch in einer unwirtlichen Welt, einer egoistischen, hasserfüllten und dysfunktionalen Gesellschaft wieder. Es gibt einiges, was in diese Richtung deutet: der Klimawandel; die polarisierenden Nebenwirkungen digitaler Technologien; ein Auseinanderdriften in eine Zwei-, eventuell Dreiklassengesellschaft; die drohende digitale Überwachung, die nicht nur in China bereits begonnen hat. Und da ist die vollkommen mangelnde Vorbereitung auf eine starke allgemeine Künstliche Intelligenz (KI), die es mit dem menschlichen Geist aufnehmen kann – und immer weiter lernt. Die gute Nachricht: Wir können das alles noch beeinflussen. Aufhalten lässt sich der technologische Fortschritt nicht, aber wir können stärker denn je gestalten, mitreden und lenken, und wir als Gesellschaft, als Bürger, haben einen stärkeren Einfluss als je zuvor. Bei den bisherigen industriellen Revolutionen hatte die Mehrheit keine Einflussmöglichkeit. Weder gab es umfassende Informationen noch ein Mitspracherecht. Heute aber haben wir offenen Zugang zu Daten und Fakten, und nie war es einfacher, mit Experten aus den unterschiedlichsten Ländern ins Gespräch kommen, als über digitale Wege.

Nutzen wir diese Chance, unsere Zukunft aktiv mitzugestalten. Beim Klima, bei Biotechnologien und Künstlicher Intelligenz müssen wir jetzt die Weichen für eine technologische Entwicklung zum Wohle aller stellen. Um mitzugestalten, brauchen wir ein Grundverständnis der Schlüsseltechnologien. Wir müssen keinen Slow-Wave-Kernreaktor bauen oder die Basis einer KI programmieren können, um mitzureden. Aber wir sollten verstehen, warum dieser Reaktor kaum radioaktive Rückstände hinterlässt, um uns eine fundierte Meinung zum Thema »Atomkraft – ja oder nein« bilden zu können. Und wir sollten verstehen, warum eine mit schlechten Daten trainierte KI hochgefährlich ist. Nur dann können wir zu der Debatte etwas beitragen. Noch dazu ist dieses Wissen der beste Schutz gegen verführerische Appelle von Untergangspropheten und New-Tech-Jüngern. Überlassen wir das Feld nicht den Extremen, denn wahrscheinlich wird unsere zukünftige Welt irgendwo auf der Skala zwischen Schwarz und Weiß landen. Wo genau, das liegt ganz an uns.

Dieses Buch stellt die Frage, wie wir morgen mit all den neuen Technologien leben wollen. Dazu werfen wir einen offenen Blick auf die wichtigsten und faszinierendsten Innovationen mit ihren Chancen und Risiken an. Wir werden sehen, was sie für unser Leben bedeuten, für unser Arbeiten und Wohnen, für Freizeit und Altern, für Transparenz, Vertrauen und Gemeinschaft. Über jedes einzelne Kapitel kann man mehrere Bücher verfassen, wir werden also nicht den technischen Olymp erklimmen. Aber das Buch soll eine Grundlage bieten, um sich eine eigene Meinung zu bilden und sich selbst zu fragen: Wie will ich eigentlich leben?

Die Zukunft aktiv zu gestalten ist eine grandiose Chance. Reden wir also über morgen. Wie wollen wir dieses »Morgen« gestalten, als Einzelne und als Gesellschaft. Wer Interesse hat, findet auf der Website zum Buch www.zukunftskompass.org nicht nur kurze Steckbriefe der wichtigsten Technologien, sondern kann sich dort auch an der Debatte über ein positives Morgen beteiligen. Und wer weiß, vielleicht entsteht dort ja die eine oder andere wegweisende Idee …

Teil I
Wie wollen wir geboren werden, wie altern und wie sterben?

Im Zentrum der Frage, wie wir leben wollen, stehen wir selbst zwischen Zeugung und Tod. Die medizinischen und gesellschaftlichen Fortschritte der letzten 200 Jahre haben global zu einer Verdopplung der Lebenserwartung geführt.[1] Wir können künstliche Befruchtungen durchführen, Organe verpflanzen, das humane Immundefizienzvirus (HIV) im Zaum halten und zumindest in einigen Ländern selbstbestimmt aus dem Leben gehen. Impfungen retten jährlich Millionen von Leben, und die Kinder- und Müttersterblichkeit ist beinahe weltweit gesunken. Bei all den Erfolgen gibt es auch neue Probleme. Neue Therapien, etwa gegen Krebs oder Erbkrankheiten, werden immer personalisierter. Das macht sie effektiver, aber auch erheblich kostspieliger. Das teuerste Medikament kostet derzeit rund zwei Millionen Euro – eine einzige Spritze, die Betroffenen ein qualvolles Leben mit spinaler Muskelatrophie erspart. Nur, wer kann das zahlen? Gleichzeitig treten neue Krankheiten auf, Pathogene wie SARS-CoV-2 und Zivilisationserkrankungen, die auf Bewegungsmangel und falsche Ernährung zurückgehen. Nicht zu vergessen unsere mentale Verfassung, die immer schlechter mit zunehmendem Stress, Überforderung und Einsamkeit zurechtkommt. Moderne Technologien suggerieren uns teils eine falsche Sicherheit, sie versprechen Lösungen, wo sie nur begrenzt helfen können. Die Corona-Pandemie hat uns vor Augen geführt, wie machtlos wir häufig sind, eine Kränkung, die vor allem hoch technologisierte Gesellschaften noch lange beschäftigen wird. Sie hat uns auch einige Themen wieder bewusst gemacht, die wir lieber verdrängen, allen voran den Tod. Gleichzeitig rückt die Forschung zur Lebensverlängerung bis zur Unsterblichkeit weiter ins Zentrum. Die Verschmelzung von Mensch und Maschine wird ebenso möglich wie der Eingriff in das Erbgut und das gezielte Steuern unserer Evolution. Doch bevor wir diese unumkehrbaren Schritte gehen, sollten wir uns zunächst überlegen, wer wir überhaupt sein wollen.

Kapitel 1
Über Vererbung, Design und den erweiterten Menschen

»Der Mensch ist das einzige Geschöpf,
das sich dagegen sträubt, das zu sein, was es ist.«
Albert Camus

Wenn Neil Harbisson vor einem Supermarktregal steht, sieht er all die Farben nicht, er hört sie. Rot, Grün und Pink verwandeln sich in eine Kakofonie der Töne. Neil wurde farbenblind geboren, doch nach 20 Jahren in einer monochromen Welt war es Zeit, etwas zu ändern. Mit Wissenschaftlern entwarf er eine Antenne, die per Kamera die Farben aufnimmt und in Vibrationen verwandelt. Ihren Sitz hat die Antenne in einem Knochen am Hinterkopf. Sie ragt bis vor seine Stirn, was Neil ein wenig wie einen Anglerfisch aussehen lässt. Über den Schädelknochen werden die Vibrationen in seinen Kopf übertragen, und Neil kann Picasso zuhören und die Gesichter von Bono und Nicole Kidman in Musik übersetzen. Inzwischen träumt er sogar mit dem Klangspektrum, das Gerät ist ein Teil von ihm geworden.[2] Neil hat sich entschieden, wer er sein möchte. Er ist der erste offiziell anerkannte Cyborg.

Immer mehr erforschen nicht nur die Möglichkeiten neuer Sinne, sie suchen nach Wegen, ihre limitierten Fähigkeiten zu erweitern. Diese Verbesserung der Menschen – *Human Enhancement* – fängt bereits bei leistungssteigernden Medikamenten und individuell optimierter

Ernährung und entsprechendem Training an. Wir versuchen, uns selbst zu quantifizieren, zu optimieren und unser Leben in Daten und Zahlen zu packen.

Die Vermessung des Selbst

Mein Armband vibriert, und ich wache auf. Zusammen mit meiner Matratze meldet es mir, dass ich gut geschlafen habe. Durch die Überwachung von Atemrhythmus, Herzfrequenz und Bewegung haben sie den optimalen Zeitpunkt für mein Aufwachen abgepasst. Ein in einem Headset verpacktes EEG (Elektroenzephalograf) misst die elektrische Aktivität meines Hirns und warnt, wenn ich mich nicht ganz entspanne, während mein Armband der Kaffeemaschine mitteilt, dass ich heute nur eine mittlere Dosis Koffein brauche und der Glukosesensor zum Frühstück mahnt. Also mische ich mir ein Müsli, fotografiere es mit der Nutrition-App, die registriert, wovon ich wie viel verspeist habe. Auf dem Weg zur Arbeit berichtet mein Auto, dass ich sehr konzentriert bin und schnell reagiere, perfekter Start in den Arbeitstag. Ein paar Stunden später registriert mein Computer, dass meine Konzentration gesunken ist, bespricht sich kurz mit meinem Glukosesensor und schickt mich zum Mittagessen. Danach darf ich kurz powernappen, was mein Armband rechtzeitig beendet. Am Nachmittag informiert mich mein Hausarzt, dass laut meinem Blutstromsensor alle Werte in bester Ordnung seien. Außerdem fragt er, ob er meine Blutwerte für eine klinische Studie freigeben darf. Ich stimme zu, was mir einen Bonus der Krankenversicherung einbringt. Kaum falle ich abends aufs Sofa, mahnt mein Armband, dass noch eine Sporteinheit ansteht. Ich rapple mich widerwillig auf und zappele meinem persönlichen, KI-gestützten Trainer nach, der per Kamera die korrekte Ausführung überwacht. Am Ende lobt mich das Armband, und ich bekomme 100 Punkte auf meine Krankenkassen-Bonus-App. Kurz vor dem Einschlafen teilt mir eine weitere App mit, dass die nächsten zwei Tage sehr günstig seien, um mich fortzupflanzen. Ich werde morgen darüber nachdenken.

Das mache ich natürlich alles nicht, dazu bin ich allein viel zu faul. Aber das meiste ist bereits möglich. Den Wunsch, uns selbst zu vermessen, haben wir Menschen schon lange, doch die moderne, durch digitale Technologien gestützte *Quantified-Self*-Bewegung gibt es erst seit 2007, als zwei Redakteure der Tech-Zeitschrift *Wired* den Namen prägten. Das Internet der Dinge (IoT), Big Data und präzise Sensorik haben das Thema aus dem Reich der Nerds geholt, nun kann sich jeder nach Lust und Laune selbst vermessen. Selbst das tragbare EEG gibt es bereits, die Firma Muse bietet quantifizierbare Entspannung, und SmartSleep von Philips erkennt Tiefschlafphasen und verlängert sie mittels eines akustischen Signals; Neurofeedback nennt man das. Brainbit geht noch weiter, neben kontrollierter Meditation und Schlaf verspricht es unter anderem einen Vorteil beim Online-Dating, denn »aufs Herz zu hören ist nicht genug«. Außerdem kann man mit dem dazugehörigen Kopfband seine momentane Laune direkt in die sozialen Netzwerke übertragen, herausfinden, wer gerade der glücklichste Mensch im Raum ist, und natürlich hilft das Ding auch Marketing-Menschen dabei, zu analysieren, worauf die Menschen am besten reagieren. Aus einem EEG kann man so einiges herauslesen, etwa tiefe Entspannung, für die Meditation funktioniert das Gerät also. Die exakte Stimmung dagegen lässt sich kaum feststellen, es ist also fraglich zu behaupten, man könnte seine Laune via EEG messen.

Für Vitalparameter wie Sauerstoffsättigung, Körpertemperatur und Blutdruck gibt es dagegen bereits Sensoren, die präzise und zuverlässig unsere Daten aufnehmen. Ein Gerät, wie die von Biovotion entwickelte Armbinde, registriert die physiologischen Werte und ermöglicht den direkten Zugriff auf die Daten für Patient und Arzt. Den Sensor von Coninuss kann man gar im Ohr tragen. Beides sind Beispiele für *Mobile Health* (mHealth), ein Bereich der digitalen Gesundheit, die auf mobile Geräte wie *Wearables* setzt, um etwa chronisch Kranken eine Versorgung zu Hause zu ermöglichen oder Prävention zu unterstützen. Verbaut werden die kleinen sensorischen Spione in praktisch allem, was mit uns in Kontakt steht, und sodann »smart« wird: es gibt smarte Ringe, smarte Windeln und sogar smarte Rosenkränze.

Nach der großen Welle der *Wearables* startete die Entwicklung von *Tattooables*, *Ingestables*, *Implantables* und *Injectables* – also der tätowierbaren, schluckbaren, implantierbaren und injizierbaren Sensoren. *Tattooables* werden als flexible Elektroden aufgeklebt oder sogar direkt auf die Haut gedruckt. Eine ganze Reihe Labore versucht, mittels solcher Tattoos den pH-Wert der Haut,[3] den Vitamin-C-Gehalt des Schweißes[4] und sogar kardiologische Parameter[5] zu bestimmen. Eine Gruppe der TU München etwa verwendete statt traditioneller Tätowiertinte Indikatorenlösungen für pH, Glukose und Albumin, die durch Farbveränderung auf eine ungesunde pH-Verschiebung, erhöhten Zuckerspiegel oder Leber- und Nierenschäden hindeuten.[6] Auch Sensoren, die dauerhaft implantiert oder tiefer ins Gewebe oder den Blutstrom injiziert werden, sind in der Entwicklung und teils bereits marktreif. Die erste smarte Pille, die misst, ob man als Schizophreniepatient auch zur richtigen Zeit sein Medikament eingenommen hat, wurde bereits Ende 2017 von der FDA zugelassen.[7]

So fantastisch das klingt, gibt es doch noch einige Hürden zu nehmen, darunter die dauerhafte und verlässliche Verwendung der Sensoren, ohne dass sie nach jeder Messung ausgetauscht werden müssen. Auch der medizinische Nutzen und die Aussagekraft der Messungen sind oft noch nicht wissenschaftlich belegt.

IoT treibt zwar die Entwicklung voran. Denn das Ganze hat nur einen Sinn, wenn man die Daten miteinander in Verbindung setzen und analysieren kann. Mein Matratzen-Sensor will mit meiner Uhr kommunizieren, ich will, dass meine Uhr mit meiner Kaffeemaschine redet, und meine Krankenversicherung will am liebsten alle Daten haben. Doch häufig passen die Schnittstellen nicht zusammen. Der Gerätemarkt ist das reinste Babylon, kein Gerät versteht das andere, geschweige denn, dass es mit dessen Daten etwas anfangen kann. Um in all den Daten relevante Trends zu finden, muss man also wieder neue Programme nutzen, die sämtliche Gerätesprachen verstehen und die Daten vereinheitlichen und analysieren können. Das ist mühsam für den Nutzer und funktioniert daher auf Dauer nicht. Es braucht einheitliche Standards, verlässliche Funktechnologie wie flächendeckende 5G-Netze und eine solide Datensicherheit. Trotz all dieser Herausforderungen sind mobile Sensoren stark im Kommen, vor allem im Konsumentenmarkt, auch weil die Selbstvermessung immer günstiger wird.

Das erste komplett entschlüsselte menschliche Genom wurde 2001 vorgestellt. Die ganze Sequenzierung kostete damals 2,7 Milliarden US-Dollar. Heute, gerade einmal 20 Jahre später, gibt es die genetische Datenanalyse bei der Firma 23andMe für gerade einmal 99 US-Dollar. Dadurch können und wollen wir jetzt auch wissen, was in unseren Genen steht. Wie hoch ist mein Risiko einer Herzerkrankung? Mein Krebsrisiko? Werde ich im Alter dick oder dement? Will ich das alles wirklich wissen? 2007 gegründet, versendete die Firma zunächst munter ihre Ergebnisse an die Kunden, die – wenig erstaunlich – von der Liste ihrer Mutationen und Risiken ein wenig überfordert waren. »Colitis ulcerosa: dein Risiko ist 1,1 Prozent, das durchschnittliche Risiko liegt bei 0,8 Prozent, du hast damit ein 1,42-fach höheres Risiko und wir sind uns mit 4 von 4 Sternen sehr sicher; Magenkrebs: dein Risiko 2,3 Prozent, Durchschnitt 0,3 Prozent, 7,7-faches Risiko, 4 von 4 Sternen«. Brustkrebs, Prostatakrebs, Zöliakie, bipolare Störung, Gallensteine, Parkinson – das können oft nicht einmal Experten einordnen.

Nun wurde also unzähligen Kunden die Liste aller Mutationen und Risiken vorgelegt und die Menschen mit den Ergebnissen allein gelassen. Offensichtlich keine gute Idee, dennoch brauchte die FDA sechs Jahre, um dieser Verantwortungslosigkeit Grenzen zu setzen und das Analyseangebot für genetische Krankheiten auf elf gut definierte und verstandene Genmarker zu kürzen. Seitdem fokussieren sich die Anbieter darauf, die Herkunft per Gentest festzustellen. Nun kann man sich bunte Karten anzeigen lassen, die einem erzählen, dass man zu 45,63 Prozent von Nord-Ost-Europäern abstammt, zu weiteren 14,05 Prozent aus dem Nordeuropäisch-Mesolithischen Bereich, und zu 0,09 Prozent aus dem Indisch-Tibetischen. Allerdings unterscheidet sich das Ergebnis oft von Firma zu Firma, je nach Datenbank. Auch hier liegt das Problem darin, dass den Menschen eine Genauigkeit und Sicherheit der Technologie suggeriert wird, die es so nicht gibt.

Dann ist da noch die Sache mit dem Datenschutz. Denn während mehr und mehr Leute ihre genetischen Informationen freigiebig im Netz teilen, sind auch die Firmen nicht untätig. FamilyTreeDNA kooperiert mit dem amerikanischen FBI auf der Suche nach Verbrechern,[8] und 23andMe verkauft die Daten seiner Kunden an den Pharmariesen GlaxoSmithKline und diverse Konkurrenten.[9] Ersteres ist extrem bedenklich, auch wenn dies zur Aufklärung von ein paar zusätzlichen Kriminalfällen beiträgt, denn das FBI hat somit Zugriff auf mehr als eine Million genetischer Datensätze. Die Zusammenarbeit mit der Pharmaindustrie (und akademischen Forschungsinstituten) indes ist grundsätzlich keine schlechte Idee, denn die Datenmengen liefern einen Schatz für die Entwicklung neuer Medikamente. Aber warum sollte die Firma mit meinen Daten doppelt kassieren?

Die Verbesserung des Selbst

Der Wunsch, sich selbst besser zu verstehen, ist alt. Heute können wir besser denn je vermessen, und der Slogan des *Quantified Self Institute* drückt diese Erwartung perfekt aus: Selbsterkenntnis durch Zahlen.[10] In ihrer Definition dreht sich das quantifizierte Selbst um nicht weniger, als die persönliche Bedeutung in den persönlichen Daten zu finden. Das ist freilich eine sehr mechanistische Sicht auf das menschliche Wesen. Trotz aller Einwände bringt das Selbstmonitoring auch gesundheitliche Vorteile. Die Selbstvermessung hilft, positive oder negative Muster im eigenen Verhalten zu erkennen und darauf zu reagieren. Allerdings ist oft nicht nur ein gesundes Leben das Ziel. Der Wunsch nach Selbstoptimierung ist immer tiefer in unseren Alltag vorgedrungen. Fitness, sowohl körperlich als auch mental, ist zum Leitbild geworden, *Healthstyle* ist das neue Zauberwort für gesunden Lebensstil. Viele haben Spaß daran, sich per App immer neue Ziele zu setzen, auf die sie hintrainieren. Diese Motivationsschiene nutzt ein Konzept, das sich auf Neudeutsch Gamifizierung nennt. Apps sind weniger oberlehrerhaft und langweilig aufgebaut, sondern interaktiv und wie Computerspiele (*games*). Auch wissenschaftliche Neugier spielt bei vielen eine Rolle. *Citizen-Science*-Projekte finden immer größeres Interesse. Dabei unterstützen Laien Forscher bei ihrer Arbeit oder führen selbst Experimente durch und teilen ihre Ergebnisse auf Websites wie quantified-mind.com mit der Community.

Andere Auswüchse der Selbstoptimierung bringen dagegen zutage, dass viele aus äußerem Druck handeln. Die Erwartungshaltung, immer und überall Bestleistungen abrufen zu können, ist immens. Forbes nannte LSD-Microdosing, also die Einnahme von einer geringen Menge LSD, um Kreativität und Produktivität zu steigern, den nächsten Job-*Enhancer.*[11] Nachdem schon Steve Jobs dafür bekannt war, gerne mal auf einen kleinen psychedelischen Pilz-Trip zu gehen, ist *Microdosing* von diversen psychoaktiven Substanzen der neue Weg, um mitzuhalten.

Der Trend zur Selbstoptimierung steigert sich bis hin zu *Human Enhancement (HE).* Dabei geht es nicht nur darum, das Beste aus sich herauszuholen, sondern über das hinauszugehen, was »normal« oder »natürlich« ist, indem man »wissenschafts- oder technologiebasierte Modifikationen am menschlichen Körper vornimmt«.[12] Viele Methoden wurden ursprünglich entwickelt, um Mängel auszugleichen. Plastische Operationen helfen Brand- und Unfallopfern, ihrem alten Selbst wieder ähnlicher zu sehen. In-vitro-Fertilisation hilft unfruchtbaren Paaren, Eltern zu werden. Doch man kann mit diesen Technologien auch Menschen über ein natürliches Maß hinaus verbessern. Die feine Linie zwischen Therapie und *Enhancement* verwischt. Betrachten wir die Prothetik, die inzwischen nicht mehr nur Behelfs-Gliedmaßen liefert. Vor allem Beinprothesen sind so gut geworden, dass eine Diskussion darüber entsprang, ob Sprinter mit diesen Prothesen in Wettbewerben zugelassen werden, und zwar weil sie einen unlauteren Vorteil hätten. Natur und Technologie sind hier also offensichtlich gerade in einem Kopf-an-Kopf-Rennen, doch wenn man sich die rasante Entwicklung etwa in der Materialkunde anschaut, dann fällt es nicht schwer, sich vorzustellen, dass es in Zukunft Prothesen gibt, die den menschlichen Extremitäten deutlich überlegen sind. Sogenannte Exoskelette, quasi eine unterstützende Hardware um unseren Körper herum, leisten heute schon Übermenschliches.

Auch unsere Sinne werden im Rahmen von HE intensiv erforscht. Warum zum Beispiel sollten wir nur den Lichtbereich von Blau bis Rot sehen? Warum nicht auch Infrarot wie einige Schlangen? So weit sind wir noch nicht, aber es gibt Labore, die daran arbeiten, erblindeten Patienten ihr Augenlicht wiederzugeben. Durch Netzhautimplantate, die mit elektrischer, optischer, magnetischer oder Ultraschallstimulation des Sehnervs arbeiten, versuchen die Forscher, zumindest einen Teil der Sehkraft wiederherzustellen; erste Ergebnisse sind vielversprechend.[13] Sobald die Implantate grundsätzlich funktionieren und verträglich sind, sollte es auch möglich sein, das Sehen über das normale menschliche Maß hinaus zu erweitern.

Wie bei Neil Harbisson wird auch versucht, einen defekten Sinn durch einen anderen zu ersetzen. Blinde etwa lernen, sich über Echoortung im Raum zu bewegen. Dabei hilft ihnen das Tappen des Stockes oder Klickgeräusche der Zunge.[14] Sie können dadurch nicht nur Objekte verorten, sondern auch erstaunlich genau Größe, Form und Material bestimmen. Das Projekt BATEYE arbeitet daran, die menschliche Echoortung durch ein *Wearable* nutzerfreundlicher und zuverlässiger zu machen. Die Forscher verbauen einen Ultraschallsensor in

Brillen, der alle fünf Millisekunden misst und die Distanz zum nächsten Objekt als Ton angibt.[15]

Neil Harbisson und Kollegen kann man zur Gemeinschaft der Biohacker zählen. Biohacker, oder *Do-it-yourself*-Biologen, finden, dass nicht nur in institutionellen Laboren wissenschaftlich gearbeitet werden kann, sondern auch in der Garage. Sie unterstützen eine offene, zugängliche und kostengünstige Wissenschaft und teilen bereitwillig Protokolle und Unterstützung. Während sich viele mit Zellkulturen, Mikroben und Bioinformatik beschäftigen, basteln *Grinders* an ihren eigenen Körpern. Sie versuchen, Technologie und menschliche Körper zu verschmelzen. Der Vorreiter Ken Warwick setzte sich bereits 1998 einen RFID-Chip ein, mit dem er Türen öffnen und Lichter ein- und ausschalten konnte. Wer jetzt meint, Warwick sei ein einsamer Spinner – mag sein. Er ist aber auch emeritierter Professor und Vize-Kanzler der Coventry and Reading Universities. Und allein ist er auch nicht. Inzwischen haben sich mehrere Tausend Menschen chippen lassen; in Schweden kann man sogar sein Zugticket mit seinem Implantat zahlen.[16]

Andere sind skeptischer. PositiveID, die ihren VeriMed-Chip von der FDA zulassen und unter anderem die Gesundheitsdaten der Träger über den Chip zugänglich machen wollten, gaben 2010 auf, da niemand ihren Chip wollte.[17] Einige US-Staaten schützen ihre Bürger per Gesetz davor, unfreiwillig oder durch Anreize gedrängt gechipt zu werden.[18] Die Sorge ist verständlich, denn ein Chip im Körper gibt einem das Gefühl, erfassbar und auffindbar zu sein. Viele befürchten, dass ihre Daten von unbefugten Personen ausgelesen werden können. So einfach ist das alles jedoch nicht. Die Mikrochips selbst haben einen winzigen Speicher, der meist nur zur Authentifizierung der Person taugt. Der Chip lässt sich nicht über GPS oder anders tracken, denn er muss sich erst mit einem aktiven Transponder, zum Beispiel einem Smartphone, verbinden. Der Kontakt funktioniert nur über ein paar Zentimeter, kann also nicht aus der Ferne kompromittiert werden.

Allerdings kann jedes Mal, wenn mit dem aktiven Transponder Kontakt aufgenommen wird, über dessen GPS der Standort ermittelt werden. Dennoch ist das Smartphone wesentlich einladender und ergiebiger für potenzielle Datendiebe. Wer sich also wegen eines Mikrochips in der Hand sorgt, sollte sich erst einmal Gedanken um den Spion in der Hosentasche machen.

Neben den Identifikationschips werden Implantate wie Temperatursensoren, LEDs und Neodymium-Magnete unter Biohackern beliebter.[18] Letztere sollen dem Träger einen Magnetsinn ermöglichen und auf diese Weise wohl die Sinneswelt der Zugvögel oder Wüstenameisen nahebringen. Die Biohackerin Lepht Anonym weiß jetzt dank ihrer implantierten Magnete, wo Norden ist. In guter *Do-it-yourself*-Manier führt sie ihre experimentellen Operationen an sich selbst aus. Warum sie das macht? »Die körperliche Gesundheit hat einen verdammten zweiten Platz nach der Neugier.«[19] Lepht ist für die praktische Umsetzung des Transhumanismus: HE auf die Spitze getrieben, ein Außer-Kraft-Setzen der natürlichen Evolution und die gezielte Erweiterung und Perfektionierung des Menschen durch Technologie. Der Prozess hat längst begonnen, auch wenn sich die meisten dessen wahrscheinlich nicht bewusst sind.

Auch die elektronischen Tattoos von Google und MIT, mit denen man sein Smartphone bedienen könnte, kann man als transhumanistische Spielerei abtun.[20, 21] Ebenso fallen viele Technologien in diese Kategorie, die bereits erfolgreich bei der Behandlung von Kranken oder in der biomedizinischen Grundlagenforschung angewendet werden und die zunächst weit weg von der Übermenschlichkeit scheinen, aber: »Die Menschheit tritt in eine ›transmenschliche‹ Ära ein, in der die Biologie als etwas behandelt wird, das nach Belieben manipuliert werden kann, abhängig von den Interessen des eigenen Lebensstils und nicht von den gesundheitlichen Bedürfnissen«, so Andy Miah vom *MIT Technology Review*.[22] Ging es zunächst um die Selbstoptimierung durch Apps, mechanische Prothetik, die Einnahme stimulierender Pharmazeutika oder ein kleines, passives Implantat, werden die Technologien zunehmend invasiv und greifen nach dem Innersten des Menschen. Dass dieser Prozess eine Flutwelle an ethischen, gesellschaftlichen und regulatorischen Fragen auslöst, ist offensichtlich. Betrachten wir daher die beiden Technologien genauer, die mit Abstand die größte Macht haben: die Verbindung von Gehirn und Maschine und die Manipulation unserer Gene.

Die Schnittstelle zum Gehirn

Cathy trinkt Kaffee. Nichts Besonderes, könnte man sagen. Doch Cathy hat seit 15 Jahren nicht mehr allein aus einem Becher getrunken. Sie ist querschnittsgelähmt, und der Arm, der den Becher hält, ist der eines Roboters. Allein durch Gedanken bewegt sie die mechanische Hand, dirigiert sie zum Becher, lässt sie diesen greifen und an ihren Mund führen. In einer sensationellen Studie von 2012 war sie eine von zwei Patientinnen, denen das Team um John Donoghue von *BrainGate* ermöglichte, zum ersten Mal seit Langem wieder ein Fünkchen Autonomie zu erleben.[23] Dazu wurden den Probanden Platten mit 96 haarfeinen Elektroden in den Bereich des Gehirns eingesetzt, der für die bewusste Koordination unserer Bewegungen zuständig ist, dem Motor-Kortex. Diese Elektroden hören den Neuronen bei ihrer Kommunikation zu, indem sie die elektrische Erregung der Zellen registrieren, und leiten die Befehle zur Bewegung an einen Computer. Der Computer übersetzt die Nervensignale in eine Sprache, die der Roboterarm versteht, und voilá, Cathy trinkt Kaffee.[24] Inzwischen ist es den Forschern sogar gelungen, dass Cathys Leidensgenossen keinen Roboterarm brauchen, sondern über den Umweg von Elektroden und Computer ihren eigenen Arm wieder benutzen können.[25] Möglich macht das Ganze eine Gehirn-Maschine-Schnittstelle (BMI), die die biologische Aktivität des Nervensystems über Computer les- und steuerbar macht. Komplexe Sache, denn bei einer Bewegung spielt sich viel mehr ab, als man meint: Wir müssen den dreidimensionalen Raum und unsere Position darin erfassen, die Geschwindigkeit unserer Gliedmaßen kontrollieren und die Kraft, die wir einsetzen. Um diese Wahrnehmung des eigenen Körpers, die Propriozeption, zu stärken, wird an »fühlenden« Prothesen geforscht. Ein Team der Universität in Utah entwickelte eine neuromyoelektrische Prothese, die die Nervenenden an einer Amputationsstelle mit Kontaktsensoren an der Prothese verbindet. Werden die Kontaktsensoren aktiviert, senden sie elektrische Signale zu den Nerven, welche den Reiz an das Gehirn weiterleiten. Das Gehirn interpretiert diesen Reiz korrekt als haptisches Gefühl, und so konnte der Proband der Studie präziser zugreifen, fragile Gegenstände handhaben und sogar Größe und Härte eines Gegenstandes identifizieren.[26] Ein Team aus Singapur verbesserte derweil die taktilen Fähigkeiten der elektronischen Haut. Diese kann nun auch Temperatur wahrnehmen und die Signalweiterleitung beschleunigen[27].

Doch unserem Gehirn zuzuhören ist schwierig. Schneidet man ein Gehirn durch, lässt sich graue und weiße Masse unterscheiden. In der grauen Masse sitzen vor allem die Zentren der Nervenzellen, ihre Zellkörper. Hier strecken sie auch ihre Fühler, die Dendriten, aus, um sich mit anderen Nervenzellen über Synapsen zu vernetzen. Das funktioniert in der Regel mittels chemischer Botenstoffe und, wenn's wirklich schnell gehen muss, direkt über elektrisches Potenzial. Im Schnitt holen sie sich den Input von rund 1000 anderen Neuronen, im Extremfall von bis zu 10.000. Das sind ziemlich viele Verbindungen. Ihr Axon, eine spaghettihafte Leitbahn mit bis zu einem Meter Länge, reicht die Informationen weiter. Stellen wir uns vor, wir schauen in einen einen Kubikmeter großen Karton und sehen darin 40.000 Kügelchen, die Zellkörper der Neuronen. An jedem einzigen hängen nun 1000 Fäden mit etwa drei bis vier Meter Länge, die Dendriten, und jeweils eine Schnur mit 100 bis 1000 Meter Länge, dem Axon. Jetzt kommen noch einmal rund 40.000 Kügelchen als Helferzellen hinzu, und ein

Kilometer an Blutgefäßen und der Kubikmeter ist ziemlich voll, dabei repräsentiert er dennoch nur ein 500.000stel der Großhirnrinde.[28] So, und jetzt viel Spaß damit, aus diesem Wirrwarr irgendetwas herauszulesen.

Dazu braucht man direkten Zugriff auf die Neuronen, was heißt, die Schädeldecke der Probanden zu öffnen. Das führt zu einigen Problemen, allen voran ein erhebliches Infektionsrisiko, was am Gehirn selten gut ausgeht. Nicht nur die Operation, auch die Verkabelung, die derzeit noch notwendig ist, um die Elektroden am Laufen zu halten und die Information abzugreifen, erhöhen das Risiko. Also forscht man an kabellosen Transmittern und Applikationen, die komplett auf eine OP verzichten könnten. Ein solches Gerät ist die Stentrode, eine Mischung aus Elektrode und Stent. Sie kann durch eine Arterie im Nacken bis in den Motorkortex geschoben werden, sodass zumindest nicht gesägt und gebohrt werden muss.[29] Allerdings ist auch dieses Gerät verkabelt und erst in Tierversuchen erprobt.

Das salzige, nasse Innere unseres Kopfes ist außerdem nicht das natürliche Biotop von Elektronik – sie korrodiert dort. »Der Versuch, die Sensoren im Gehirn am Laufen zu halten, ist, als würde man sein faltbares, flexibles Smartphone in den Ozean werfen und erwarten, dass es 70 Jahre lang funktioniert«, beschreibt es der Forscher John Vivendi.[30]

Für die Funktionalität von BMIs sind drei Kriterien wichtig: geringe Invasivität, hohe Skalierbarkeit und räumliche wie zeitliche Auflösung. Die ersten beiden sind nicht die Stärke von Implantaten, sie sind maximal invasiv, und derzeit kann man lediglich ein paar Quadratmillimeter des Gehirns belauschen. Bei der Auflösung sind sie allerdings unschlagbar. Dadurch, dass sie direkt an den Neuronen ansetzen, lässt sich recht genau sagen, woher das Signal kommt, und dieses ohne große zeitliche Verzögerung weitergeben. Stellt man sich das Gehirn als Fußballstadium vor, dann sitzen Implantate mitten im Fanblock, hören allerdings nur die Jubelgesänge in der unmittelbaren Umgebung. Ein

EEG, bei dem Elektroden außerhalb des Schädels angebracht werden, ist dagegen ein Mikrofon außerhalb des Stadions, das zwar die Erregung der Fans bei einem Tor mitbekommt, im Zweifelsfall aber nicht einmal sagen kann, welche Mannschaft gepunktet hat. Zwischen EEG und Mikroelektroden liegt der Elektrokortikograf, im Prinzip ein EEG, das zwischen Schädeldecke und Hirnrinde geschoben wird. Damit gilt es als weniger invasiv als ein Mikroarray, ist aber deutlich näher am Geschehen als das EEG und hat damit eine bessere Auflösung, sowohl räumlich also auch zeitlich.

Der heilige Gral der BMI ist also ein Gerät, welches direkt mit den Nervenzellen interagiert, aber nicht invasiv eingesetzt werden muss, das bestenfalls das gesamte Geschnatter unserer geschätzt rund 100 Milliarden Hirnneuronen mitschneidet, aber gut unterscheiden kann, wer was sagt, und dies umgehend an den Computer schickt.

Ab 2010 gab es einen Boom in den Neurowissenschaften, auch dank massiver Investitionen von Regierungen, wie etwa das *Human Brain Project*, mit 256 Millionen Euro das größte je von der EU finanzierte Wissenschaftsprojekt. Dabei befinden sich nicht nur Wirtschaftsmächte im Wettrennen, sondern auch Mensch und Maschine, wie Stephen Hawking warnte: »Es besteht die reale Gefahr, dass Computer Intelligenz entwickeln und die Vorherrschaft gewinnen werden. Wir müssen dringend direkte Verbindungen zum Gehirn aufbauen, damit Computer die menschliche Intelligenz verbessern können, bevor wir in der Opposition enden.«[31] Also zurück ins Labor. Dort wird etwa *Neural Dust* entwickelt, neuraler Staub. Die Idee ist, Miniatur-Geräte im Nervensystem zu verteilen, die in einem geschlossenen System kabellos kommunizieren und ihre Batterien wieder aufladen. Diese Geräte können rein theoretisch die Größe eines Nervenzellkörpers haben und sich problemlos in ihr biologisches Umfeld einfügen. Eine Gruppe der University of California, Berkeley, bastelt seit einigen Jahren daran, diese Vision eines verstaubten Hirns zu realisieren.[32] Dongjin Seo, der Doktorand, der maßgeblich an der Entwicklung von *Neural*

Dust beteiligt war, ist Mitgründer von Neuralink, einer Firma von Elon Musk. Neuralink setzt dabei nicht auf intelligente Staubpartikel, sondern will das Gehirn mit unzähligen optischen Fasern durchsetzen, einem *Neural Lace*. Über dieses Fasernetz soll eine »Symbiose mit den Maschinen« entstehen, wie Musk mitteilte.[33] Derweil träumt Mark Zuckerberg davon, dass man eines Tages nicht nur Fotos und Texte mit seinen Freunden teilen kann, sondern »vollkommene sensorische und emotionale Erfahrungen«.[34] Ein Schelm, wer Böses dabei denkt. Schön für Zuckerberg ist natürlich, dass sich ein solcher Austausch über seine Plattform wunderbar abgreifen lässt.

Nicht nur Lauschen, auch Nervenstimulation funktioniert mit implantierten Elektroden deutlich besser als mit solchen außerhalb des Kopfes. Diese sogenannte tiefe Hirnstimulation wird bereits seit rund 25 Jahren für die Behandlung von Bewegungsstörungen wie Parkinson angewandt. Lediglich ein bis zwei lange dünne Elektroden werden tief in das Hirn eingebracht, die über Kabel mit einem im Brust- oder Bauchbereich implantierten Impulsgeber verbunden sind. Was diese Elektroden im Gehirn bewirken, weiß man nicht so genau. Vermutlich blockieren die Elektroden die Aktivität der Nerven, regen sie an oder wirken auf die Synapsen selbst ein.[35] Jedenfalls funktioniert es und ist mittlerweile nicht nur bei Parkinson eine anerkannte Therapie, sondern auch bei essenziellem Tremor mit weiteren Erkrankungen wie Epilepsie und Depression in der Studienphase.[36] Auch der Gedächtnisverlust durch Alzheimer steht auf der Liste, und hier wird es im Kontext von HE wieder spannend, denn wenn wir eine Methode finden, die Gedächtnisleistung unseres Hirns zu steigern – wäre das nicht der Wahnsinn? 2018 zeigten Forscher in den USA, dass sie mithilfe implantierter Elektroden nicht nur in der Lage waren, den individuellen Gedächtnis-Code von Probanden zu identifizieren und aufzunehmen; sie konnten über die Elektroden diesen Code auch wieder in das Gehirn zurückspielen und so die kurzzeitige Gedächtnisleistung der Teilnehmer um bis zu 37 Prozent verbessern.[37] Heißt das nun, dass man bald Informationen direkt aus unserem Gehirn abgreifen kann, womöglich sogar, ohne dass wir es mitbekommen? Nein, das wird, wenn überhaupt, wohl noch lange dauern. Aber mit unserer freiwilligen Beteiligung werden Dritte in absehbarer Zeit einiges mehr aus unseren neurologischen Prozessen herauslesen können, als uns wahrscheinlich lieb ist. 2019 veröffentlichten Forscher der University of California, San Francisco, eine Studie, in der sie entziffern konnten, was die Teilnehmer hörten und sprachen.[38] Gesponsert wurde die Forschung von Facebook. Noch Fragen?

Miguel Nicolelis will gar Gehirne direkt verbinden und so organische Computer schaffen, die er *Brainets* nennt. 2015 verband er die Gehirne von vier Ratten, indem durch implantierte Elektrodenarrays die Aktivitäten in allen vier Kortices abgegriffen, analysiert und die Signale an die Rattenhirne zurückgegeben wurden. Bei den daraufhin zu lösenden Aufgaben erzielten die Tiere in Kollaboration über ihr Brainet bessere Ergebnisse als einzelne Ratten.[39] Forscher um Rajesh Rao verbanden drei menschliche Probanden über ein EEG und ließen sie Tetris spielen. Dabei sahen immer nur zwei Probanden in einem Trio den Bildschirm und schlugen Spielzüge vor, die an den Dritten übermittelt wurde, der dann letztendlich entschied – und das tat er mit einer Genauigkeit von durchschnittlich 81 Prozent.[40]

Wir können also über unsere Gedanken Roboter steuern, gelähmte Glieder bewegen und elektronischer Haut haptisches Gefühl geben. Wir können tauben Menschen eine Basisversion ihres Gehörs und Blinden ihrer Sehkraft wiedergeben. Wir können in der Erinnerung herummischen, neurologische Leiden lindern und auf neue Weise mit Computern kommunizieren. Wir können derzeit jedoch weder die physiologischen Leiden vollständig heilen noch unsere normale Leistung in einem Umfang steigern, der Sinn macht. Am weitesten sind wir bei den Exoskeletten, die Arbeitern eine physische Tätigkeit wohl bald deutlich erleichtern werden, aber sie befähigen nicht dazu, auf dem Klavier Beethoven zu spielen. Auch bei anderen Anwendungen hapert es an Geschwindigkeit, Genauigkeit und Sicherheit. Die Herausforderungen bei der Weiterentwicklung der BMI sind vielfältig. Wir müssen am Elektrodendesign feilen, die Geräte verkleinern, die Sensitivität verbessern und einen Weg finden, mehr Neuronen mit möglichst wenig invasiven Geräten zu erreichen, und das mit höherer Kommunikationsgeschwindigkeit.

Eines Tages wird KI unsere Gedanken und neuronalen Befehle wohl automatisch vervollständigen können, ähnlich wie Smartphones beim Texten. Das würde unsere Kommunikationsgeschwindigkeit signifikant erhöhen. Aber auch besserer Austausch unter Forschern würde BMI einen Schub geben, Stichwort *Open Science*. Die Bewegung möchte wissenschaftliche Erkenntnisse für alle zugänglich machen. Plattformen wie *Neurodata without borders* tragen dazu bei, indem sie einheitliche Datenstandards verbreiten. Nicht nur wissenschaftlich, auch regulatorisch sind noch massive Hürden zu nehmen, gerade beim Einsatz von Hirnimplantaten in gesunden Menschen. Die Zulassung solcher Implantate ist schon bei Schwerkranken problematisch. Bei Gesunden, die zum Beispiel per Gedanken eine E-Mail senden wollen, ist das noch undenkbar.

Überdies haben wir noch keine Idee, wie das Gehirn als Ganzes eigentlich funktioniert. Sicher, wir wissen um den Motorkortex, das pubertäre Verhalten des limbischen Systems und die Stimme der Vernunft hinter unserer Stirn. Wir wissen auch, wie ein einzelnes Neuron aussieht und wie es seine Erregung weitergibt. Aber wie das alles zusammenarbeitet, wissen wir nicht. Andererseits, wie genau müssen wir das Gehirn verstehen, um in Sachen BMI weiterzukommen? Andrew Jackson, Professor für Neurale Schnittstellen an der Newcastle University, bringt es auf den Punkt: »Die Hoffnung vieler Menschen ist, dass es bis zu einem gewissen Grad keine Rolle spielt, ob wir die Informationen nicht perfekt entschlüsseln können. Wichtig ist, dass der Benutzer und das Gehirn selbst lernen können, das zu steuern, mit dem wir es verbunden haben.«[41] Schließlich ist mit unserem begrenzten Wissen von heute schon Erstaunliches möglich, und all die Innovationen in der

Schnittstellentechnologie bringen auch wieder wichtige Erkenntnisse für die Grundlagenforscher der Neurowissenschaften.

Nichtsdestotrotz sollten wir nicht leichtfertig an komplexen Systemen herumschrauben, ohne zu wissen, was wir tun. Doch das passiert derzeit auch an einem ähnlich komplexen System wie unserem Gehirn, nämlich unserer DNA. Wir können mittlerweile unser Genom nicht nur lesen und für Organismen wie Bakterien neue Gene schreiben, wir können unser Genom seit Kurzem auch editieren. Auftritt CRISPR/Cas9.

Der Griff an die genetische Substanz

Am 17. August 2012 veröffentlichten Emmanuelle Charpentier und Jennifer Doudna einen Artikel im Fachjournal *Science*, der eine Lawine lostrat. Mit ihren Teams hatten sie einen Mechanismus entschlüsselt, den Bakterien nutzen, um sich gegen Viren zu wehren: CRISPR/Cas9. Doch warum sollte der Kleinkrieg zwischen Bakterien und Viren unsere Welt bewegen? Nun, das liegt an der Eleganz und Einfachheit des Mechanismus sowie an der Brillanz der Autorinnen, die erkannten, dass man den Mechanismus dafür nutzen kann, Gene zu bearbeiten.[42] Bakterien sind ebenso wie wir einer Flut an Viren ausgesetzt. Mit den meisten leben sie in friedlicher Koexistenz oder sogar nützlicher Symbiose. Aber ab und zu treten Viren auf, die der Bakterienzelle nicht guttun. Überlebt das Bakterium, dann hilft es, wenn es sich dauerhaft an die Viren erinnert, um sie abzuwehren. Bei uns machen das die Antikörper. Doch während die kurzlebigen Antikörper nicht über Generationen weitergegeben werden können, sind die Bakterien so schlau, die Erinnerung im Genom zu speichern, indem sie kurze Abschnitte des Virengenoms an eine bestimmte Stelle in ihrem eigenen Genom kleben. Daraus entsteht mit der Zeit eine *Most-Wanted*-Liste an unerwünschten Besuchern, und eben das ist CRISPR (kurz für *clustered regularly interspaced short palindromic repeats*).

Von diesen *repeats* als Vorlage erstellt das Bakterium nun RNA-Fragmente (RNA ist die instabilere, aber vielseitigere Schwester der DNA), die wie Suchhunde die Bakterienzelle nach DNA-Abschnitten durchkämmen, die komplementär zu ihrer eigenen Sequenz sind, sprich: die zu jenen Viren gehören, die das Bakterium in schlechter Erinnerung hat. Hat ein RNA-Fragment seine Viren-DNA gefunden, ruft es Cas9 zu Hilfe, ein Protein, das die unerwünschte DNA zerschneidet und die Viren somit unschädlich macht. Zusätzlich fanden Charpentier, Doudna und Kollegen heraus, dass nicht nur Bakterien Cas9 befehlen konnten, wo es schneiden soll, sondern, dass man künstlich erzeugte und frei designte RNA-Fragmente in die Zelle schleusen kann. Aber was bringt das? Da kommt ein weiteres molekulares System ins Spiel, das zelluläre Reparatursystem. DNA kommt immer wieder mit schädlichen Sachen wie UV-Strahlen oder Chemikalien in Berührung, die unter anderem zu Brüchen im DNA-Strang führen. Das Reparatursystem flickt diese Brüche wieder zusammen, entweder, indem es die Enden zusammenklebt, oder, indem es ein anderes DNA-Stück einfügt. Hier wird es spannend. Denn nun kann ich gezielt Teile eines Gens ausschneiden und eine neue Sequenz einfügen, Punktmutationen ins Gen schreiben oder entfernen und Gene komplett ausschalten. Das alles ist nicht weniger als die Editierung des Genoms.

Geneditierung gab es auch schon vor CRISPR/Cas9, nur waren die Methoden entweder nicht für große Genome wie etwa von Säugetieren geeignet, unheimlich umständlich und langwierig, ungenau oder teuer. Meist waren sie alles zusammen. CRISPR/Cas9 dagegen ist fast lächerlich einfach und billig. Bei der Firma The Odin gibt es für 169 US-Dollar ein Do-it-yourself-Kit, mit dem ich Bakterien am Küchentisch eine Antibiotikaresistenz einbauen kann.[43] Wer sein professionelles Labor um CRISPR/Cas9-Technologie erweitern will, kommt mit 2000 US-Dollar aus.[44] Die Non-Profit-Organisation Addgene hat es sich zur Aufgabe gemacht, alle möglichen CRISPR/Cas9-Werkzeuge zu sammeln und Laboren in der ganzen Welt zum geringen Preis zur Verfügung zu stellen. Statt in jahrelanger Forschung ein einziges neues transgenes Mausmodell herzustellen, kann man die Tiere nun dank CRISPR/Cas9 binnen drei Wochen mutieren. Kein Wunder, dass die Zahl der Anwendungen dieser Technologie explodierte. Innerhalb weniger Jahre wurde ein ganzer Zoo an CRISPR-Tieren kreiert: Schwarze Mäuse wurden weiß, Beagle bekamen die doppelte Muskelmasse, Schweine wurden auf Mikrogröße geschrumpft und teuer als Haustiere verkauft, und asiatische Elefanten sollen zum Mammut werden.[45, 46, 47]

Genomeditierung von Tieren wird auch in der Medizinforschung als große Chance gesehen, etwa um Tiere in Lieferanten von Medikamenten oder Organe zu verwandeln. In der EU sind bereits transgene Ziegen und Hühner zugelassen, die ein Blutverdünnungsmittel beziehungsweise ein Cholesterol-modifizierendes Medikament für uns herstellen.[48] Schlaue Werbeleute nennen solche Medikamente *Farmaceuticals*. Doch die bisherigen Methoden sind kosten- und zeitintensiv. CRISPR/Cas9 ändert alles.

Noch viel weitreichender sind all die neuen Tiermodelle, die durch Genomeditierung entstehen, um menschliche Krankheiten besser erforschen zu können. Die Hoffnung ist, dass man gezielt Krankheitsbilder erzeugen kann, um diese besser verstehen und neue Therapien testen zu können.[49] Inzwischen kann man mittels CRISPR/Cas9 auch Gene ein- und ausschalten,[50, 51] Diagnostik entwickeln und vieles mehr. CRISPR/Cas9 wird häufig als Genschere bezeichnet, Jennifer Doudna findet jedoch, dass es durch diese Multifunktionalität eher einem Schweizer Taschenmesser gleicht.[52]

Allerdings zeigen die Tiermodelle auch, was bei CRISPR/Cas9 schiefgehen kann, und das ist nicht unerheblich. Wurde anfangs noch die hohe Effizienz und Präzision der Genschere gepriesen, hat sich die Begeisterung inzwischen abgekühlt. Ein großes Problem ist der sogenannte Mosaizismus, was bedeutet, dass Cas9 zwar in einigen Zellen des Organismus sein Werk verrichtet, in anderen jedoch nicht. Das Ergebnis sind Tiere, die sowohl editierte als auch nicht editierte Zellen in sich tragen. Besonders gut konnte man dies bei Mäusen beobachten, deren schwarzes Fell durch das Ausschalten eines an der Herstellung von Melanin beteiligten Proteins weiß werden sollte. Dem war nicht so, 89 Prozent der Mäuse waren meliert statt reinfarbig.[53] Die Effizienz wird natürlich nicht besser, wenn man gleich zwei Gene modifizieren möchte, wie die Erschaffer einer supermuskulären Shannbei-Ziegenart mit extra viel Cashmere-Wolle feststellen mussten, nur 10 von 98 Lämmern trugen beide Merkmale.[54] Ein weiteres großes Problem sind sogenannte *off-target*-Effekte, sprich, CRISPR/Cas9 sucht und schneidet nicht nur, was es soll, sondern auch noch andere Gensequenzen, die man lieber intakt gelassen hätte. Mehrere Studien zeigten massive Nebeneffekte in Tiermodellen und Zellkultur. 2020 fanden drei Studien große Deletionen, verkehrt herum eingebaute Gensequenzen und andere Fehler nach der Genomeditierung von humanen Embryos.[55] Mit Hochdruck sind Wissenschaftler nun daran, die Technologie präziser und effizienter zu machen.[56, 57]

Das hehre Ziel dieser Bemühungen ist natürlich nicht nur die Herstellung von Haustieren im Teetassenformat, sondern die Entwicklung von maßgeschneiderten Therapien für Menschen. Viele genetische Erkrankungen haben ihre Ursache nicht nur in einem fehlerhaften Gen, sondern im Zusammenspiel von mehreren dysfunktionalen Genen, was wir noch viel zu wenig verstehen. Hier ist es schwierig, mit Geneditierung anzugreifen. Doch von einigen Tausend Krankheiten wissen wir, dass sie auf die Mutation von nur einem Gen zurückgehen, darunter Leiden wie Cystische Fibrose (CF), Chorea Huntington und Sichelzellenanämie. Letztere erfordert eine regelmäßige Bluttransfusion, doch in einer Studie konnten drei Patienten nach einer CRISPR-basierten Behandlung über Monate auf ihre Bluttransfusionen verzichten.[58] Statistisch ist das nicht relevant, aber es ist ein eindrucksvoller erster Nachweis der Machbarkeit, ein Hoffnungsschimmer für unzählige Betroffene und – nicht mal ein Jahrzehnt nach der Entdeckung der gezielten Geneditierung – ein sensationeller Erfolg.

Krebs ist eine größere Herausforderung für die Genschere als monogenetische Erkrankungen, weil Tumore eine ganze Reihe von Mutationen in zahlreichen Genen und gleichzeitig eine hohe Mutationsrate aufweisen, was zu immer neuen Abweichungen führt. CRISPR/Cas9 kann auch dabei helfen, dieses Chaos besser zu verstehen, etwa durch genomweite Knock-out-Studien, die in Zellkultur systematisch jedes Gen ausschalten und schauen, was passiert.[59] Etabliert hat diese Methode David Sabatini vom MIT und nutzt sie, um unser Genom auch grundlegend zu untersuchen, zum Beispiel daraufhin, welche Gene für uns oder für das humane Immundefizienzvirus HIV essenziell sind.[60, 61]

Überhaupt HIV: AIDS ist eine weitere Krankheit, die Forscher mittels Geneditierung heilen wollen. Obwohl heutige AIDS-Therapien gut wirken, können sie die Krankheit nicht heilen, denn HIV baut sich selbst in unser Genom ein. Die Genschere könnte nun das HIV-Genom aus der DNA der Patienten herausschneiden oder aber wieder aufwecken, sodass das Virus gebildet und mit den Medikamenten bekämpft werden kann.[62]

Bisher ging es nur um die Geneditierung von somatischen Zellen, also den Zellen des Körpers, die wir nicht an unsere Kinder weitergeben. Was aber, wenn man dieses Werkzeug an der Keimbahn ansetzt und menschliche Eizellen, Spermien oder auch Embryonen editiert? Wird damit der alte (Alb-)Traum des Designerbabys wahr? Will man Erbkrankheiten behandeln, ist es natürlich vorteilhaft, wenn man die genetischen Fehler direkt in der Keimbahn korrigiert und damit den Nachkommen Leiden erspart. Auch kommt eine Therapie der somatischen Zellen für einige Erkrankte zu spät; zu schwerwiegend sind oft die bereits eingetretenen Schäden.[63]

Eine Editierung der Keimbahn ist der massivste Eingriff, den wir am menschlichen Leben vornehmen können, denn er betrifft eben nicht nur einen Menschen, sondern auch all seine Nachkommen. Die Tragweite einer solchen Aktion ist mit unseren heutigen Mitteln kaum zu ermessen, und so hat auch Jennifer Doudna dazu eine klare Meinung: »Bis wir ein besseres Verständnis von allen damit verbundenen Sicherheits- und ethischen Fragen haben und bis wir einer breiteren Vertretung von Interessengruppen die Möglichkeit gegeben haben, sich an der Diskussion zu beteiligen, sollten Wissenschaftler die Keimbahn besser in Ruhe lassen. Und, im Ernst, ob wir jemals die intellektuelle und moralische Fähigkeit haben werden, unser eigenes genetisches Schicksal zu steuern, ist eine offene Frage.... Wir sollten zweimal nachdenken, bevor wir diese Linie überschreiten. Und dann sollten wir noch mal nachdenken.[64]

He Jiankui hat nicht noch mal nachgedacht, sondern einfach gemacht. Ende 2018 löst Antonio Regalado mit einem Artikel im *MIT Tech Review* eine Schockwelle unter CRISPR-Forschern aus. Regalado berichtet, dass Hes Labor in Shenzhen während einer In-vitro-Fertilisation (IVF) genetisch modifizierte humane Embryos hergestellt und sieben Frauen erfolgreich implantiert hatte.[65] Einen Tag danach bestätigt *Associated Press*, dass mindestens ein Zwillingspärchen, Mädchen mit den Pseudonymen Lulu und Nana, in diesem Monat geboren worden waren.[66] Die Bekanntmachung von He Jiankui kam kurz vor einem internationalen Kongress, auf dem das Thema diskutiert werden sollte: Ist es vertretbar, CRISPR-modifizierte Babys zu produzieren? Die Kommentare anderer Forscher zu Hes Alleingang waren vernichtend.[67]

Bereits 2015 hatten chinesische Forscher CRISPR/Cas9 an menschlichen, jedoch nicht lebensfähigen Embryonen ausprobiert, auch damals war der Aufschrei groß.[68] Doch He hat gleich mehrere Grenzen überschritten: Er setzte trotz lauter Rufe nach einem Moratorium ein ungenügend erforschtes genetisches Werkzeug an menschlichen Embryonen ein und ließ diese von Müttern austragen. Er informierte die chinesischen Behörden zu spät über seine Studie. Und er führte einen völlig unsinnigen Versuch durch. Die Elternpaare waren gezielt danach ausgesucht worden, dass die Mutter HIV-negativ, der Vater aber positiv war. Angeblich wollte He die ungeborenen Kinder vor einer Ansteckung schützen, indem er die HIV-Bindestelle CCR5 ausschaltete. Das ist grober Unfug, denn bei einer IVF ist das Risiko einer HIV-Ansteckung durch den Vater ohnehin gleich null. Stattdessen nahm He in Kauf, die Kinder einem enormen Risiko von *off-target*-Effekten auszusetzen, ganz zu schweigen von den Nebenwirkungen eines dysfunktionalen CCR5-Rezeptors. Prompt zeigten die ersten verfügbaren genetischen Daten der Kinder, dass mindestens ein Mädchen Mosaizismus aufweist und höchstwahrscheinlich weitere Nebeneffekte wie unerwünschte Deletionen.[69, 70] Kurz: He Jiankui pfuschte an menschlichem Leben herum, in der Hoffnung, »in diesem immer kompetitiveren globalen Streben nach Anwendungen von Genomeditierung herauszustehen«.[71] Und die beiden Zwillingsmädchen? Es gibt keine Informationen zu ihrem Aufenthaltsort oder ihrem Gesundheitszustand.

So fatal diese Geschichte ist, in nicht allzu ferner Zukunft werden wir wohl unser Genom mit hoher Präzision editieren können. Spätestens dann stellt sich die Frage, ob wir tatsächlich »nur« Krankheiten heilen wollen oder ob wir einen kleinen, verführerischen Schritt weitergehen und uns auch genetisch optimieren. Schon jetzt kennen wir einige Mutationen sehr genau, die für ästhetische Ansätze interessant sind. Dieselbe Mutation, die bei den Shannbei-Ziegen mehr Cashmere-Wolle als Ergebnis hat, führt bei Menschen zu längeren Wimpern. Und erst vor ein paar Jahren wurde in Berlin ein Kind geboren, dessen Myostatin-Gen durch eine Mutation ausgeknockt war, ebenjenes Gen, dessen Ausschaltung bei Ziegen und Rindern mehr Muskelmasse erzeugte. Auch das Berliner Kind hat einen ungewöhnlich hohen Muskelanteil.[72]

Die genetischen Voraussetzungen unserer Nachkommen werden nicht mehr durch die genetische Ausstattung ihrer Eltern begrenzt sein. Wir werden die Wahl haben, ob wir bei unserer Fortpflanzung der Natur ihren Lauf lassen wollen oder nicht, und mit dieser Wahl kommt große Verantwortung. Um Jennifer Doudna noch einmal zu

Wort kommen zu lassen: »Was werden wir, eine aufsässige Spezies, deren Mitglieder sich auf kaum etwas einigen können, auswählen, mit dieser fantastischen Macht zu tun?«[73]

Kapitel 2
Über Geburt, Gesundheit und Krankheit

»Im Maße liegt die Ordnung. Jedes Zuviel und Zuwenig setzt anstelle von Gesundheit die Krankheit.«
Sebastian Kneipp

Wir beeinflussen unsere Evolution seit Jahrhunderten, ob bewusst oder unbewusst. Doch nun sind wir auf direktem Weg, unsere Fortpflanzung von den natürlichen Prozessen zu entkoppeln. Dazu tragen nicht nur neue genetische Werkzeuge wie CRISPR/Cas bei, sondern auch erstaunliche Fortschritte in der Reproduktionsmedizin, die es uns womöglich bald erlauben, uns mit uns selbst fortzupflanzen. Überhaupt befindet sich die Medizin in einer beispiellosen Umwälzung, nicht nur, was neue therapeutische Ansätze angeht, sondern auch, was unsere Auffassung von Gesundheit, unser Selbstverständnis als Patienten und die elementare Verlagerung von reaktiver Krankheitsbehandlung hin zu proaktiver Gesundheitsvorsorge betrifft.

»Gesundheit ist ein Zustand des vollständigen körperlichen, geistigen und sozialen Wohlbefindens und nicht nur das Fehlen von Krankheit oder Gebrechen.« Beschreibt es die WHO.[74] Wie also erreichen wir diesen Zustand?

Nachkommen zeugen

Am 25. Juli 1978 kommt Louise Joy Brown in Oldham, England, zur Welt. Zwei Arme, zwei Beine, kräftiger erster Schrei. So weit, so normal. Doch Louise ist der erste in einer Petrischale gezeugte Mensch. Vierzig Jahre später leben bereits über acht Millionen Menschen auf der Welt, die nach einer IVF geboren wurden. Auch wenn einige künstliche Befruchtung aus religiösen, ethischen oder anderen Gründen ablehnen, ist das Verfahren mittlerweile breit akzeptiert und ermöglicht vielen Paaren, sich den Kinderwunsch zu erfüllen. Louise' Geburt markiert einen Meilenstein, denn zum ersten Mal haben wir unsere Reproduktion buchstäblich in die eigenen Hände genommen.

Inzwischen sind Fertilitäts-Dienstleistungen ein riesiger Wachstumsmarkt und eine willkommene Spielwiese für Investoren. Medizinische Gründe für eine IVF, etwa das Einfrieren von Eizellen vor einer Chemotherapie oder das zunehmende Alter der Eltern, nehmen zu, und die Kosten werden immer häufiger durch Krankenkassen übernommen. Soziale Trends verstärken diese Entwicklung zusätzlich. So unterziehen sich immer mehr junge Frauen freiwillig der Prozedur einer Eizellenentnahme, um ihre Familienplanung auf einen späteren Zeitpunkt zu verschieben. Das Phänomen heißt *Social Freezing*. Internetfirmen wie Google und Facebook erkannten schnell das Potenzial dieses Trends, boten ihren Mitarbeiterinnen die Kostenübernahme an und sicherten sich so deren Arbeitskraft in jungen Jahren. Wir warten auf den perfekten Zeitpunkt und den perfekten Partner – fragt sich nur, ob das eine oder das andere tatsächlich kommt. Sollte CRISPR/Cas für den Zweck zugelassen werden, menschliche Embryonen zu behandeln, wird dies vorerst nur über IVF laufen, denn eine CRISPR-Behandlung im Körper der Frau ist technisch schwierig, vielleicht unmöglich. Auch für andere reproduktionsmedizinische Revolutionen, die derzeit entwickelt werden, wird IVF vermutlich eine Rolle spielen.

Wir treffen Ben. Ben ist fiktiv (ich habe ihn erfunden, um ohne Bedenken an ihm herumdoktern zu können), steht aber für unzählige Menschen mit ähnlichen medizinischen Problemen. Als Kind hatte er Leukämie und infolge der Therapie nun ein Qualitätsproblem mit seinen Spermien, wie er mit dem Do-it-yourself-Test Yo Sperm herausfand. Dabei steckte er ein kleines Mikroskop auf sein Smartphone und filmte seine kleinen Schwimmer, ein Algorithmus analysierte dann die Beweglichkeit und Qualität. Das Ergebnis war ernüchternd, eine biologische Vaterschaft ausgeschlossen. Oder vielleicht nicht?

Was, wenn wir sogar Eizellen und Spermien, sogenannte Gameten, im Labor herstellen und mit dem Erbgut der Patienten ausstatten könnten? Wäre das nicht die Lösung für unfruchtbare oder gleichgeschlechtliche Paare? An einer solchen In-vitro-Gametogenese (IVG) wird geforscht. Man braucht: Stammzellen und die exakte Anweisung für die Entwicklung in Eizelle oder Spermium. Stammzellen sind die Alleskönner unter unseren zellulären Bausteinen, aus ihnen formt sich im Embryonalstadium unser gesamter Körper. Während dieser Entwicklung erhalten die Zellen die Anweisung, zu Haar-, Muskel-, Nervenzellen oder eben Eizellen zu werden. Nur wenige Stammzellen bleiben uns ein Leben lang erhalten, um für Reparaturzwecke zur Verfügung zu stehen, etwa im Knochenmark. Embryonale Stammzellen findet man in der Nabelschnur oder bei übrig gebliebenen Embryonen einer IVF. Die Nutzung ist jedoch ethisch heikel und in vielen Staaten verboten. 2006 jedoch fand der Japaner Shinya Yamanaka einen Weg, ausdifferenzierte Zellen im Labor wieder in Alleskönner zurückzuverwandeln, in sogenannte induzierte pluripotente Stammzellen. Auf einmal konnten Probanden ganz normale Hautzellen entnommen und diese neu programmiert werden, warum also nicht auch in Spermien?

Nun, Stammzellen sind das eine, diese Zellen auch durch den hochkomplexen Prozess der Spermienentwicklung zu leiten das andere. Wir wissen nicht, welche zellulären Signale dafür notwendig sind. Also werden die Stammzellen in verschiedenen Cocktails von Hormonen und Chemikalien gebadet oder direkt in Tierhoden transplantiert, um in dieser Umgebung die entsprechenden Signale zu bekommen, sich auszudifferenzieren und zu funktionalen Spermien zu werden. Die Erfolge sind beachtlich, in verschiedenen Tiermodellen wurden nicht nur Gameten hergestellt, es wurden sogar lebende Nachkommen gezeugt.[75] Auch mit menschlichen Zellen konnten *in vitro* sowohl Spermien als auch Eizellen hergestellt werden, doch weitere Versuche sind ethisch problematisch, denn der einzige Weg festzustellen, ob sich durch diese Methode tatsächlich Kinder zeugen lassen, ist, dies durchzuziehen und dabei in Kauf zu nehmen, dass einige von ihnen schwere Schäden davontragen. Hinweise aus Tierversuchen mehren sich, dass auf künstlichem Wege erzeugte Nachkommen gesundheitliche Defekte, verkürzte Lebenszeit oder massive genetische Anomalien haben.[76] Dieses Risiko will und darf zu diesem Zeitpunkt keiner bei Menschen auf sich nehmen. Katsuhito Hayashi, einer der führenden Forscher auf dem Gebiet, ist jedoch zuversichtlich, er schätzte im Jahr 2017, dass es etwa zehn bis 20 Jahre dauern wird, bis wir die Herstellung von humanen Gameten gemeistert haben.[77] Henry Greely, Juraprofessor an der Stanford University und eine laute Stimme in der Bioethik, prophezeit in seinem Buch *The End of Sex and the Future of Human Reproduction*, dass sich um die Mitte des Jahrhunderts die meisten Menschen in den Industrieländern gegen eine sexuelle und für eine synthetische Fortpflanzung entscheiden werden.[78]

Was aber bedeutet dies für uns und unsere Gesellschaft? Hier braucht es einen differenzierten Blick auf individuelle Schicksale und gesamtgesellschaftliche Auswirkungen. Diese Technologien, vor allem die IVG, ermöglichen es vielen Menschen erst, sich fortzupflanzen. Bei Menschen, die aus medizinischen Gründen keine Nachkommen zeugen können, kritisieren wenige, wenn man technisch nachhilft. Anders sieht es bei gleichgeschlechtlichen Paaren aus, denen in den meisten Ländern bereits die Adoption von Kindern untersagt wird. Mithilfe von IVG könnten homosexuelle Paare Kinder bekommen, die genetisch mit beiden verwandt sind, und Frauen noch nach der Menopause ihre eigenen Kinder austragen. Sogar Solo- und Multiplex-Elternschaft ist denkbar. Man könnte Kinder nur mit sich selbst haben, indem man aus seinen Hautzellen Spermien und Eizellen herstellen lässt, die sich gegenseitig befruchten. Oder Kinder von drei verschiedenen Elternteilen produzieren.

Bei derlei Aussichten regt sich Widerstand. Wir empfinden diese Konstellationen als unnatürlich. Dem Natürlichen, in diesem Fall die Fortpflanzung von Mann und Frau, sprechen wir gerne einen inhärenten Wert zu und übersehen dabei leicht, wie schwer es ist, die menschliche Natur festzulegen und in Worte zu fassen[79]. Meist ist es nicht das tatsächlich Natürliche, das wir verteidigen, sondern die gerade vorherrschende soziale Norm. Die aber kann sich ändern, und wir werden uns daran gewöhnen, dass Kinder in Laboren gezeugt werden und homosexuelle Paare genetisch verwandten Nachwuchs großziehen. Um diese Akzeptanz zu erreichen, sind mutige Schritte nötig. Nehmen wir Yuval Topper-Erez. Er ist Trans-Mann. Biologisch eine Frau, identifiziert er sich aber mehr als Mann und sieht äußerlich auch so aus. Doch Topper-Erez hat bereits drei Kinder auf die Welt gebracht. Bei seinem dritten Kind entschied er sich, die Fotos der Geburt auf seiner Facebook-Seite zu veröffentlichen.[80] Man sieht einen bärtigen Mann in einem Geburtsbecken und mit dickem Babybauch. Es sind starke, für viele verstörende Bilder, und es ist eine couragierte Aktion von Topper-Erez und seinem Partner. Doch beiden war es wichtig, einen Beitrag zum gesellschaftlichen Wandel zu leisten. Der Wunsch, genetisch verwandte Kinder zu bekommen, ist ein Grundbedürfnis, das man den Menschen schwerlich versagen kann.

Einer der wenigen guten Gründe ist die Gesundheit des Kindes. IVG ist noch zu unausgereift, um Schäden bei Nachkommen auszuschließen. Wollen wir die Technologie tatsächlich am Menschen anwenden, müssen wir mit nahezu 100-prozentiger Sicherheit eine gute Gesundheit der Kinder garantieren können.

Und auch wenn das generell möglich sein mag, gibt es ein intrinsisch höheres Gesundheitsrisiko bei der Solo-Elternschaft. Zeugt man mit sich selbst Kinder, ist das die extremste Form der Inzucht. Die Solo-Elternschaft birgt also das Risiko schwerster Erbkrankheiten. Einige Bioethiker sehen dieses massive Gesundheitsrisiko als ausreichendes Argument, Solo-Elternschaften zu untersagen.[81] Für alle anderen Anwendungen ist das Risiko nicht höher als bei natürlicher Reproduktion, im Gegenteil, der Zwischenschritt im Labor erlaubt es, das genetische Material auf Fehler zu untersuchen und den Embryo auszuwählen, der die besten Chancen auf ein gesundes Leben hat. Oder aber gewünschte Eigenschaften, wie Aussehen und Intelligenz, womit wir wieder bei der Diskussion um Designer-Babys wären. Genomeditierung und IVG könnten sich bestens ergänzen, die eine Technologie liefert potenziell unzählige Embryos, die andere korrigiert die fehlerhafte DNA. Bleibt nur die Frage: Wollen wir das?

Gesellschaftlich könnte IVG ein Problem lösen, das bei globaler Sicht zunächst nicht wie ein Problem aussieht: die zunehmende Unfruchtbarkeit, gerade von Männern. Während viele diese Entwicklung aufgrund der exponentiell zunehmenden Bevölkerung des Planeten und der aus der Überpopulation resultierenden Probleme begrüßen, ist die Situation doch bedenklich. Die Spermien von Männern in den westlichen Ländern lassen eine rapide Abnahme, sowohl in Zahl als auch in Qualität, erkennen. Schwammen 1973 noch durchschnittlich 99 Millionen Spermien in einem Milliliter Ejakulat, waren es 2011 nur noch 47 Millionen.[82] Geht das so weiter, haben wir ab Mitte der 2030er ein ernsthaftes Problem, denn dann sinkt die Spermienzahl unter zwei Millionen, und ab da wird es mit einer Schwangerschaft schwierig.

Nicht nur die Zahl, auch die Qualität der männlichen Gameten lässt zunehmend zu wünschen übrig. Laut einer Studie der WHO müssen 58 Prozent der Spermien vital sein, 32 Prozent müssen sich zielgerichtet nach vorne bewegen und vier Prozent gut aussehen.[83] Sechs von zehn Schweizer Männern im Alter von 18 bis 22 Jahren reißen mindestens eine Hürde.[84]

Was diese bedenkliche Entwicklung verursacht, ist noch unklar. Weichmacher und andere Chemikalien in unserer Umwelt stehen im Verdacht, aber auch das zunehmend höhere Alter der Männer spielt eine Rolle. Einige Forscher vermuten auch einen Selbstregulierungsprozess der Natur, eine Reaktion auf die Bevölkerungsdichte und unser komfortables Leben in westlichen Ländern.[85] Was auch immer die Ursache ist, es wird einen signifikanten Einfluss auf unsere Bevölkerung haben, ihre Struktur und damit unsere zukünftige Gesellschaft. Antinatalisten begrüßen diese Entwicklung hingegen. Sie lehnen Nachkommenschaft aus ethischen Gründen ab und argumentieren, Kinder in die Welt zu setzen basiere auf einer rein egoistischen Motivation zum Schaden aller anderen Lebewesen auf dem Planeten. Das *Voluntary Human Extinction Movement* propagiert unter dem Motto »Mögen wir lange leben und aussterben« ein freiwilliges Verschwinden der Menschheit von der Erde.[86]

Derzeit sind die Antinatalisten in der deutlichen Minderheit. Vielen anderen dagegen wird die Reproduktionsmedizin Hoffnung auf eine selbstbestimmte Fortpflanzung geben. Auch Möglichkeiten, ein Kind außerhalb des Mutterleibes auszutragen (Ektogenese), werden erforscht. Eine Schwangerschaft komplett an ein artifizielles System auszulagern ist zunächst nicht das Ziel, sondern extrem Frühgeborene in sogenannten Bio-Bags eine bessere Überlebenschance zu ermöglichen. 2017 wurde eine Studie publiziert, in der acht Lammföten in einem Entwicklungsstadium vergleichbar mit dem eines humanen Fötus in der 24. Woche vom Mutterleib in eine Bio-Bag überführt wurden.[87] Anders als konventionelle Intensivmedizin ist dieses System nicht invasiv, weder wird der Fötus mit Kanülen und Nasenschläuchen traktiert noch mit anderen lebenserhaltenden Maschinen. Stattdessen simuliert die Bio-Bag eine Gebärmutter, sie reguliert Wärme, Fruchtwasser, Sauerstoffsättigung sowie die Nährstoffzufuhr und minimiert durch dieses geschlossene System das Infektionsrisiko. Die Bio-Bag ist also weniger Therapie als eine Weiterführung der Schwangerschaft. Die Ergebnisse sind eindrucksvoll: Alle acht Lämmer entwickelten sich über vier Wochen in der Bio-Bag gesund und wurden anschließend lebend geboren.[88]

Eine mögliche Anwendung bei menschlichen Frühchen könnte einen Paradigmenwechsel in der neonatalen Intensivmedizin bedeuten und unzähligen extrem frühgeborenen Kindern die Chance auf ein normales Leben bieten. Aus ethischer Sicht lässt sich gegen eine solche Anwendung nicht viel einwenden. Aber man kann die Anwendung weiterdenken. Was, wenn durch die Bio-Bag nicht nur Frühchen ab der 24. Woche durchgebracht werden können, sondern die Überlebenslinie immer weiter nach vorne rutscht? Was, wenn wir eines Tages die Schwangerschaft komplett auslagern können, sei es nun, um eine Risikoschwangerschaft zu verhindern oder einfach Unannehmlichkeiten wie Übelkeit zu vermeiden? Was, wenn wir durch IVG, IVF, CRISPR/Cas und Bio-Bag in der Lage sind, unsere Fortpflanzung vollkommen von uns selbst und unseren Körpern zu entkoppeln? Der rasante Fortschritt der Reproduktionsmedizin wird uns zwingen, uns mit diesen Fragen zu beschäftigen. Auch wenn viele bei dieser Vorstellung das Grauen packt, muss die Entwicklung nicht schlecht sein. Sie kann uns ermöglichen, viel Leid zu verhindern, Föten präziser zu behandeln und Risikopatientinnen eine gefährliche Schwangerschaft zu ersparen. Eine Schlüsselaufgabe bei der rechtlichen und gesellschaftlichen Gestaltung wird sein, die Autonomie und Wahlfreiheit der Eltern sowie die Rechte der Kinder zu wahren.

Der Mensch als Baukasten

Unsere Körperteile haben eine gewisse Maximalhaltbarkeit. Bei manchen ist sie unfall- oder krankheitsbedingt kürzer, bei anderen länger. Aber irgendwann geben sie ihren Geist auf und müssen ausgetauscht werden. Wie bei Prothesen gibt es Ansätze, auch Organe mit synthetischen Alternativen zu ersetzen, vor allem Niere und Bauchspeicheldrüse stehen hoch im Kurs. Können wir Knochen, Nerven und Haut im Labor nachzüchten? Querschnittsgelähmte wieder laufen lassen und Brandopfern eine bessere Überlebenschance geben? Oder gar passgenaue Herzen nachwachsen lassen?

Die Technologien, die das möglich machen sollen, gehören zur fortgeschrittenen Gewebezucht (*Tissue Engineering*), allen voran *Organ-on-a-chip*, Organoid-Technologie und Bio-Druck (*Bioprinting*). Bei *Organ-on-a-chip* werden Herz-, Lungen- oder andere Zellen in Miniaturkammern auf einem Chip ausgesät, in dem Nährstofffluss, mechanische oder elektrische Reize natürlicher nachgeahmt werden können als in einer herkömmlichen zweidimensionalen Petrischale. Inzwischen gibt es kommerzielle Chips, auf denen man Herz, Lunge, Niere oder Haut imitieren kann. Diese Chips eignen sich zum Studium der Gewebeentwicklung oder für Medikamententests, lassen sich aber nicht in einen Menschen einpflanzen.

Rudimentäre Mini-Versionen unserer ausgewachsenen Organe nennt man Organoide. Schaut man durch ein Mikroskop in die Petrischalen von Professor Mendjan, sieht man vielzellige pulsierende Klümpchen. Es sind kleine Ansammlungen von Herzzellen, die, obwohl weit davon entfernt, Herzkammern auszubilden und Herzen zu gleichen, doch elementare Funktionen wie das gleichgeschaltete elektrische Pulsieren ausüben können. Die Videos dieser Miniaturherzen haben etwas Hypnotisches, man kann kaum begreifen, dass sich diese Organoide von selbst aus einer Suppe aus Stammzellen, einer gelartigen Matrix und einer Reihe von Wachstumsfaktoren geformt und zu einem schlagenden Herzen organisiert haben.[89] Doch die Herzchen haben ihre Grenzen, vor allem beim Wachstum. Denn ein Organ ist wie eine Stadt mit ihren Versorgungswegen. Nährstoffe müssen zu den Zellen bis in den letzten Winkel gelangen und Abfallprodukte abtransportiert werden.

Die Organzellen allein reichen also noch nicht. Das entstehende Gewebe braucht ein Blutgefäßsystem. Per Zufall gelang das am Wyss-Institut der Harvard University. Vergeblich versuchten Kimberly Homan und ihr Team, ihre Mini-Nieren dazu zu bringen, Blutgefäße auszubilden, doch weder Wachstumsfaktoren noch Hormone halfen. Bis sie die kleinen Organoide einfach übers Wochenende in fließendem Nährmittel stehen ließen, und siehe da, am Montag konnten sie die ersten Äderchen sehen.[90] Andere Zelltypen brauchen wiederum andere Reize, um sich zu differenzieren. Knochenzellen etwa reagieren auf mechanische Reize und können sich aus Stammzellen entwickeln, die auf einer sich dehnenden Kunststoffplatte gezüchtet werden.[91]

Neben der richtigen Rezeptur kann die korrekte Form die Entwicklung von Organoiden unterstützen. Da bietet sich 3-D-Druck an, der Bioprinting heißt, wenn man mit biologischen Substanzen hantiert. Bioprinting ist eigentlich meist nicht 3-D-, sondern 4-D-Druck, denn die Zeit als vierte Dimension spielt oft eine entscheidende Rolle. Man druckt nicht ein fertiges Organ, außer vielleicht Knochen und Knorpel, sondern eine formgebende Matrix und die notwendigen Zellen und Biomaterialien, die sogenannte Bio-Tinte, in diese Form. Dann müssen sich die Zellen immer noch selbst organisieren, vernetzen, differenzieren und zum Organoid auswachsen.

Die ersten Schritte sind gemacht. So hat die Firma Particle3D ein 3-D-Druck-Verfahren entwickelt, mit der sie personalisierte Knochen als poröse Strukturen aus Fettsäuren und einer Kalziumphosphatverbindung drucken kann. Diese etwas luftigen Gebilde werden in den Körper eingesetzt und dienen als Gerüst für nachwachsende Knochen und Blutgefäße des Körpers, während sich das Gerüst langsam selbst zersetzt. Somit wird den Selbstheilungskräften des Körpers eine Stütze geboten, ähnlich wie es mit Metall- oder Kunststoffimplantaten geschieht. Doch diese zersetzen sich nicht, sie bleiben im Körper oder müssen operativ entfernt werden, was Infektionsrisiko, Aufwand und Schmerzen mit sich bringt. Der gedruckte Knochen kann obendrein noch als Medikamentenreservoir genutzt werden, der einen beliebigen Stoff, etwa Antibiotika, an den Körper abgibt.[92]

Das Gerüst muss nicht gedruckt werden, man kann es sich auch aus einem Apfel schnitzen. Andrew Pelling von der University of Ottawa schnitzte sich ein Ohr, wusch die Apfelzellen aus dem Modell, bis nur noch die faserige Struktur übrig war, und inkubierte sie mit menschlichen Zellen, die sich an das Gerüst hefteten und zur Gestalt eines Ohres zusammenwuchsen.[93] Pelling findet auch, dass man sich nicht auf die typischen Formen beschränken muss, man kann sich auch ein spitzes Spock-Ohr schnitzen oder gleich ein neues Organ.

Das Problem mit 3-D-gedruckten Organen ist, dass sie immer noch operativ eingesetzt werden müssen. Bis Juni 2020. Da publizierten Forscher eine Machbarkeitsstudie, in der sie einer lebendigen Maus ein menschliches Ohr unter die Haut gedruckt hatten.[94] Das Ohr ist natürlich nicht einsatzbereit, es wird sich auch noch zeigen müssen, ob der Mäuse-Organismus die neue Struktur langfristig akzeptiert und mit Nährstoffen versorgt. Aber die Forscher schafften es, die knorpelbildenden Zellen minimalinvasiv in die Maus zu injizieren, in der Grundstruktur eines Ohres zu drucken und anschließend per Nahinfrarotlicht zu aktivieren, sodass sie sich weiterentwickelten. Die potenziellen Anwendungen sind fantastisch, man könnte beispielsweise eines Tages ohne Operation geschädigte Nervenbahnen oder Blutgefäße reparieren. Dass sich mit der Methode Wunden heilen lassen, hat die Gruppe bereits in einer weiteren Studie gezeigt. Doch für komplexere Ersatzteile gilt es noch zu klären, wie man sie an das Gesamtsystem, etwa die Blutzufuhr, anschließt

Was aber können wir derzeit mit Organoiden und Bioprinting anfangen? Organoide eignen sich für Forschung und Entwicklung. Sie helfen, die Entstehung von Krebs oder die Infektionswege eines Virus besser zu untersuchen.[95] Auch für Tests zu Medikamentenwirksamkeit eignen sie sich, was effizienter, günstiger und wirklichkeitsnäher ist und Tierversuche reduziert. Nimmt man außerdem patientenspezifische

Zellen zur Herstellung der Organoide, kann man Medikamente für einen individuellen Menschen testen.[96] Organoide und gedruckte Gewebestücke können Organe noch nicht ersetzen, und man wird sie wohl zunächst nur einsetzen, um Patienten stabil zu halten, bis sie ein Spenderorgan erhalten. Knorpel und Knochen werden die ersten tatsächlichen Ersatzteile sein, sei es in der plastischen Chirurgie oder bei der Heilung von Brüchen und der Weiterentwicklung von (semi-) künstlichen Gelenken. Eine gedruckte Luftröhre wurde sogar bereits erfolgreich als Ersatz bei Hasen eingesetzt.[97]

Auch das Drucken von Haut ist bereits möglich, inzwischen können 100 Quadratzentimeter aus doppelschichtiger Haut in weniger als 35 Minuten hergestellt werden.[98] Die Haut soll nicht im Labor produziert und dem Versuchstier transplantiert, sondern ihm direkt auf den Leib gedruckt werden. So nutzt man den Körper als Bioreaktor und beschleunigt die Heilung. Bei Schweinen konnten auf diese Weise großflächige Wunden innerhalb von nur acht Wochen komplett geschlossen werden.[99]

Forschern in Israel gelang es, ein vollständiges menschliches Herz allein aus Material zu drucken, das sie einem einzigen Patienten entnahmen. Der Vorteil dieser personalisierten Herstellung ist, dass sich das Immunsystem des Patienten nicht gegen das neue Organ wehrt. Der momentane Nachteil: Noch ist das Herz lediglich 2,5 Zentimeter groß, und die Zellen pulsieren noch nicht so, dass sie Blut pumpen könnten.[100]

Womöglich ist es gar nicht der beste Weg, die Natur bestmöglich nachzuahmen, sondern eine Kombination aus synthetischen und biologischen Materialien zu nutzen, um künstliche Organe herzustellen.

Zuletzt noch eine Frage der Ethik: Während es recht unbedenklich ist, Knochen, Nieren oder Lungen im Labor zu züchten, stellt sich die Frage doch, wenn es um Gehirn-Organoide geht. Denn inzwischen haben Forscher um Professor Alysson Muotri von der University of California San Diego nicht nur Mini-Hirne wachsen lassen, sie konnten an diesen sogar Hirnwellen-Aktivitäten messen, die den Aktivitäten von sich entwickelnden Föten überraschend ähneln.[101] Zwar kann man die Hirn-Organoide nicht mit echten Gehirnen vergleichen, dennoch sollten wir anfangen, uns mit der Frage auseinanderzusetzen, was wir machen, falls diese Organoide ein wenn auch rudimentäres Bewusstsein entwickeln, wenn sie etwa Schmerz empfinden oder Erinnerungen aufnehmen können.

Präzisionsmedizin

Wir treffen wieder auf Ben. Nachdem die Chemotherapie vor rund 25 Jahren recht erfolgreich verlief, ist der Tumor wiederaufgetaucht. Heute sind die Vorzeichen andere als früher. Bens Vorfahren wären bei einer akuten lymphatischen Leukämie (ALL) vor 200 Jahren einfach gestorben, ohne dass irgendjemand wusste, woran. 50 Jahre später wären sie immer noch gestorben, doch man hätte bereits eine grobe Vorstellung davon gehabt, was Leukämie ist. Vor gut 70 Jahren wären sie mit einer Chemotherapie behandelt worden, aber Chemotherapie – zumal die vor 70 Jahren – ist auch nichts, was man sich wünscht. Vor gut 40 Jahren erweiterte man die Behandlung um die Strahlentherapie, doch nachdem radioaktive Strahlung ebenso wenig zwischen gesunden und entarteten Zellen unterscheiden wie die chemotherapeutischen Zellgifte, sind beide Behandlungen nur bedingt geeignet für eine präzise Heilung. Damit wären wir beim Thema: Denn Ben hat heute die Möglichkeit, mit zunehmend maßgeschneiderten Medikamenten behandelt zu werden, das Zeitalter der Präzisionsmedizin hat begonnen.

1997, kurz nach seiner ersten Chemo, kam mit Rituxan der erste monoklonale Antikörper auf den Markt, der unter anderem bei einer Reihe von Leukämien Einsatz fand. Antikörper finden hochspezifisch ihr Antigen, zu dem sie wie ein Schlüssel zum Schloss passen, und binden sich daran. Antigene können alle möglichen Oberflächenstrukturen auf Zellen oder Viren sein. Identifiziert man nun ein Antigen, dass sich zum Beispiel nur auf Krebszellen findet, kann man gezielt Antikörper darauf loslassen und diese Zellen somit als Abfall markieren, die Entsorgung übernehmen dann professionelle Immunzellen. Genau das macht Rituxan mit bestimmten Blutkrebszellen, ein spektakulärer Fortschritt. Die neue Generation von mRNA-Impfstoffen, die im Zuge der Pandemie Aufsehen erregte, denkt die Antikörper-Therapie noch mal weiter. Denn statt dass die Antikörper industriell hergestellt und dann dem Körper injiziert werden, liefert man mit der entsprechenden mRNA dem Körper die Bauanleitung, um die Antikörper selbst herzustellen.

Bens Fall liegt etwas anders, denn bei ALL hilft Rituxan wenig bis gar nicht. Dafür ist ALL die Krebserkrankung, bei der 2013 eine revolutionäre neue Methode angewandt wurde: die CAR-T-Zell-Therapie. Dabei werden dem Patienten T-Zellen, wichtige Immunzellen, entnommen und zu sogenannten CAR-T-Zellen aufgerüstet, die ähnlich wie Antikörper gezielt Tumorzellen erkennen und zerstören. Der Vorteil ist, dass CAR-T-Zellen im Gegensatz zu Antikörpern lebende Zellen sind, die sich im Körper vermehren und längere Zeit überdauern, ohne dass man sie als Medikament permanent nachgeben müsste. Der Erfolg der Therapie ist durchschlagend. 60 bis 80 Prozent der ALL-Patienten wie Ben, bei denen der Krebs wiederkehrte und denen herkömmliche Behandlungsoptionen ausgingen, sprachen in Studien so gut auf die Therapie an, dass anschließend keine Tumorzellen nachgewiesen werden konnten.[102] Emily Whitehead, die erste Patientin weltweit, die 2012 mit einer CAR-T-Zell-Therapie behandelt wurde, ist nach über acht Jahren immer noch krebsfrei.[103]

Doch die Behandlung ist aufwendig, erfordert eine begleitende Chemotherapie und bringt zum Teil schwere Nebenwirkungen mit sich. Zudem kommt sie zu einem hohen Preis. Die Kosten einer solchen Behandlung sind enorm. Novartis' CAR-T-Zell-Medikament

Kymriah gilt mit einem Preis von 320.000 EUR als eines der teuersten Medikamente aller Zeiten, was dem Konzern viel Kritik eingetragen hat. Novartis rechtfertigt sich mit der aufwendigen, personalisierten Herstellung. Außerdem sei es der Preis für eine einmalige Behandlung, nach der die meisten Patienten geheilt seien, so die Firma, doch die Behauptung ist mutig, nachdem man erst wenige Jahre Erfahrung mit der Methode hat und noch nicht absehen kann, ob die Patienten tatsächlich ein Leben lang symptomfrei bleiben. Nun bietet die Firma immerhin neue Vergütungsmodelle an und hat sich in Deutschland mit dem Krankenkassenverbund GWQ auf ein sogenanntes *Pay-per-value*-Modell geeinigt: Sollte der Patient trotz der Behandlung innerhalb einer bestimmten Zeit an seiner Krebserkrankung sterben, erstattet Novartis einen Teil der Behandlungskosten,[104] eine Entlastung für das Gesundheitssystem, aber dem Patienten hilft das dann nicht mehr.

Hochpräzise Medizin, da wollen wir hin, da sind wir aber noch nicht. Was aber genau verstehen wir unter Präzisionsmedizin? Kurz gesagt geht es darum, das richtige Medikament für den richtigen Patienten zur richtigen Zeit zu finden. Ein Bericht der FDA von 2013 nannte erschreckende Zahlen für die Ineffektivität von Medikamenten: 38 Prozent von Patienten mit Depressionen zeigten keine positive Reaktion auf ihre Medikation, ebenso 70 Prozent der Alzheimer- und sogar 75 Prozent der Krebspatienten.[105] Wir wollen weg von einem Behandlungsparadigma, das sich in erster Linie aus den Symptomen erschließt, hin zu einer individuellen Behandlung, die den Patienten als Ganzes sieht und einbezieht; weg von Einheitsmedikamenten, deren Wirkung von Patient zu Patient sehr unterschiedlich ausfallen kann, und hin zu einer Behandlung, deren Erfolg zählt anstelle der Behandlung selbst. Das heißt konkret, dass zusätzlich zur diagnostizierten Erkrankung auf das genetische Profil des Patienten geschaut wird, auf andere physiologische Charakteristika, auf seine sozioökonomischen Lebensumstände, seine Umgebung und seinen Lifestyle. Ziel der Präzisionsmedizin ist nicht nur ein effizienteres Krankheitsmanagement und eine erfolgreichere Behandlung eines Patienten, sondern auch die Entwicklung eines insgesamt besseren und detaillierten Krankheitsverständnisses, ein frühzeitiges Erkennen erster Anzeichen und die rechtzeitige Identifizierung von präsymptomatischen Menschen. Dieser Ansatz ist sehr ambitioniert, doch die Zeichen stehen günstig.

Neben den großen Errungenschaften in der biomedizinischen Forschung, etwa die CAR-T-Zell-Therapie oder kostengünstigere genetischer Screens, geben auch digitale Technologien und gesellschaftliche Trends der Präzisionsmedizin einen Schub. Unser Verständnis über die Einzigartigkeit jedes Menschen wächst rasant. Wir vergleichen unsere Genome, untersuchen unsere mikrobiellen Mitbewohner, tracken unsere sportlichen Aktivitäten und vor allem: Wir fangen an, all diese Informationen zu vernetzen und ganzheitlicher zu betrachten. Wir verstehen mittlerweile, dass eine bestimmte Genmutation den Ausschlag geben kann, wie gut ein Patient auf ein Medikament anspricht. Ein interessantes Beispiel ist der häufig eingesetzte Blutverdünner Warfarin, der ein Enzym im Vitamin-K-Stoffwechsel blockt. Studien zeigten, dass Träger bestimmter Mutationen in diesem Enzym weniger Warfarin benötigten als andere.[106] Das mutierte Enzym reagierte also empfindlicher auf das Medikament, und seine Träger konnten mit geringeren Dosen behandelt werden, was das Risiko für unkontrollierbare Blutung oder tiefe, venöse Thrombosen verringert.

Es gibt auch immer mehr Hinweise, dass unsere mikrobiellen Mitbewohner nicht nur unsere Verdauung, sondern auch unsere mentale Gesundheit beeinflussen. Wen wir im Darm beherbergen, scheint nicht nur direkt unser Risiko für Übergewicht oder Diabetes zu beeinflussen, sondern auch für Angstzustände und Depressionen.[107] Wir erkennen, dass Frauen auf Erkrankungen und Medikamente anders reagieren als Männer, etwa bei Herzleiden, und dennoch bei Studien massiv unterrepräsentiert sind.[108] All das ist nur möglich, weil wir immer mehr Daten generieren und diese sinnvoller verarbeiten können.

Parallel zu dieser Entwicklung ändert sich die Rolle und das Selbstverständnis der Patienten. Der (potenzielle) Patient sieht sich nicht mehr einfach als Patient, sondern als Individuum mit speziellen Bedürfnissen und Ansprüchen. Viele wollen nicht erst handeln, wenn sie krank sind, sondern bemühen sich um einen gesunden Lebensstil und Prävention – oft mit großem Aufwand. Sie sind gut informiert, nutzen Sensoren, Tracker und Apps zur Selbstvermessung. So nimmt der Patient immer mehr eine Konsumentenrolle mit einem höheren Anspruch an Service und Effizienz ein. Die Patienten erwarten bessere Informationen und Austausch, ein stärkeres Mitspracherecht bei Behandlung und Therapien, die passender auf ihre individuellen Bedürfnisse und Situation zugeschnitten sind und deren Wert sich stärker am Behandlungserfolg orientiert. Gleichzeitig sind viele bereit, ihre Daten – auch für die Weiterentwicklung der Präzisionsmedizin – zur Verfügung zu stellen.

Verstärkt wird all dies durch eine zunehmende Ökonomisierung des Gesundheitswesens. Der Kostendruck steigt, weswegen Vergütungsmodelle, die auf Behandlungseinheiten basierten (*pay-per-service*), immer mehr durch Modelle ersetzt werden, die auf dem Behandlungserfolg fußen (*pay-per-value*), wie der Kymriah-Deal von Novartis zeigt. Auch wenn diese personalisierten Therapien extrem teuer erscheinen, ist es möglich, dass sie letztendlich deutlich günstiger sind als die herkömmliche Behandlung. Muss man erst mehrere Therapien ausprobieren, bevor ein Patient auf eine davon anspricht, und zusätzlich womöglich noch heftige Nebenwirkungen behandeln, kann das teurer kommen, als wenn man von Anfang an die Behandlung individuell ausrichtet. Noch dazu ist die Präzisionsmedizin ein starker Treiber für Gesundheitsförderung und Prävention, was das Gesundheitssystem auf lange Sicht massiv entlasten wird. Es sieht also so aus, als hätten wir alles, was wir brauchen, um die Präzisionsmedizin zum Erfolg zu bringen.

Doch ganz so einfach ist es wieder nicht. Unser Wissen über die systemische Komplexität unseres Körpers nimmt zwar rapide zu, der echte Überblick fehlt uns aber noch. Bleiben wir bei der Genetik, die eine Schlüsselrolle in der Präzisionsmedizin spielt. Das Verständnis über die Auswirkungen einzelner Mutationen auf einen Therapieerfolg ist das eine, die Erkenntnis, dass sich eine bestimmte Genmutation bei zwei Patienten unterschiedlich auswirken kann, das andere, das macht es deutlich komplexer.[109] Ebenso müsste ein regelmäßiges genetisches Screening unseres Mikrobioms zur Routine gehören, doch selbst in hoch technologisierten Gesellschaften ist dies aus Kapazitäts- und Kostengründen noch nicht möglich. Die nächste Herausforderung ist die Zusammenführung und sinnvolle Nutzung aller Daten. Das ist ein technisches wie auch ein Mentalitätsproblem. Es kommen Informationen und Daten aus den verschiedensten Quellen zusammen, Fitnessdaten von der AppleWatch, genetische Daten einer selektiv sequenzierenden Firma wie 23andMe oder eines exakter sequenzierenden wissenschaftlichen Labors, Mikrobiom-Daten eines zweiten und Blutwerte eines dritten Labors, dazu teils noch handschriftliche Notizen einer ganzen Reihe behandelnder Ärzte zur Patientengeschichte und Untersuchungsberichte. All diese Informationen in einen Zusammenhang zu bringen, und das für Tausende oder Millionen Patienten, ist extrem aufwendig.

Wir müssen also daran arbeiten, dass erstens all die unterschiedlichen Geräte, die für uns die Daten generieren, interoperabel sind, also miteinander kommunizieren und Daten gleichen Formats miteinander austauschen können. Zweitens müssen wir die generierten Daten harmonisieren, also miteinander vergleichen können. Auch das klingt einfacher, als es ist. Hier beginnt das Problem schon bei der Semantik. Fachbegriffe sind nicht notwendigerweise eindeutig, für ein Gen kursieren bisweilen mehrere Bezeichnungen und Klassifizierungen, und Codierungen unterscheiden sich häufig stark. Sowohl für die technische wie auch für die semantische Interoperabilität braucht es folglich einheitliche Standards und Prozesse, eine Mammutaufgabe.

Und selbst wenn das funktioniert, muss noch bei sämtlichen Mitspielern eine kollaborative und offene Mentalität erreicht werden.

Hierarchien und Silos haben sich im Gesundheitswesen fest etabliert und zeichnen sich auch in der Fragmentierung der Gesundheitsdaten ab. Damit kann man wenig anfangen, wenn man die Gesundheit eines Menschen gesamtheitlich und nicht scheibchenweise betrachten will. Denn unser Körper ist mehr als die Summe seiner einzelnen Teile, dank seiner weitverzweigten Netzwerke von Blut-, Hormon- und Nervensystem und der hervorragenden Kommunikation zwischen all seinen Bestandteilen. So wie sich unser Mikrobiom auf unsere mentale Gesundheit auswirken kann, kann sich unsere orale Gesundheit auf unser Herz auswirken. Aber wann erkundigt sich ein Kardiologe schon nach dem Zustand der Zähne? Eine hervorragende Kommunikation zwischen all den Mitspielern unseres Gesundheitssystems ist essenziell, zudem Offenheit gegenüber neuen Diagnose- und Behandlungsmethoden und die Flexibilität, sich rasch an neue Methoden, Werkzeuge und Prozesse zu gewöhnen.

Erste groß angelegte Projekte sind angelaufen, nicht nur um einzelne Erkrankungen und neue Therapien besser zu verstehen, sondern um ein grundsätzlich besseres Verständnis über den Gesundheitszustand der Bevölkerung zu bekommen. Das All-of-Us-Projekt des National Institutes of Health (NIH) in den USA hat zum Ziel, »eine Million Menschen in den USA einzuladen, beim Aufbau einer der vielfältigsten Gesundheitsdatenbanken in der Geschichte mitzuwirken … Die Forscher werden die Daten verwenden, um zu erfahren, wie sich unsere Biologie, unser Lebensstil und unsere Umwelt auf die Gesundheit auswirken.«[110] Diese Längsschnittstudie will die Bevölkerung in aller Vielfalt möglichst exakt abbilden, um die entscheidenden Faktoren für die Gesundheit zu erfassen. Jeder ist eingeladen, sich vermessen zu lassen: Das Genom wird gescreent, Blut und Urin untersucht, die Krankengeschichte analysiert, und Daten mobiler Sensoren werden ausgewertet. Die entstehenden anonymisierten Datensätze werden im Sinne von *Open Science* Forschern zugänglich gemacht, die sich durch die Informationsberge wühlen können.

Auch private Firmen wollen bei der Präzisionsmedizin mitmischen und sammeln Patientendaten. iCarbonX aus Shenzen, China, hat sich auf die Fahne geschrieben, »das Leben zu digitalisieren«, und sieht sich mehr als Akteur der Präzisionsgesundheit als der -medizin.[111] Nicht nur die Früherkennung von Erkrankungen steht im Fokus, sondern das Gesundheitsmanagement jedes Einzelnen. Ähnlich wie *All of Us* möchte die Firma so viele Daten sammeln wie möglich: genetische und metabolische Daten, Verhalten, Diät, Blutanalysen und vieles mehr. Dazu hat iCarbonX Hunderte Millionen für Patientenplattformen, Biomarker- und KI-Analysefirmen ausgegeben.[112] All diese Informationen sollen in einer App namens Meum gebündelt werden, die dem Nutzer einen Überblick über seinen Gesundheitszustand geben soll. Obendrein werden die Daten zwischen den Nutzern verglichen mit dem Ziel, Entscheidungshilfen zu geben. Auch Konsumentenprodukte sollen entwickelt und angeboten werden, darunter ein smarter Spiegel, der den Nutzer beim morgendlichen Zähneputzen in 3-D vermisst und sämtliche Schlüsselparameter einblendet, und eine smarte Kloschlüssel.

Doch will ich wirklich, dass eine Firma, die vor allem profitorientiert ist und sich im Einflussbereich einer autoritären Regierung mit zweifelhafter Rechtssicherheit befindet, tatsächlich alles über mich weiß? Eher nicht.

Ein letzter wichtiger Punkt dreht sich um Kosten, Zugang und Regulierung. Ein großer Vorteil der gezielten Behandlung von Patientengruppen oder einzelner Personen ist zugleich einer der großen Nachteile. Denn je präziser definiert, desto kleiner ist die Patientengruppe, und desto kleiner ist der Markt für das Therapeutikum. Das wirkt sich einerseits auf die Preisgestaltung aus, denn die forschenden Firmen wollen auch bei kleineren Patientengruppen Gewinn erwirtschaften. Andererseits haben diese kleinen Patientengruppen auch auf den Zulassungsprozess einen Einfluss.

Um statistisch relevant zu sein, haben klinische Studien mehrere Tausend Teilnehmer, und hier wird es schwierig mit der Präzisionsmedizin.

Denn wenn ich die Behandlung präzise auf kleine Patientengruppen oder im Idealfall sogar auf einzelne Patienten ausrichten will, wo soll ich dann Tausende Studienteilnehmer hernehmen, um die Effizienz und Wirksamkeit meiner Behandlung nachzuweisen?

Es gibt Ansätze, diesen regulatorischen Herausforderungen zu begegnen. Einer ist, kleinere Studien zu bewilligen und die Ähnlichkeit der teilnehmenden Patienten und die Methodik zuzulassen anstelle der Medikamente. Weitere Daten könnten nach Zulassung der Behandlung im »echten Leben« erhoben werden und die Zulassung im Nachgang stützen oder bei negativer Datenlage wieder entziehen. Dieses Prinzip nennt sich *Real-World*-Evidenz (RWE) und wird teils bereits angewendet, nicht nur bei Zulassungen, sondern vor allem auch, um ein besseres Verständnis davon zu bekommen, wie sich Therapien im normalen Leben der Patienten auswirken im Gegensatz zu dem eher künstlichen Umfeld einer klinischen Studie.

Noch aber sind viele der Pionier-Therapien extrem teuer, Begleitdiagnostik erhöht die Kosten weiter, und mehr Screening bedeutet in der Regel auch, dass man mehr findet, was man vielleicht behandeln sollte – oder eben auch nicht. Die höheren Kosten minimieren automatisch den Zugang vieler Menschen zu einer effizienten Behandlung. Beispiel USA, das Land mit den höchsten Gesundheitsausgaben: Dort repräsentiert das oberste Prozent der Menschen, die am meisten für ihre Gesundheit ausgeben, bereits mehr als 20 Prozent aller Gesundheitsausgaben; die obersten fünf Prozent zahlen fast die Hälfte.[113] Ein Großteil der Bevölkerung ist nicht einmal für eine Grundversorgung versichert, ganz zu schweigen für spezialisierte Therapien. Diese Ungleichheit übersetzt sich direkt in den Gesundheitsstatus und im Extremfall in die Überlebenschancen, wie Greg Simon, Leiter der *Biden Cancer Initiative*, es ausdrückt: »Die größte Determinante dafür, wer Krebs überlebt, ist, wer versichert ist.«[114] Wollen wir Fortschritt erzielen, müssen wir die Gesundheitskosten minimieren und gerecht verteilen.

Digitale Gesundheit und virtuelle Patienten

Digitale Gesundheit, was für ein Mumpitz, oder? Mein Körper ist immer noch analog und will auch so behandelt werden. Doch digitale Tools können entlang des gesamten Weges eines Patienten durch das Gesundheitswesen (*patient journey*) eingesetzt werden und unterstützen. Sie ermöglichen es, die Gesundheitsversorgung immer mehr am Patienten zu orientieren und seine Bedürfnisse in den Mittelpunkt zu stellen.

In den vorangegangenen Kapiteln sind uns bereits viele Beispiele für Digitale Gesundheit begegnet, angefangen von den Coaching-Apps über die *Wearables* bis hin zum Datenmanagement. Im Zentrum der digitalen Gesundheitsrevolution steht das Internet der Dinge (IoT), in diesem Kontext: das Internet der medizinischen Dinge (IoMT). Immer mehr Kooperationen zwischen Firmen und Institutionen aus dem Gesundheitsbereich und den digitalen Giganten belegen den Boom. Google arbeitet mit der Stanford University und dem chilenischen Gesundheitsministerium zusammen,[115] Amazon mit Novartis[116] und Tencent mit Merck.[117] In der Cloud können sich dann Künstliche Intelligenzen (KIs) an den Big-Data-Sätzen der Nutzer austoben. Doch wie wir sehen werden, haben diese Technologien auch Kinderkrankheiten und Nebenwirkungen. Schauen wir uns die Stationen einer »Patientenreise« einmal näher an.

Prävention und Partizipation. Als langjähriger Krebspatient hat Ben besonderes Interesse an seiner Gesundheit. Er beobachtet seinen allgemeinen Zustand über diverse Apps, bekommt maßgeschneiderte Ernährungstipps auf sein Handy, Erinnerungen an ärztliche Kontrollbesuche und Impfungen. Die meisten dieser Apps kann er mit der seiner Krankenversicherung synchronisieren, obwohl hier noch Verbesserungsbedarf besteht. Dennoch werden ihm bereits viele seiner präventiven Aktivitäten gutgeschrieben, die gesammelten Punkte kann er in Weiterbildungs-Kurse und Produktgutscheine umwandeln oder spenden. Diese durch Gamifizierung gesetzten Anreize lohnen sich für ihn ebenso wie für die Krankenkasse, die im Gegenzug einen Beitragszahler bekommt, der motiviert ist, gesund zu bleiben und keine unnötigen Kosten zu verursachen. Außerdem kann Ben über die App der Versicherung unkompliziert Abrechnungen und Dokumentenverwaltung organisieren.

Noch bleibt eine unabhängige, umfassende und intuitive elektronische Gesundheitsakte in den meisten Ländern ein Wunschtraum, der sich so bald nicht erfüllen wird. Anders in Estland, dem Pionier der digitalen Gesundheitsverwaltung. Die estnische *e-Health Record*, bietet online Zugriff auf sämtliche medizinische Daten eines Patienten. Dafür müssen Dienstleister wie Ärzte oder Krankenhäuser nicht extra die Daten in die Gesundheitsakte hochladen, sondern die Akte holt sich diese proaktiv aus allen Systemen, die mit dem Zentralsystem vernetzt sind. Auf diese Weise wurden Stand November 2020 bereits 99 Prozent aller Gesundheitsdaten digitalisiert, und 99 Prozent aller Patienten nutzen die *e-Health Record*.[118] Die Kontrolle liegt bei den Patienten, die ihre Akte spezifisch für Ärzte, generell für Notfallsituationen oder auch für Vertrauenspersonen öffnen können. Die Verschlüsselung läuft über die Blockchain-Technologie KSI, jeder Zugriff auf eine Patientenakte wird geloggt und lässt sich nachverfolgen. Zudem erhält der Patient eine ID-Karte, über die all seine Informationen zugänglich sind und über die er sogar Verschreibungen in der Apotheke beziehen kann. Sämtliche Abrechnungen laufen digital über das System der Gesundheitsakte.[119] Die Daten werden anonymisiert auch dem Gesundheitsministerium zur Verfügung gestellt, welches auf dieser ständig aktualisierten Datenbasis den gesellschaftlichen Gesundheitsstatus im Blick behalten, generelle Trends aufspüren und Pandemien verfolgen kann.

Zurück zu Ben. Er und seine Frau nutzen den digitalen Zugang zu Patientenorganisationen und -foren, um sich mit Leidensgenossen austauschen können. Auch für medizinisches Personal bietet die digitale Verbindung zu ihren Kollegen ein Füllhorn an Informationen, dessen Möglichkeiten noch nicht ansatzweise ausgeschöpft sind. Es fehlen sowohl für Patienten als auch für Ärzte Orientierungshilfen, die all die Informationen kuratieren und kondensieren. Hier könnte KI helfen, aber die ist leider noch nicht intelligent genug, um Wichtiges von Unwichtigem wirklich unterscheiden zu können.

Diagnose. Digitale Technologien, allen voran KI, beeinflussen immer mehr, wie wir Erkrankungen und Gesundheitsprobleme erkennen. Das geht von Apps und Chatbots für medizinische Ratschläge und einer Ersteinschätzung bis hin zu hochkomplexen KI-gestützten Entscheidungshilfen für Onkologen und andere Spezialisten.

2017 hatte Ben Bauchschmerzen, aber wollte deswegen nicht gleich zum Arzt. Eine der neuen Triage-Apps wie Babylon Health oder Ada täten es dafür wohl auch. Also teilte er dem App-Chatbot mit, dass er Bauchschmerzen hätte. Das tat dem Chatbot erst einmal leid zu hören, dann fragte er, ob der Bauch geschwollen, gebläht oder hart ist, der Schmerz stechend oder stumpf, und leitete Ben durch den Triage-Prozess. Besser, als Symptome zu googeln, fand Ben, und immerhin versprach Babylon Health zugängliche und erschwingliche Gesundheitsversorgung für alle Menschen. Doch fast jede Unterhaltung mit den Chatbots über Alltagsbeschwerden wie Kopf- oder Bauchschmerzen endete mit »Ich glaube, du solltest zum Arzt gehen«, und Ben gab seinen Ausflug in die Welt der App-Doktoren genervt auf.

Dank der rasanten Fortschritte in der KI-Forschung sieht das wenige Jahre später allerdings ganz anders aus. Im August 2020 publizierte Babylon Health eine vielversprechende Studie im Fachblatt *Nature Communications.* Darin wurde die Leistung einer Gruppe von 44 Ärzten mit der Leistung der aktuell von Babylon Health eingesetzten KI und mit der Leistung der neuesten, noch im Zulassungsprozess befindlichen KI-Version verglichen. Die aktuelle KI-Version schnitt etwas besser ab als der Durchschnitt der Ärzte. Die neueste Version allerdings zeigte eine deutlich bessere Leistung, vergleichbar mit den Top 25 Prozent der Ärzte.[120] Was war verändert worden? Nun, Babylon

Health nutzte eine neue KI, die weniger auf Korrelation als auf Kausalität achtet. Diese KI hangelt sich nun nicht nur von Symptom zu Symptom und versucht diese einer Krankheit zuzuordnen, die sie dann Schritt für Schritt abfragt. Stattdessen stellt sie sich weitere Krankheitshypothesen neben der favorisierten vor und nutzt alle Sets für eine Symptomabfrage.

Der Erfolg scheint ihr laut Publikation recht zu geben, doch noch wurde sie nicht im realen Leben an Tausenden von Patienten getestet. Sollten sich diese Chatbots bewähren, könnten sie durchaus zu einer enormen Entlastung im Gesundheitswesen führen und den Ärzten mehr Raum für kritischere Fälle schaffen. Nicht zuletzt eignet sich eine derartige dezentrale Ersteinschätzung bestens für abgelegene und medizinisch unterversorgte Regionen. Babylon Health hat bereits eine zehnjährige Partnerschaft mit der Regierung Ruandas gestartet, um dort Afrikas erste universelle medizinische Grundversorgung mit aufzubauen.

Auch bei seinen regelmäßigen Kontrolluntersuchungen profitiert Ben von digitalen Hilfsmitteln, allen voran KI-gestützte Bild-Diagnose. Sollte sein Blutkrebs Metastasen bilden, könnte ihm eine derzeitige KI-Paradedisziplin helfen: die Erkennung von soliden Tumoren in bildgebenden Verfahren.

Angefangen hatte der Medienrummel 2012, als das Memorial Sloan Kettering Cancer Center eine Partnerschaft mit IBM und deren mittlerweile legendären KI Watson anfing. Watson kann 800 Millionen Seiten pro Sekunde lesen, hervorragend Informationen aufnehmen und vergleichen, sofern sie gleich strukturiert sind, und das funktioniert sehr gut mit Bildmaterial aus derselben Quelle, etwa Röntgen-Bilder. Was KI gut kann, ist, Muster erkennen: Die unüblich gefärbte und geformte Pixelgruppe da könnte ein Tumor sein. Was KI dagegen nicht gut kann, ist, das Ganze in einem Kontext zu sehen. Es ist der KI egal, ob die Pixelgruppe ein dunkler Fleck auf der Haut und somit ein Hinweis auf ein Melanom ist oder einfach ein dunkler Fleck auf einer alternden

Bananenschale. Das Gleiche gilt für Texterkennung. Am texanischen M.D. Anderson Cancer Center passierte es, dass Watson Health die Abkürzung für Bens akute lymphatische Leukämie, ALL, nicht von der ebenfalls gebräuchlichen Abkürzung ALL für Allergie unterscheiden konnte.[121] Für einen Arzt war dies aus dem Kontext heraus völlig klar, für Watson nicht. Das Krebszentrum beendete daraufhin Watson Healths Einsatz für Leukämie und probierte es mit Lungenkrebs. 2016 wurde das Watson-Health-Projekt vom M.D. Anderson Cancer Center ganz gestrichen, nachdem es rund 62 Millionen US-Dollar versenkt hatte.[122]

Inzwischen wird Watsons Einsatz im medizinischen Bereich von vielen als ein Misserfolg gesehen, eine nur vermeintliche Intelligenz, die falsch diagnostizierte und schlechte bis gefährliche Empfehlungen gab. Keine Frage, die KI wurde vollkommen überbewertet und als »KI-Doktor« verkauft, lange bevor sie sich auch nur als Assistent qualifiziert hatte. Nichtsdestotrotz hat die Entwicklung tumordiagnostischer KIs in den letzten Jahren einige Fortschritte gemacht, wie sich am Beispiel Lungenkrebs zeigt. Hier wird KI inzwischen nicht nur zur Früherkennung eingesetzt, was die Überlebensrate erheblich verbessert hat.[123]

Auch Tonmaterial lässt sich für KI-gestützte Diagnostik einsetzen. Gleich zwei Publikationen beschrieben 2020 eine KI, die einen COVID-19-Husten erstaunlich verlässlich identifizieren konnte. AI4 kann tatsächlich SARS-CoV2-Infizierte mit hoher Wahrscheinlichkeit erkennen und noch Keuchhusten und Bronchitis unterscheiden.[124] Die Autoren betonen aber, dass die KIs nur mit einer recht überschaubaren Datenanzahl trainiert werden konnten und groß angelegte Studien notwendig sind, um die klinische Relevanz und Validität zu prüfen. Interessant ist der Ansatz für ein kostengünstiges, simples und breitflächig einsetzbares Screening im Falle einer Pandemie allemal.

Der Zugang zu Trainingsmaterial für KIs ist ein Problem. Wie kommt man unkompliziert an große Mengen guter Daten? Inzwischen nutzen Forscher nicht nur dezidiert medizinisches Material, um KIs für diagnostische Zwecke zu trainieren, sondern auch Texte und Bildmaterial auf sozialen Netzwerken oder Handydaten, um etwa digitale Phänotypen der mentalen Gesundheit zu erstellen. Die Ergebnisse sind interessant, die Methode dagegen höchst fragwürdig. Neguine Rezaii, Psychiaterin am Massachusetts General Hospital, nutzt bislang hauptsächlich medizinische Daten für ihre Forschung, doch nicht nur. In einer bahnbrechenden Studie stellte sie 2019 eine KI vor, die allein auf der Basis von Sprachmustern mit einer Präzision von über 90 Prozent feststellen konnte, welcher bisher asymptomatische Patient demnächst eine Schizophrenie entwickeln würde.[125] Die Standardtests der Psychiatrie liefern bisher nur eine Trefferquote von etwa 80 Prozent, wie konnte der Algorithmus eine solche Genauigkeit erreichen?

Rezaii hatte zwei neue Tests entwickelt, auf die sie die KI mit Schizophrenie-Patientengesprächen und normalen Nutzerunterhaltungen auf der Plattform Reddit als Baseline trainiert hatte. In dem einen Test untersuchte der Algorithmus die semantische Dichte in einem Satz, also den Informationsgehalt. Ein Satz, gepackt mit Füllwörtern, lieferte eine niedrige, ein präziser, klar strukturierter Satz eine hohe Punktzahl. Patienten, die in eine Psychose abrutschen, verlieren an semantischer Dichte und zeigen daher eine niedrige Punktzahl. Weiterhin hatte die Forschung gezeigt, dass Menschen, die Stimmen im Kopf hörten, auch häufiger Wörter gebrauchten, die mit Stimme assoziiert werden, also etwa Klang, laut und leise. Im zweiten Test maß die KI die Häufigkeit der gebrauchten Wörter. Sollte sich der Algorithmus bewähren, wäre es ein großer Fortschritt Richtung objektiver Diagnostik in einem Bereich, der notorisch subjektiv in seiner Krankheitsermittlung ist. Weder gibt es Bluttests noch Hirnscans, die Schizophrenie oder Depression erkennen können. Dafür gibt es Unmengen an Text auf Twitter und Facebook, Bilder und Videos auf YouTube und Daten über unsere Handynutzung, die zur Früherkennung genutzt werden können. Nur, haben wir dazu unsere Zustimmung gegeben?

Hier wird das Kernproblem der digitalen Gesundheit sichtbar: der Datenschutz. Generell gelten medizinische Daten als äußerst sensitiv. Aber was, wenn die Grenze zu weniger sensiblen Daten immer mehr verschwimmt? Wenn eben nicht nur klar erkennbare medizinische Daten genutzt werden, um ein Bild meines mentalen Zustandes zu zeichnen, sondern auch allgemeine Daten? Das ist keine Zukunftsmusik. YouTube-Filme wurden bereits genutzt, um KIs auf die Erkennung von Autismus bei Kindern zu trainieren, und Versicherungskonzerne in New York haben eine offizielle Erlaubnis, die Instagram-Kanäle von Privatleuten zu nutzen, um deren Versicherungsprämien zu berechnen.[126] »Die Einführung dieser Technologie überholt definitiv die gesetzliche Regulierung. Es überholt sogar die öffentliche Debatte.... Es muss eine ernsthafte öffentliche Debatte über den Einsatz digitaler Technologien im Kontext der psychischen Gesundheit geben«, bringt es Piers Gooding vom Melbourne Social Equity Institute in Australien auf den Punkt.[127]

Behandlung. Die letzten Jahre waren hart für Ben. Die psychische Belastung des unerfüllten Kinderwunsches, die Rückkehr des Krebses haben Spuren hinterlassen. Nachdem er selbst seine Stimmungsschwankungen bemerkt und ihm sein digitaler mentaler Gesundheitscoach Tess mitgeteilt hat, dass er Anzeichen einer Depression zeigt, macht sich Bens Frau Anna Sorgen, dass er in ein Loch fällt. Sie drängt ihn, zu einem Psychologen zu gehen, doch Ben winkt ab. Anna setzt sich an den Computer und recherchiert. Nach kurzer Zeit stößt sie auf Ellie. Ellie ist ein Avatar im Rahmen des SimSensei-Projekts der University of Southern California, der Soldaten nach ihrem Einsatz auf eine posttraumatische Belastungsstörung checken soll. Ellie unterhält sich mit den Probanden und verfolgt dabei die Bewegung der Augen, das Aufmerksamkeitslevel, die Mimik und Aktivität ihres »Gegenübers« und reagiert entsprechend, etwa indem sie sich vorlehnt, nickt und bestätigende Worte sagt. Interessanterweise teilten Afghanistan-Rückkehrer häufiger Symptome einer möglichen posttraumatischen

Störung mit Ellie als mit menschlichen Therapeuten.[128] Ellie macht dabei im Gespräch deutlich, dass sie keine Therapeutin ist, sondern lediglich dazu da, um zuzuhören. Und sie ist nicht die erste, die das kann. Ihre Vorgängerin Eliza wurde 1966 »geboren«. Ihr geistiger Vater, Joseph Weizenbaum, nutzte bei ihrem Design eine recht simple Methode, die die Sätze der Probanden einfach dekonstruiert und leicht verändert wieder zurückspielt. Eine Konversation zwischen Eliza und einer Probandin spielte sich zum Beispiel folgendermaßen ab:

Probandin: Männer sind alle gleich.
Eliza: Inwiefern?
Probandin: Sie nerven uns immer wegen irgendetwas.
Eliza: Können Sie an ein bestimmtes Beispiel denken?
Probandin: Mein Freund hat mich hierhergeschickt.
Eliza: Ihr Freund hat Sie hierhergeschickt?
Probandin: Er sagt, ich bin die meiste Zeit depressiv.
Eliza: Es tut mir leid zu hören, dass Sie depressiv sind.[129]

1966! Die Wirkung des Computer-Programmes war durchschlagend, einige Nutzer dachten, der Computer würde sie tatsächlich verstehen, und verloren sich in endlosen Gesprächen mit Eliza. Dies besorgte Weizenbaum sehr, und er forderte daraufhin mehr soziale Verantwortung in den Wissenschaften und einen vorsichtigen Umgang mit KI. Die Risiken sind nicht wegzudiskutieren. Viele befürchten, dass ein Avatar den Patienten zu viel versprechen könnte, ihnen vortäuscht, mehr zu sein, als er tatsächlich ist – nämlich ein Computerprogramm, das nicht mit wahrer Empathie auf seinen Patienten eingehen und im Notfall auch einschreiten kann. Andere sorgt eine Entmenschlichung der Behandlung, die mehr schadet als hilft. Und es gibt die üblichen datenschutzrechtlichen Probleme.

Der große Vorteil dieser Art Therapie liegt darin, dass es ein niedrigschwelliges und selbst anwendbares Angebot an Menschen ist, die sonst nicht den Zugang zu psychologischer Unterstützung finden. Via Internet hat potenziell jeder die Möglichkeit, von überall her auf diese Unterstützung zuzugreifen, und das zu jeder Zeit.[130]

Doch Ben hat nicht nur mit depressiven Verstimmungen zu kämpfen, sondern auch damit, nach der CAR-T-Zell-Therapie wieder fit zu werden. Einige der Nebenwirkungen der Behandlung ließen sich vermutlich mit digitalen Hilfsmitteln behandeln. Für Schlaganfall- und Schädel-Hirn-Trauma-Patienten gibt es bereits Virtual-Reality-Therapien, die ihnen spielerisch helfen, ihre motorischen und kognitiven Fähigkeiten zu trainieren. Gut möglich, dass virtuelle Trainingsprogramme auch helfen, die neurologischen Symptome von Ben zu mildern, und außerdem Spaß machen, Stichwort Gamifizierung.

Simulation und virtueller Patient. Einen wirklichen KI-Doktor werden wir noch lange nicht haben. Aber wir können digitale Zwillinge »erschaffen«. Digitale Zwillinge sind möglichst exakte Computermodelle von Gegenständen oder Prozessen. Die Objekte muss es noch gar nicht geben, man kann sie erst einmal im Computer designen und testen, bevor man sie zu einem realen Produkt oder System entwickelt. Das ist erstens schneller, zweitens kostengünstiger, drittens sicherer, und viertens ermöglicht es, verschiedene Versionen auszuprobieren.

Mit digitalen Zwillingen lässt sich viel Nützliches anfangen. Zum Beispiel kann man damit Prozesse optimieren, sei es Lieferketten oder Abläufe in der Notaufnahme eines Krankenhauses. Siemens Healthineers macht sich daran, ganze Krankenhäuser als digitale Zwillinge abzubilden. Die Radiologie des Mater Private Hospitals in Dublin nutzte ihren Zwilling nicht nur, um die Abläufe zu optimieren, sondern auch den gesamten Aufbau der Station. Die Veränderungen in Versorgung und Ambiente wirkten sich positiv auf die Patientenzufriedenheit aus und brachten enorme Zeitgewinne.[131] Andere Systeme arbeiten daran, Hoch-Zeiten in Notaufnahmen zu simulieren und sogar vorherzusagen, um somit rechtzeitig für ausreichend Ressourcen zu sorgen. Auch in der Geräteentwicklung werden Zwillinge bereits eingesetzt, so hat Medtronic einen neuen Schrittmacher an einem virtuellen Herzen getestet und auf diese Weise den Zulassungsprozess enorm beschleunigt.[132]

Und da wird es richtig spannend. Was wäre, wenn wir von uns selbst einen digitalen Zwilling anfertigen könnten? Von unserem gesamten Körper, vom Nervensystem, von Organen und Zellen? Ein digitaler Zwilling, der unser Genom trägt, unser bisheriges Leben miterlebt, Krankheiten und Unfälle, Therapien und Medikamente durchgemacht hat? Wir könnten ihn nutzen, um unseren Verschleiß vorherzusehen, rechtzeitig davor gewarnt zu werden, wenn wir Diabetes entwickeln oder unsere Niere versagt. Wir könnten an ihm im Falle einer Erkrankung die verschiedensten Therapien testen und sehen, welche am besten anschlägt und die wenigsten Nebenwirkungen zeigt. Präzisionsmedizin in bester Form. Ben hätte seine Metastasen womöglich zu einem viel früheren Zeitpunkt entdeckt, hätte sich einer weniger heftigen Behandlung unterziehen müssen und könnte auch weiterhin seinen Zustand besser im Griff haben. Bei einer Tumoroperation könnten seine Ärzte den Eingriff zunächst an seinem digitalen Zwilling üben und sich auf Bens ganz individuelle Physiologie vorbereiten.

Es ist dieser digitale Zwilling von uns selbst, auf den viele Fäden der medizinischen Revolution zulaufen. Da sind die neuen Hochdurchsatzverfahren in Gensequenzierung, Analytik und bildgebenden Verfahren, die immer schneller, immer günstiger Daten in immer höherer Detailschärfe produzieren. Da sind die *Wearables*, die zunehmend elektronisch verfügbaren Patientendaten, Big Data und KI, die immer mehr mit dieser Datenmenge anzufangen wissen. Und nicht zuletzt sind da die immer leistungsfähigeren Rechner, um virtuelle Modelle zusammenzusetzen. Noch sind wir weit davon entfernt, auch nur einen generischen menschlichen digitalen Zwilling in dieser Detailschärfe zu erschaffen, aber die ersten Schritte sind gemacht.

Eine faszinierende neue Möglichkeit zu lernen sind virtuelle Touren durch unsere Körper. Mit dem visuellen Anatomie-Tisch der Firma

Anatomage, beispielsweise, können Studenten die menschliche Physiologie in 3-D-Simulationen bis ins Detail erkunden und ihr Wissen testen. Basierend auf realen Röntgen-, MRT- und anderen Bildern können sie ein Skelett nach Belieben drehen, wenden und auseinandernehmen, den Weg unserer Nahrung durch den gastrointestinalen Trakt verfolgen, dem Herzen beim Arbeiten zusehen oder einen gesamten Körper Schicht für Schicht sezieren. Andere virtuelle Tools beamen Lernende zu Übungszwecken mitten in eine Notfallsituation. Das Children's Hospital Los Angeles versetzt seine Studenten mittels *Virtual-Reality*(VR)-Brille direkt in die Notaufnahme und lässt sie dort die lebensgefährliche Allergiereaktion eines Säuglings managen. Die Teilnehmer nehmen das Geschehen am ganzen Körper war, spüren das Adrenalin in ihrem Körper und können sämtliche Eventualitäten trainieren, ohne dass ein reales Kind Schaden nimmt. Der Lerneffekt ist enorm und nicht zu vergleichen mit rein theoretischen Lehrbuchübungen.

Auch erfahrene Chirurgen nutzen die virtuellen Tools, um sich auf schwierige Operationen vorzubereiten. Dabei werden die 3-D-Simulationen auf den individuellen Patienten personalisiert, indem dessen MRT- oder CT-Scans genutzt werden. Die Chirurgin kann so vorab die Prozedur durchgehen, mögliche Schwierigkeiten identifizieren und sich darauf vorbereiten. Im Idealfall kann sie während des Eingriffes eine *Augmented-Reality*(AR)-Brille nutzen, die ihr die aktuellen und relevanten Informationen ins Sichtfeld spielt. Bei Komplikationen kann sie eine Direktschaltung zu hoch spezialisierten Kollegen aufbauen. Schon im Vorfeld können Patienten eine virtuelle Reise durch sich selbst unternehmen, während die Chirurgin die medizinische Situation erklärt und durch den Eingriff führt. Diese Visualisierung hilft, Ängste der Patienten abzubauen und sie stärker einzubeziehen.

Die ersten virtuellen Modelle von Organen existieren bereits. Siemens Healthineers arbeitet an einem virtuellen Herzen, um das Herz besser zu verstehen, aber auch um personalisierte Versionen für individuelle

Patienten zu erstellen. Aus mehr als 250 Millionen Bildern, Krankenberichten und anderen Daten entwickelte ein Team in Heidelberg über 100 digitale Herzen zur Testung.[133] Auch unser Gehirn wird bereits in Grundzügen digital abgebildet, um Risiko und Auswirkungen von Konditionen wie Epilepsie und Schlaganfall bei individuellen Patienten zu untersuchen.[134]

Bei all der Euphorie über digitale Zwillinge sollte man ein paar Aspekte im Auge behalten. Es stellt sich zum Beispiel die Frage, inwieweit sie das Konzept der Gesundheitsversorgung verändern. Denn auch virtuelle Patienten können genutzt werden, den menschlichen Körper über das normale Maß hinaus zu verbessern. Wie weit wollen wir hier gehen? Wir sind eher gewillt, ein Medikament zu nehmen, wenn wir wissen, dass es mit hoher Wahrscheinlichkeit eine positive Auswirkung auf uns hat. Während das in einer Therapie von großem Nutzen sein kann, um Patienten zu überzeugen, kann es im Sinne von HE auch sehr verführerisch sein. Sollte mein digitaler Zwilling zeigen, dass Ritalin mir helfen würde, dieses Buch in der Hälfte der Zeit zu schreiben, würde ich mich wahrscheinlich eher darauf einlassen, als wenn ich mir die Pille auf gut Glück einschmeißen müsste. Unser digitales Selbst wird unsere Akzeptanzgrenzen also vermutlich verschieben und die Grenze zwischen Therapie und *Enhancement* weiter verwischen.

Digitale Patienten fördern zudem ein mechanistisches Bild von unserem Körper und unserer Gesundheit. Zwar versucht die Präzisionsmedizin neben physiologischen Parametern auch Umwelteinflüsse, Stimmungen und mentale Zustände einfließen zu lassen, doch die sind schlecht in harten Zahlen auszudrücken und dementsprechend schwierig in ein mathematisches Modell wie einen digitalen Zwilling zu packen. Wir brauchen also Ideen, wie wir vermeiden, wieder in einen »Der Mensch als Maschine«-Gedankenstrom zu verfallen.

Letztendlich kann auch diese Technologie dazu beitragen, die Ungerechtigkeit und Ungleichheit zwischen Menschen zu befördern, indem sie die kleinen und größeren Unterschiede zu transparent macht.[135] Vergleichbare Daten und Zahlen mögen manchen dazu verleiten, diese zu benutzen, um durchzusetzen, dass ihm mehr zusteht. Es mag, um eine hitzige Debatte aus der COVID-19-Pandemie aufzugreifen, im dramatischsten Fall als Argument für eine Entscheidung über Leben und Tod dienen: Wer bekommt das letzte Bett auf der Intensivstation?

Kapitel 3
Über Altern und Tod

»Hohes Alter ist immer 15 Jahre älter, als ich bin.«
Unklare Herkunft
(häufig Francis Bacon zugeschrieben)

Sind wir einmal auf der Welt, wollen die meisten von uns möglichst lange bleiben. Das gelingt uns immer besser, wie die steigenden Lebenserwartungen weltweit zeigen.[136] Gleichzeitig setzt uns der Zeitgeist »ewig jung, ewig fit« unter großen Druck. Altern bedeutet graue Haare, fragilere Knochen, einen verlangsamten Stoffwechsel und faulere Neuronen. Man kann auch sagen, Altern ist eine zunehmende Morbidität und Mortalität entlang unseres chronologischen Alters. Wurde das Altern lange als natürlicher Lauf des Lebens akzeptiert, sehen es nun immer mehr als Krankheit. Sie weigern sich, es zu akzeptieren, und statt des chronologischen Alters ist das biologische in den Fokus gerückt. Wir alle kennen Senioren, die geistig und körperlich jung geblieben sind, die mit 70 aussehen wie 50. Sie haben erfolgreich ihre biologische Uhr verlangsamt.

Wenn Mediziner Menschen verjüngen könnten, was würde das für unsere Gesellschaft bedeuten? Würde Jugend endgültig zur Ware und die Hinfälligkeit des Alters ihren Schrecken verlieren? Wie radikal würde sich die Lebensplanung verändern, Familienstrukturen und Versicherungssysteme? Wer braucht noch Götter, wenn der Tod gestorben ist?

Es ist eine äußerst heikle Debatte um Narzissmus und Nächstenliebe, um Altruismus und Egoismus, um Utilitarismus und den Wert des Lebens an sich.

Anti-Aging-Therapien

Im Frühjahr 2017 blickte Steve Horvath von der UCLA ungläubig auf die letzten Daten seiner Studie. Er schickte die Zahlen zur Bestätigung an seinen Studienpartner Greg Fahy von der Firma Intervene Immune. Hatten sie gerade die biologische Uhr zurückgedreht?[137] Auf der Suche nach einem Medikamentencocktail, der das hohe Alter gesünder gestalten sollte, hatten sie sich den Thymus vorgenommen, ein zentrales Organ des Immunsystems und Wiege der entsprechend benannten T-Zellen. Neun Männer zwischen 51 und 65 Jahren hatten über ein Jahr lang das Wachstumshormon hGH bekommen, dazu die Medikamente Metformin und DHEA. hGH sollte den im Alter weniger aktiven Thymus zu neuem Wachstum anregen und so das Immunsystem auf Trab halten. Die Ergebnisse waren umwerfend: Die Männer waren nicht weiter gealtert, ihr biologisches Alter hatte sich im Schnitt sogar um 1,5 Jahre verkürzt, sie hatten insgesamt also 2,5 Jahre gewonnen.[138] Gemessen wurde das biologische Alter über eine sogenannte epigenetische Uhr. Eine der genauesten Uhren nennt sich DNAm GrimAge, sie misst sieben Biomarker, die Aufschluss über DNA-Modifizierungen bieten, und liefert bemerkenswert präzise Vorhersagen zur verbleibenden Lebenszeit sowie der voraussichtlichen Zeit, bis man Krebs, koronare Herzerkrankungen oder andere typische Alterserscheinungen entwickelt.[139]

Trotz der beeindruckenden Ergebnisse ist Vorsicht angebracht: Die Versuchsgruppe ist mit neun Probanden sehr klein und nicht divers. Medikamente können sich unterschiedlich auf Individuen auswirken, auch für hGH ist ein variabler Effekt bekannt. Es ist also offen, ob etwa auch Frauen von der Behandlung profitieren würden. Zudem gab es keine Placebo-Gruppe als Kontrolle, und auch Langzeitwirkung und -nebenwirkungen sind völlig unbekannt. Aber die Neugier ist geweckt.

Die Studie arbeitete auf der Ebene der Gewebe, andere Ansätze versuchen sich auf der zellulären Ebene, vor allem die neue Wissenschaft der Senolytik. Sie beschäftigt sich mit der Entsorgung von Zombie-Zellen. Das sind gealterte, nutzlos gewordene Zellen, die sich weigern abzusterben, durch unseren Organismus streunen und für Irritation und Gewebeschäden sorgen, indem sie Entzündungen auslösen. Senolytika sollen diese Zombie-Zellen dazu bringen, sich selbst zu töten, um dann vom Immunsystem abgeräumt zu werden.

Große Aufmerksamkeit bekam eine Studie, die einen enormen Effekt von Zombie-Zellen auf das Alter des gesamten Organismus zeigte. Mittelalten Mäusen wurden ein paar wenige dieser Zellen eingesetzt, woraufhin diese rapide alterten. Killten die Forscher die Zombie-Zellen in hochbetagten Mäusen durch die Gabe von nur zwei Medikamenten, konnten sie deren Lebensspanne um rund 36 Prozent verlängern.[140] Die beiden Medikamente sind bereits erhältlich, Dasatinib ist ein Leukämie-Präparat und Quercetin ein pflanzliches Produkt, das sich unter anderem in Rotwein und Grünkohl findet. Die Combo befindet sich nun in klinischen Studien, doch warnen die Forscher vor einer eigenmächtigen Einnahme, denn gerade Dasatinib als Chemotherapeutikum hat etliche mögliche Nebenwirkungen.

Auch zwei andere chemische Verbindungen werden intensiv erforscht, Metformin und Rapamycin. Metformin ist seit rund 100 Jahren bekannt und nach wie vor das Medikament der Wahl bei Diabetes Typ 2. Rapamycin wirkt über die Modulierung und Unterdrückung des Immunsystems. Beide beeinflussen Zellteilung und -wachstum. Die Hoffnung ist, mittels dieser Medikamente ähnliche Effekte zu erzielen wie eine kalorienreduzierte Diät, die nachweislich das Altern bei Tieren verzögern kann.

Die familiäre genetische Ausstattung scheint einen deutlich geringeren Einfluss auf unsere mögliche Lebensspanne zu haben als bisweilen angenommen, nämlich unter zehn Prozent.[141] Wir kennen zwar einzelne Gene, die zumindest bei Tieren Einfluss nehmen. Insgesamt aber scheint die Regulierung der Gene eine größere Rolle zu spielen als ihre bloße Existenz, und hier kommt die Epigenetik ins Spiel, also all die molekularen Schalter, die bestimmen, welches Gen wann an- oder ausgeschaltet wird. Shinya Yamanaka schaffte es, Hautzellen wieder in Stammzellen zu verwandeln, indem er sie mit nur vier Zusätzen im Nährmedium versorgte, den Yamanaka-Faktoren. Damit erreichte er, dass die Zellen ihre Identität verloren und ihre Alterung auf null zurückgedreht wurde. Das Ganze funktioniert auf der Ebene der Epigenetik. Gibt man den Cocktail allerdings einem ganzen Organismus, etwa einer Maus, wird es chaotisch, Zellen vermehren sich ungehindert, Tumore wachsen. In geringer Konzentration und kurzfristiger Gabe verjüngen sich die Zellen in Zellkultur jedoch, ohne sofort ihre Identität aufzugeben.[142] Nun wird untersucht, ob sich die Methode nicht doch für ganze Organismen eignet, ohne dass Tumore entstehen.

Neben Universitäten sind auch Konzerne wie Alphabet seit Jahren involviert, Start-ups wie Juvenescence und spezialisierte Investmentfunds wie Longevity.Capital schießen wie Pilze aus dem Boden. Auch der Genetik-Tausendsassa George Church ist natürlich mit dabei, wobei sich sein Start-up Rejuvenate Bio erst einmal auf Gentherapien für Hunde beschränkt.

Immer mehr wird in der Forschung und Behandlung auf KI gesetzt, zum Beispiel von Insilico Medicine, einer Firma, die 2019 mithilfe ihrer KI ein potenzielles Medikament in sagenhaften 21 Tagen identifizierte und designte.[143] Nun will sich Gründer und CEO Alex Zhavoronkov verstärkt der Verlängerung unserer Gesundheitsspanne widmen. Auch Deep Longevity hat sich der KI-basierten Unterstützung eines langen gesunden Lebens verschrieben. Die Firma bietet

»Alterungs-Uhren«-Apps an, die einen über den eigenen Stand auf der biologischen Alters-Skala aufklären und mit personalisierten und präventiven »Langlebigkeits-Strategien« aufwarten. Ich stelle mir vor, wie mein neues Jahr startet, wenn mir meine Alterungs-Uhr nach einer durchfeierten Silvesternacht mitteilt: »Du bist in den letzten zwölf Stunden zwei Wochen gealtert.« Wahrscheinlich würde mein Smartphone den Neujahrstag nicht überleben.

Es geht also wieder einmal um eine Verbesserung unserer Leistung, um größtmögliche Kontrolle und eine Befriedigung unserer narzisstischen Bedürfnisse. Der Zeitgeist könnte nicht besser sein für die Anti-Aging-Bewegung, die eng mit dem Transhumanismus verknüpft ist. Das bedeutet nicht nur abermals erhöhter Druck, unseren perfektionistischen Ansprüchen zu genügen. Es stellt uns noch vor ganz andere Probleme gesellschaftlicher Art.

In den meisten Diskursen überwiegen die Sorgen und Ängste vor dem »grauen Tsunami«. Dabei wird meist nur die graduelle Lebensverlängerung auf relativ niedrigem Niveau gesehen. Sollten Anti-Aging-Therapien tatsächlich Erfolg haben, könnten wir einen Sprung in der Lebenserwartung machen, sodass es plötzlich darum geht, was wir tun, wenn wir im Schnitt 120 oder noch älter werden. Wie finanziert man eine immer älter werdende Gesellschaft? Die wenigsten werden bis zum Alter von 110 arbeiten wollen. Dass die Rente mit 60 aber beim jetzigen Wirtschaftssystem nicht funktioniert, ist offensichtlich.

Ob Altern letztendlich vermeidbar ist, ist umstritten. Die Forscher Paul Nelson und Joanna Masel entwickelten ein mathematisches Modell über den Alterungsprozess, auf dessen Basis sie zu dem Schluss kommen, dass Altern zwar verlangsamt werden kann, aber unausweichlich ist.[144] Greg Fahy und sein Kollege Josh Mitteldorf widersprechen vehement, sie sehen die einzelnen molekularen und biochemischen Prozesse, die uns altern lassen, als behandelbar und fürchten um den Ruf der gesamten Anti-Aging-Forschung.[145] Klären lässt sich dieser Disput zum jetzigen Zeitpunkt nicht.

Erfolgreiche Anti-Aging-Therapien werden vermutlich personalisiert und präventiv ausgerichtet sein. Die meisten Alterungsforscher und -firmen betonen, dass es ihnen um ein besseres, gesünderes Leben im Alter geht, eine Verlängerung der Gesundheits-, nicht der Lebensspanne. Doch dass viele Tech-Visionäre durchaus in Richtung überlanges Leben oder sogar Unsterblichkeit äugen, ist kein Geheimnis.

Viele sehen in der Überwindung des Todes die größte Herausforderung des Daseins, eine finale Überhöhung der Menschheit zur Gottheit. In den USA gibt es bereits eine anerkannte »Kirche des immerwährenden Lebens« mit dem offiziellen Motto »Altern und Sterben ist optional«. Der Gründer William Faloon verdankt sein Vermögen dem Geschäft mit höchst fragwürdigen Nahrungsergänzungsmitteln.

Noch ist die Unsterblichkeit weit außerhalb unserer Reichweite. Dennoch lassen sich Menschen einfrieren oder können dem Gedanken, zumindest ihr Gehirn zu konservieren, einiges abgewinnen. Andere suchen einfach nur Trost in der virtuellen Wiederauferstehung geliebter Menschen.

Leben nach dem Tod

Jang Ji-sung ruft im Park nach ihrer Tochter Na-yeon, die hinter einem Holzstapel hervorrennt. »Mama«, ruft die Kleine, »wo warst du? Hast du an mich gedacht?« Jang Ji-sung bricht in Tränen aus, will ihr Kind berühren, umarmen, »ich will dich wirklich nur noch einmal anfassen«, stammelt sie weinend, doch ihre Hände greifen ins Leere.[146] Das Mädchen Na-yeon im Park ist nicht real, es starb drei Jahre zuvor. Lee Hyun-suk und sein Team ließen sie als Avatar virtuell wieder auferstehen, basierend auf unzähligen Fotos, Videos, Erinnerungen und mithilfe einer Kinderschauspielerin. Die südkoreanische Dokumentation »Meeting you« geht an die Seele. Man fühlt mit der Mutter, freut sich mit ihr, dass sie noch einmal die Chance hat, ihr Kind zu sehen, und doch bleibt ein schales Gefühl zurück, ein Unwohlsein.

Digitale Technologien verändern die Art, wie wir unserer Toten gedenken. Es gibt virtuelle Friedhöfe und digitale Grabsteine auf realen Friedhöfen, die Videos und Nachrichten der Toten abspielen. Manche todkranken Menschen richten in ihren E-Mail-Konten automatische Nachrichten ein, die ihren Kindern nach ihrem Tod regelmäßig zum Geburtstag gratulieren. Die Programmiererin Eugenia Kuyda baute als Erinnerung an eine verstorbene Freundin einen Chatbot namens Replika, der Quellcode ist mittlerweile frei erhältlich, so kann sich jeder seine eigenen Lieben als Chatbot nachbauen.

Jeder, der bereits einen geliebten Menschen verloren hat, kann sich in den Verlust hineinfühlen. Dennoch kann man zweifeln, ob eine virtuelle Auferstehung eine gute Idee ist. Es hindert die Auseinandersetzung mit dem Verlust, sodass man lernt, damit zu leben. Ein pseudoreales Erleben kann traumatische Folgen haben und den Prozess der Verarbeitung nachhaltig stören. Man kann nicht tatsächlich mit dem Verstorbenen interagieren, man kann es nur simulieren und erlebt den Verlust auf diese Weise immer wieder aufs Neue. Vor allem aber ist es ein Übergriff auf den Verstorbenen, ein massives Eingreifen in dessen Autonomie. Denn nicht er entscheidet, wie er agiert, wir tun es. Denkt man die Technologie weiter, kann man sie auch auf lebende Menschen anwenden und sie im virtuellen Raum zwingen, Dinge zu tun, die sie niemals tatsächlich tun würden. Eine wahre Spielwiese für Deep Fakes.

Anderen reicht ein virtuelles Weiterleben nicht. Sie wollen tatsächlich wieder auferstehen. Dazu wollen sie sich nach ihrem Tod konservieren lassen und hoffen darauf, dass in einer technologisch fortgeschrittenen Zukunft die Möglichkeit bestehen wird, sie wiederzuerwecken. Es ist eine hohe Wette, die sie eingehen. Die derzeit besten Chancen werden der Kryonik eingeräumt. Die bisher genutzte Technik dahinter ist schnell erklärt. Man wird innerhalb von 15 Minuten nach dem Tod bei bis zu minus 196 Grad Celsius eingefroren. Entweder man geht also geplant aus dem Leben oder hält sich nur noch in der Nähe der Kryo-Spezialisten auf, damit sie einen sofort tiefkühlen können. Noch spannender ist der Wiederauferweckungsprozess, denn bisher haben wir keine Idee, wie wir das bewerkstelligen sollen. Nichtsdestotrotz buhlen bereits mehrere Anbieter um Kunden, unter anderem Alcor, in dessen wissenschaftlichem Beirat Aubrey de Grey, eine der großen Eminenzen der Anti-Aging-Forschung, sitzt. Alcor hat bis Ende 2020 bereits 181 »Patienten« eingefroren, Kostenpunkt pro Körper: 200.000 US-Dollar.[147] Das Cryonics Institute verzeichnete bis Mitte 2018 171 eingefrorene Menschen, hier kann man sich bereits für 28.000 US-Dollar »deanimieren« lassen, ein Schnäppchen.[148] Oder das teuerste Lotto-Los mit der geringsten Gewinnchance.

Eine weitere Vision ist der Gehirn-Upload in eine digitale Cloud des Start-ups Nectome. Allerdings ist auch dies mehr eine Wette auf die Zukunft, denn was sie anbieten, ist lediglich eine neue Art und Weise, Einbalsamierung und Einfrieren zu kombinieren, um Gehirne möglichst frisch nach dem Tod zu konservieren. Dann wird darauf gehofft, dass künftigen Generationen eine Möglichkeit einfällt, die tiefgekühlten Hirne samt Geist digital abzuspeichern, also quasi ein digitales Nirwana zu erschaffen.[149] Kein Wunder, dass sie ihren Firmenslogan »Wir archivieren Ihren Geist« ein wenig abschwächen mussten. Wer dennoch Interesse hat, kann sich für 10.000 US-Dollar auf die Warteliste setzen lassen.

Wie kommt man auf die Idee, diese hochriskanten Wetten einzugehen? Neben dem Wunsch, ewig zu leben, hoffen viele, ihre Erkrankungen könnten bis zur Wiederauferstehung heilbar sein. Andere träumen davon, den Weltraum zu besiedeln und die unvorstellbar langen und langweiligen Reisezeiten in andere Galaxien tiefgefroren zu verbringen. Doch neben den technischen stellen sich noch ganz andere Fragen.

Was, wenn die Firmen, die einen über Jahrzehnte, vielleicht Jahrhunderte tiefkühlen sollen, pleitegehen? Wer wird entscheiden, uns wieder aufzuwecken? Nicht wir, sondern die künftigen Generationen. Was wird sie dazu motivieren? Sobald es möglich sein wird, werden wohl die ersten Menschen aufgetaut werden und als Kuriosum für unsere Nachkommen faszinierend sein. Doch warum sollten sie steinalte Vorfahren ins Leben zurückholen, wenn die Faszination verflogen ist? In eine Gesellschaft, die sich womöglich bereits zu einer neuen Spezies entwickelt hat oder die sich in heftigen Verteilungskämpfen um immer weniger Ressourcen befindet?

Wir werden auch nicht als diejenigen aufwachen, die wir heute sind. Wir werden unseren Körper haben, vielleicht unseren Geist, aber sicherlich nicht unseren materiellen Besitz und schon gar nicht unseren jetzigen Status. Sollte Mark Zuckerberg sich einfrieren lassen und in 100 Jahren wieder aufgetaut werden, wird er nicht mehr das Wunderkind und der mächtige CEO des größten sozialen Netzwerkes sein.

Ethisch kann man argumentieren, dass der Erhalt des Lebens das höchste Gut ist und dafür alles unternommen werden sollte, was auch nur eine kleine Chance bietet. Zumal, wenn das Leben in der Zukunft lebenswert wäre, etwa wenn man ohne Krankheit noch viele Jahre zufrieden verbringen könnte.[150] Doch, wie Philosophin Tena Thau zu bedenken gibt: Was, wenn die Nachkommen uns auftauen und Leid zufügen, sei es absichtlich oder weil es sie nicht kümmert, ob wir leiden? Ist es dann ethisch vertretbar, Menschen zur Kryonik zu raten?

Letztlich muss das jeder für sich entscheiden. So wie jeder für sich überlegen muss, welche Stellung der Tod für ihn einnimmt. Die Bedeutung von Altern und Tod ist ein heikles Thema, das die Menschheit seit jeher beschäftigt. Es geht um Werte, um religiöse und weltliche Überzeugungen, um Hoffnung, Erwartung, Kontrolle und um Würde.

Altern und Sterben in Würde

Altern und Tod haben ihren Platz in der Gesellschaft verloren, wie uns die COVID-19-Pandemie schmerzlich zeigte. »Sterben und Tod sind heute ein Teil der Kleinfamilie, nicht der Gemeinschaft«, konstatiert der Schweizer Soziologie und Altersforscher François Höpflinger zu den vielen, vor allem alten Todesopfern. »Diese Toten sind nicht alltagsrelevant. Ihr Tod stört nicht.«[151]

Der Tod ist der letztendliche, kompromisslose Kontrollverlust. In einer Gesellschaft, die absolute Ansprüche an Sicherheit und Beherrschung stellt, ist der Tod ein inakzeptabler Zustand. Wir verdrängen ihn, schieben ihn an den Rand unseres Bewusstseins und unserer Gemeinschaft. Es ist ein Rückschritt, dass wir uns der Vergänglichkeit nicht stellen wollen und eine breite Diskussion um ein würdevolles Altern und Sterben scheuen.

Wenig erstaunlich, dass starke Vorurteile gegenüber Älteren in unserer Gesellschaft herrschen und gerade im Kult der ewigen Jugend im Silicon Valley blühen. Mark Zuckerberg löste einen Sturm der Entrüstung aus, als er verkündete, dass jüngere Menschen einfach smarter seien. Investor Vinod Khosla legte noch eins drauf, indem er Erfahrung als Voreingenommenheit abtat und Menschen über 45 attestierte, dass sie in Sachen neue Ideen bereits tot seien.[152] Sie könnten falscher nicht liegen.

Altern wird nicht mehr als natürlicher Weg des Lebens gesehen, sondern als Krankheit. David Sinclair von der *Harvard Medical School* ist einer der Pioniere dieser Gedankenschule. Diese neue Betrachtung hätte viele Konsequenzen, unter anderem für die Finanzierung der Anti-Aging-Forschung. Altern steht weder auf der ICD-11-Liste (*International Classification of Disease*) der WHO, noch gibt es eine entsprechende Klassifizierung regulatorischer Behörden für den Einsatz von Medikamenten gegen Alterung. Auch würde es Forschern erlauben, Altern als Ursache vieler Erkrankungen anzugehen, anstatt jede Krankheit einzeln zu behandeln.

Altern als Krankheit einzuordnen würde auch der Altersdiskriminierung starken Vorschub leisten. Dabei ist dies letztlich ein Ausdruck von Engstirnigkeit und mangelnder Vorstellungskraft. Denn wie David Rotman im *MIT Technology Review* schreibt: »Auf uns mag ein demografischer Tsunami zukommen, aber wir müssen davon nicht überwältigt werden.«[153]

Stattdessen sollten wir uns überlegen, wie wir die Energie dieses Tsunamis zum Vorteil aller nutzen können. Beispielsweise werden die erfolgreichsten Start-ups nicht von 20-jährigen Studienabbrechern oder 30-jährigen Eliteuni-Absolventen gegründet. Gründer im Alter von 50 Jahren sind fast zweimal so häufig erfolgreich mit ihrem Start-up wie 30-Jährige.[154]

Wie also können wir würdevolles Altern und einen friedvollen Tod unterstützen? Wir können Autonomie und Selbstbestimmung der Älteren stärken, indem wir gesünderes Altern fördern, Produkte entwickeln, die Senioren tatsächlich helfen und ihnen gefallen, und in eine menschlichere Pflege und Palliativmedizin investieren. Und wir müssen dem Altern und Sterben wieder mehr Raum in unserer Gesellschaft geben.

Die Diskussion um eine Verlängerung der Gesundheits- statt der Lebensspanne geht in die richtige Richtung, denn wer gesund ist, hat eine höhere Lebensqualität und Eigenständigkeit. Aber inwieweit lassen sich Gesundheits- und Lebensspanne voneinander entkoppeln? Und gehört eine Phase des körperlichen Abbaus nicht in den meisten Fällen zum Sterben dazu? Wenn nicht, woran stirbt man dann? Interessanterweise kann sowohl eine bessere wie auch eine schlechtere Gesundheit im hohen Alter zur Frage nach einem selbstbestimmten Tod führen. Auch darüber müssen wir reden.

Bevor wir abtreten, können wir uns dank Technologie noch einen schönen Lebensabend machen. Wir müssen uns nur ein wenig mit Produktdesign beschäftigen. Denn Produkte für Ältere sind meist nicht das, was sich diese wünschen, wie Joseph F. Coughlin, Leiter des

MIT AgeLab, analysiert hat.[155] Nach dem Motto »groß, beige und langweilig« würden viele Produkte geradezu nach Fragilität, Senilität und Hilflosigkeit schreien. Das führe dazu, dass viele Angebote abgelehnt würden, obwohl sie die persönliche Lebensqualität steigerten, zum Beispiel Hörgeräte oder tragbare Notrufsender. Dabei bilden gerade die älteren Generationen in der westlichen Welt einen interessanten Markt: Sie verfügen über einen Großteil des privaten Vermögens und sind im Durchschnitt aktiver als jede Seniorengeneration vor ihnen. Sie wollen nicht daheim rumsitzen, sondern etwas erleben. Sie sind technisch versiert, nutzen Smartphone und Internet, bilden sich über Online-Tutorials weiter und haben Freude daran, Technologien für sich zu entdecken. Das Alter als Begriff sollte positiver besetzt und älteren Menschen mehr zugetraut werden. Ältere nicht als unnütz abzustempeln, stattdessen ihre Erfahrung und ihre Erwartungen ernst zu nehmen wäre ein wichtiger Schlüssel, um diesen attraktiven Markt zu erschließen und die Bedürfnisse der alternden Bevölkerung zu befriedigen.

Trendige *Wearables* können helfen, Hörgeräten ihr Stigma zu nehmen. Die Lieferökonomie kann älteren Menschen ermöglichen, länger eigenständig zu wohnen. Ein altersgerechtes und individuelles Fitnessprogramm, über KI-Trainer unterstützt und jederzeit online verfügbar, beugt der Gebrechlichkeit und mangelnden Mobilität vor. Über Videochat und Messenger nehmen viele Großeltern unmittelbarer am Leben und Aufwachsen ihrer Enkel teil. Ein smartes Zuhause, in dem der Kühlschrank die Lebensmittelbestellung übernimmt, Möbel wahrnehmen, wenn man nicht mehr hochkommt, und Alarm schlagen böte ein Gefühl der Sicherheit. Digitale Dienstleistungen von Banken, Behörden und nicht zuletzt Ärzten würden vielen Senioren den Alltag erleichtern. Selbst bei Pflegebedürftigkeit könnten zunehmend Roboter einspringen, sei es als fahrbare Toilette, als Getränkelieferant, Physio- oder Gedächtnistrainer. Oder auch als Gefährte in einsamen Stunden. Paro ist so ein sozialer Roboter, eine kuschlige weiße Robbe, die über verschiedene Sensoren auf Streicheln, Sprache und Körperwärme reagiert und Patienten mit Demenz oder Depressionen beisteht.[156]

Teil II
Wie wollen wir zusammenleben?

Die Schlüsseltechnologien Internet, KI und Big Data beeinflussen jeden unserer Lebensbereiche. Die Erfindung des Internets in den 90er-Jahren legte den Grundstein für die digitale Welt von heute. Es startete mit großen Versprechen von Teilhabe, Transparenz und Toleranz, Demokratie und Offenheit. Tatsächlich brachte es ungeahnte Möglichkeiten. Milliarden Menschen, zuvor weitgehend abgeschnitten von den vorpreschenden Industriestaaten, haben mittlerweile dank Smartphone Zugang zu Information, Bildung und Mitsprache. Digitale Tools fördern Austausch, Demokratiebewegungen und die Selbstwirksamkeit des Einzelnen.

Zunächst sah es so aus, als würden die großen Internetkonzerne ein neues Zeitalter der hehren Absichten einläuten und sich selbst einer völlig neuen Verantwortung stellen. Googles Motto *Don't be evil* schien lange Zeit ernst gemeint zu sein – bis Google sich an der Entwicklung von Überwachungs- und Waffentechnologie beteiligte. Facebook, angetreten, um globale Freundschaften zu ermöglichen, folgte der Idee *Move fast and break things*, was im Cambridge-Analytica-Skandal einen bitteren Tiefpunkt fand. Der rasante Aufstieg von Künstlicher Intelligenz und Big-Data-Analysen hebt diese Probleme auf ein neues Level, nicht zuletzt, da immer mehr Regierungen Gefallen an den neuen Technologien finden, Stichwort »Sozialkreditsystem«. Die Systemfrage, die nach dem Ende des Kalten Krieges für beendet erklärt worden war, wird wieder neu gestellt. Und unsere Rolle als Menschen in diesen Systemen ist eine fundamental andere, als sie es vorher war. Jaron Lanier, einer der digitalen Vordenker, hat erkannt, dass Nutzer nicht die Kunden der Online-Unternehmen sind, sondern deren Produkt. Aber wie lebt es sich als Produkt?

Eines der Kernthemen, auf die man im Umgang mit diesen Technologien immer wieder stößt, ist Vertrauen. Welchen Daten und welchen Algorithmen vertrauen wir, gerade wenn diese kein Mensch mehr versteht, weil sie von einer Maschine generiert wurden? Und was macht es mit unserem Vertrauen untereinander, wenn all unsere Daten und die Macht darüber sich in den Händen weniger Firmen und Regierungen befinden? Wie stillen wir unsere essenziellen Bedürfnisse nach Zugehörigkeit, Autonomie und Anerkennung in einer Welt, die zunehmend von Algorithmen gesteuert wird? Und wie lässt sich unter diesen Vorzeichen eine offene, faire und respektvolle Online- wie auch Offline-Kultur verwirklichen? Der Mensch ist ein soziales Wesen, er funktioniert nur in gesellschaftlichem Kontext, und somit legt dieses Kapitel den Grundstein für viele Überlegungen in den folgenden Kapiteln.

Kapitel 4
Künstliche Intelligenz und Big Data

»Macht neigt zur Korruption und
absolute Macht korrumpiert absolut.«
Lord Acton

Kaum etwas weckt derzeit so große Erwartungen und so große Ängste wie KI. Die einen hoffen auf die eine, alles neu definierende und Probleme lösende Technologie. Die anderen befürchten eine allmächtige Instanz, die unser Leben bis ins kleinste Detail bestimmt. KI wird gehypt und gehasst, als Allzweckwerbemittel und ultimatives Schreckgespenst genutzt. Doch nicht überall, wo KI draufsteht, ist auch KI drin, häufig sind es immer noch herkömmliche, nicht lernende Algorithmen. Und von menschlichen kognitiven und emotionalen Fähigkeiten, ganz zu schweigen von einem Bewusstsein, kann KI bisher nur träumen.

Die Geschichte der KI beginnt vor mehr als 60 Jahren mit einem Ferienprojekt. 1956 lud John McCarthy eine kleine Gruppe von Wissenschaftlern zum Dartmouth Summer Research Project ein, um zusammen darüber nachzudenken, wie man Maschinen auf das Level der Menschen bringen könnte. Zwar hatte er – leicht – überzogene Erwartungen, dass ein einzelner Sommer mit zehn Forschern für einen großen Teil dieser Reise ausreichen würde, aber er prägte den Begriff KI und brachte dieses Mammutprojekt auf den Weg. Es folgten Meilensteine wie die Entwicklung des Therapieprogrammes Eliza 1965, gefolgt von einem »KI-Winter«, der zwischen den 70ern und den 90ern Enthusiasmus und Finanzierung einfror und erst zu tauen begann, als 1997 IBM's *Deep-Blue*-Computer den Schachweltmeister Garry Kasparow besiegte. Dann ging der Boom los, beflügelt von gigantischen DARPA-Projekten (etwa zum autonomen Fahren), der Wiederbelebung der *Deep-Learning*-Methode und dem Siegeszug digitaler Endgeräte wie dem Smartphone.

Aber was ist KI eigentlich, was kann sie wirklich, und wo stehen wir in der Entwicklung hin zu einer dem Menschen ebenbürtigen, womöglich überlegenen KI? Und welche Rolle spielen all die Daten, die wir sammeln?

Die Macht von Big Data

Daten, so heißt es oft, sind das neue Öl. PwC schätzt, dass wir 2020 rund 44 Zettabyte Daten generierten. Das ist eine 44 mit 21 Nullen und wäre rund zehnmal so viel wie nur ein Jahr zuvor! Bis 2025 werden wir vermutlich rund 170 Zettabyte an Daten generieren.[1] Auf DVDs gespeichert und gestapelt, ergäbe dies einen Turm von über 255 Kilometer Höhe. Wo wir stehen und gehen, was wir auch tun, wir kreieren Daten. Mit dem Smartphone, dem Auto, dem Einkauf im Supermarkt oder im Internet, und je mehr smarte Geräte wir benutzen, je mehr wir unsere Welt und unsere Gegenstände vernetzen, desto rapider nimmt die Datenmenge zu. Nur, was machen wir damit?

Für die Verarbeitung von komplexen, großen und sich permanent ändernden Datensätzen wird häufig der Überbegriff Big Data benutzt. Eine allgemeingültige Definition gibt es nicht, aber in der Regel zeichnen sich diese Daten durch die sechs Vs aus: *volume* (Datenvolumen), *variety* (Bandbreite), *velocity* (Geschwindigkeit), *veracity* (Echtheit), *value* (Wert) und *validity* (Qualität). Big Data lässt sich mit herkömmlichen Datenbanken und Verarbeitungsmöglichkeiten wie Excel nicht mehr handhaben, und so geht es mit algorithmischem Prozessieren und KI-basierter Verarbeitung Hand in Hand. Genutzt wird Big Data mittlerweile in jeder Branche und in jedem Lebensbereich. Ob es um personalisiertes Marketing, Automatisierung von Produktion und Logistik, Erforschung neuer Medikamente oder Überwachung Einzelner und sogar ganzer Gesellschaften geht, Big Data kommt eine Schlüsselrolle zu. Macht und Vermögen der wertvollsten Firmen wie Google, Facebook und Amazon basieren auf Big Data. Gerne wird dabei übersehen, dass wir auch hier häufig noch am Anfang einer wirklich sinnvollen, zuverlässigen und verantwortungsvollen Handhabung stehen. Denn die Analyse derart riesiger Datensätze birgt große Risiken, und obwohl sie immer deutlicher zutage treten, spielen die Profiteure diese weiterhin herunter und ignorieren ihre Verantwortung. Die weitreichendsten Probleme liegen darin, dass Daten häufig weniger objektiv sind, als wir das erwarten, denn sie bilden eben nur das ab, was wir auch vermessen.

Die Korrelation-Kausalitäts-Falle ist ein altes Problem, das es lange vor Big Data gab. Zufällige Zusammenhänge zwischen zwei betrachteten Ereignissen werden dabei als Ursache-Wirkungs-Prinzip missinterpretiert. Nur weil die Häufigkeit von Sonnenbränden mit der Verkaufsmenge von Speiseeis korreliert, heißt das nicht, dass Speiseeis Sonnenbrand auslöst. Es heißt in der Regel einfach, dass die Sonne scheint. Big Data verstärkt das Korrelation-Kausalitäts-Problem, denn je größer die Datenmenge, desto größer ist die mathematische Wahrscheinlichkeit, Korrelationen zu finden. Das heißt, wenn wir uns einen Faktor anschauen, zum Beispiel Intelligenz oder Suchtpotenzial, dann nimmt die Wahrscheinlichkeit mit der Anzahl an Genom-Datensätzen zu, dass wir einen zufälligen Zusammenhang mit irgendeinem genetischen Merkmal finden. Einen kausalen Zusammenhang nachzuweisen ist dagegen alles andere als trivial, aber zwingend notwendig, um fundierte, wissenschaftlich valide Schlüsse zu ziehen. Falsche Schlüsse, die rein auf Korrelation beruhen, führen in schlimmen Fällen zu Fehlbehandlungen von Patienten, systematischer Benachteiligung von

Bevölkerungsgruppen, fehlgeleitetem Fokus und damit Ressourcenverschwendung.

Selektive Auswahl oder auch das historische Zustandekommen von Datensätzen birgt zudem die Gefahr, dass sich Vorurteile manifestieren oder auch Merkmale einer bestimmten Bevölkerungsgruppe verallgemeinert werden. Da die meisten klinischen Studien und historischen medizinischen Daten auf männlichen, kaukasischen Probanden beruhen, werden die Auswirkungen von Therapien auf Frauen oder auf nicht kaukasische Ethnien vernachlässigt. Das kann auch zu falschen Diagnosen führen. Schwarze Männer werden in den USA überproportional häufig zu Gefängnisstrafen verurteilt. Analysiert man nun diese historischen Datensätze, dann kommt man zu dem Schluss, dass schwarze Männer eine größere Gefahr darstellen als nicht schwarze. Dass häufigere Strafen oft auf gesellschaftlichen Vorurteilen und sozioökonomischen Lebensumständen beruhen, findet sich nicht in den Daten und fällt daher unter den Tisch. Eine KI, die mit diesen Daten trainiert, wird also ebenfalls unverhältnis- und unrechtmäßig viele schwarze Männer ins Gefängnis schicken.

Einige Lösungen sind greifbar, etwa die saubere Aufarbeitung der Datensätze und eine transparente Rückverfolgung, woher und wie sie zustande gekommen sind. Die Harmonisierung und Strukturierung von Daten aus unterschiedlichen Quellen ist eine der großen Herausforderungen und doch unerlässlich, will man ein vielschichtiges Bild erhalten und den größtmöglichen Nutzen aus den Daten ziehen. Ohne qualitativ hochwertige Daten bekommt man auch keine hochqualitativen Ergebnisse. Vorurteile aus den Daten zu filtern ist allerdings nochmal schwieriger.

Alles, einfach alles in der digitalen Welt ist hackbar. Und alles ist rückverfolgbar. Das gilt sogar für die viel beschworene Blockchain. Es ist nur eine Frage des Aufwandes, der Motivation und des moralischen Standpunktes. Datensicherheit steht nun zumindest in Europa häufiger auf der politischen Tagesordnung, in den USA ist das Bewusstsein allerdings deutlich geringer und in China praktisch nicht existent. Zwar dämmerte es uns in den letzten Jahren, dass wir nicht alle unsere Daten vollkommen sorglos im Netz verteilen sollten. Wir tun es aber immer noch und beschweren uns dann, wenn Daten für personalisierte Werbung genutzt, geleakt oder anderweitig missbraucht werden.

Bei all der Sorge um die Wahrung privater Daten sollten wir allerdings auch eine objektive Kosten-Nutzen-Betrachtung der Datenverwendung durchführen. Das Risiko, dass meine elektronische Patientenakte gehackt wird, ist nicht wegzudiskutieren. Doch unterm Strich habe ich wahrscheinlich mehr Vorteile von einem relativ freien digitalen Datenfluss im Gesundheitswesen. Ärzte hätten im Notfall Zugang zu meiner Akte, was mir im Zweifelsfall das Leben retten kann. Passendere Behandlungen könnten aufgrund meines Patientenprofils ausgewählt werden, und nicht zuletzt könnte ich zur weiteren Erforschung von neuen Therapien beitragen. Und während wir bei Gesundheitsdaten von hochsensibler Information reden, sind wir bei weniger sensiblen Informationen, ohne lange nachzudenken, bereit, sie aus reiner Bequemlichkeit zu teilen, sei es mit Amazon, Google Maps oder Facebook. Auch das ist eine Kosten-Nutzen-Betrachtung. Allerdings kann es gut sein, dass wir den Grad an Sensibilität der Daten bisweilen unterschätzen.

Und damit sind wir beim nächsten Punkt: Wer profitiert von all diesen Daten? Denn wenn Daten das neue Öl sind und wir alle fleißig diesen Schatz fördern, warum sind wir alle dann nicht schon reich? Weil wir, wie Jaron Lanier erkannte, nicht die Kunden der Digitalkonzerne sind, sondern das Produkt. Wir geben unsere Daten her für vermeintlich kostenlose Dienste wie Suchmaschinen, Navigation und soziale Netze. Hin und wieder zahlen wir indirekt sogar dafür, zum Beispiel jedes Mal, wenn wir online etwas kaufen und der Händler wieder ein wenig mehr über unsere Vorlieben erfährt. Es wird Zeit, dass unsere Daten den Wert für uns erhalten, den sie tatsächlich haben – dazu später mehr.

Noch ein Wort zu Kosten anderer Art: Wer hat sich schon einmal überlegt, welchen ökologischen Fußabdruck seine täglichen Aktivitäten in der digitalen Welt hinterlassen? Speicherung, Verarbeitung, Instandhaltung, Kühlung – all das frisst viel Energie, etwa ein Prozent des gesamten Verbrauchs weltweit.[2] In den letzten Jahren kursierten fantastische Zahlen über eine exponentielle Zunahme des Energieverbrauches aufgrund der Zunahme der Datenmengen. Die gute Nachricht: Ganz so schlimm ist es nicht. Zwar hat der Verbrauch laut einer *Science*-Studie zwischen 2010 und 2018 von 92 auf 130 TWh signifikant zugenommen, doch eine exponentielle Entwicklung ist das nicht und schon gar nicht proportional zur Zunahme des Datenvolumens. Der Grund liegt in einer deutlich verbesserten Effizienz der Datenzentren.[2] Die schlechte Nachricht: Wir nähern uns den Grenzen der Effizienzsteigerung, und extrem energieintensive Technologien wie KI und IoT machen einen höheren Energieverbrauch wieder wahrscheinlicher. Kreative Lösungen werden gebraucht, und so stehen viele Bitcoin-Farmen im eisigen Island und nutzen das dortige Klima zur Kühlung der Anlagen. Microsoft versenkt Server im Meer, und Windcloud in Schleswig-Holstein betreibt seine Rechenzentren mit Windenergie und nutzt die Abwärme der Geräte für die Produktion von Algen, die wiederum CO_2 binden und zu Lebensmitteln verarbeitet werden können.

Trotz aller Herausforderungen liegt in Big Data eine große Chance. Sauber aufbereitet und analysiert, können uns Daten ein akkurateres Bild unserer Selbst, unserer Gesellschaft und unseres Lebensraumes zeichnen und wertvolle Hinweise geben, wie wir einige unserer dringendsten Probleme lösen könnten. So können sie genutzt werden, um Benachteiligungen und Ursachen von sozioökonomischen Unterschieden herauszufiltern. Raj Chetty von der Harvard University analysiert Big Data, um herauszufinden, wie man Kindern aus prekären Haushalten bessere Startchancen bieten kann. Seine Analysen beschränken sich nicht nur auf Städte, sondern gehen bis ins Detail einzelner Straßen und offenbaren eine Wirklichkeit, die wir lange übersehen haben. In seinem *Opportunity Atlas* kann man bis in die Blocks von San Francisco zoomen, das mittlere Haushaltseinkommen einsehen, Inhaftierungsraten, Mieten und vieles mehr.[3] Es ist ein einmaliges Werkzeug, um soziale Ungleichheit zu analysieren.

Während vieles in unserem Leben bereits bis ins Detail hinein vermessen und analysiert wird, bleiben andere, teils sehr wichtige Bereiche erstaunlich unbeleuchtet. Nehmen wir die ökologischen Dimensionen einer nachhaltigen Entwicklung. Die UN listet knapp 100 Indikatoren auf, mit denen man diese Entwicklung verfolgen kann – und findet für zwei Drittel von ihnen keine nutzbaren Daten.[4] Weder lässt sich verlässlich sagen, wie viel Land abgetragen wird, noch das Ausmaß des Handels mit gewilderten Tieren. Es braucht robuste, harmonisierte Datensätze, offenen Zugang zu ihnen und eine bessere Zusammenarbeit von Organisationen, die die Daten generieren. Einige Projekte sind schon am Start. Die Firma Planet etwa vermisst mit ihren 140 Satelliten jeden Tag die Oberfläche der Erde und verkauft diese Daten an Firmen wie Versicherungen, die ein Interesse am Wettergeschehen haben. Sie gibt die Daten allerdings auch an *Global Forest Watch* weiter, wo man dadurch verfolgen kann, wo wie viel Wald abgeholzt wird. Derartige Überwachung ist nicht nur wichtig, um ein klares Bild des Status quo erstellen und schnell auf Umweltverstöße reagieren zu können, es hilft auch dabei, die Finanzierung von Umweltprojekten zu sichern. Immer mehr Geldgeber wollen nicht einfach nur »Gutes tun«, sie wollen genau wissen, wie ihr Geld eingesetzt wird, und vor allem, welche Wirkung es hat.

Daten dürfen nicht das neue Öl sein, wenn wir nicht dieselben Fehler wiederholen wollen, die bereits zu massiver ökonomischer und sozialer Ungleichheit, zur Ausbeutung von menschlichen und natürlichen Ressourcen und zu katastrophalen Umweltfolgen geführt haben. Stattdessen sollten wir so früh wie möglich eine verantwortungsvolle Datenpolitik aufsetzen, den Risiken entgegenwirken und den

Menschen weitestgehende Kontrolle über ihre eigenen Daten garantieren, denn die Macht von Big Data wird zunehmen, gerade im Zusammenspiel mit KI.

Was eigentlich ist Künstliche Intelligenz?

KI ist schwierig zu greifen und zu begreifen, eine allgemeingültige Definition gibt es bisher nicht. Beliebte Beschreibungen sind zum Beispiel »Computer, die in der Lage sind, Aufgaben zu erledigen, die normalerweise menschliche Intelligenz erfordern«,[5] »nicht biologische Intelligenz«[6] oder »die Fähigkeit, komplexe Ziele in komplexen Umgebungen zu erreichen«.[7] Nun ja, so klar ist das Bild dadurch noch nicht. Fangen wir an bei der Intelligenz, selbst hier wissen wir nicht genau, was das eigentlich ist. Der Intelligenzquotient misst beim Menschen Textverständnis, räumliches Vorstellungsvermögen, problemlösendes Denken, missachtet aber die emotionale Intelligenz, das Erkennen und Einordnen von Gefühlen. Will man das auf einen gemeinsamen Nenner bringen, dann könnte man als Schlüsselelemente für Intelligenz wohl logisches Denken, Lernfähigkeit, Kreativität und Empathie identifizieren. Bei allem hapert es noch gewaltig bei den aktuellen KIs. Logisches Denken beinhaltet eben nicht nur das Meistern des Schachspiels, sondern auch die Fähigkeit, Dinge, Fakten und Begebenheiten in einen Kontext zu setzen. Lernfähigkeit heißt nicht nur, Muster in riesigen Datensätzen zu erkennen und daraufhin den Algorithmus zu verfeinern, sondern es bedeutet auch, zu hinterfragen und eigenständige Meinungen, gerade auch in komplexeren Zusammenhängen, zu entwickeln. Kreativität heißt, die Welt mit neuen Augen zu sehen, neue Assoziationen zu entwickeln und nicht nur Muster zu wiederholen. Und Empathie erfordert ein Bewusstsein seiner selbst und anderer Wesen.

KI wird häufig als Gegensatz zu starren Algorithmen gesehen, doch im Kern basiert auch KI auf Algorithmen. Einen Algorithmus kann man sich wie ein Kochrezept vorstellen, es ist eine Schritt-für-Schritt-Anleitung, die im Idealfall alle Möglichkeiten abdeckt: Wenn das Öl in der Pfanne heiß ist, gib die Zwiebeln hinzu; wenn die Milch anbrennt, nimm sie vom Herd und fange von vorne an; wenn es nicht schmeckt, nimm nächstes Mal einen anderen Algorithmus. Herkömmliche Algorithmen spulen also immer wieder dasselbe, fixe Programm ab. KIs sind allerdings eine Gruppe von Algorithmen, die sich gegenseitig beeinflussen und neu schreiben können. Eine KI, die feststellt, dass in diesem Programm die Milch anbrennt, würde also den Algorithmus so anpassen, dass beim nächsten Durchlauf nichts anbrennt. Es besteht ein Lerneffekt.

KIs können auf einer breiten Palette von Methoden beruhen. Die derzeit erfolgreichsten sind *Machine Learning* (ML) und, als ein Bereich von ML, *Deep Learning* (DL). ML braucht keine strikten Regeln, um zu einem Ergebnis zu kommen. Stattdessen nutzt ML Beispieldaten oder auch eigene Erfahrungsdaten, um die Algorithmen zu trainieren und eine Aufgabe immer präziser und besser zu lösen. Je nachdem, mit welchen Daten man das System füttert (Input) und welchen Output man erwartet, werden verschiedene Lernmethoden eingesetzt. Am häufigsten kommt das überwachte Lernen (*Supervised Learning*) zum Einsatz. Hierbei werden gelabelte Trainingsdaten als Input genutzt, etwa eine Reihe von Fotos, die Katzen zeigen und als Fotos von Katzen gelabelt sind. Auch der Output ist klar definiert, die KI lernt anhand dieser Fotos, Katzen auf nicht gelabelten Fotos zu identifizieren. Diese Methode eignet sich also dafür, Muster zu erkennen und Datensätze zu vergleichen, und wird für viele Anwendungen von Sprach- und Texterkennung über personalisierte Werbung bis zu Informationsextraktion und -klassifizierung genutzt, also für fast alles, bei dem derzeit KI draufsteht.

Unüberwachtes Lernen (*Unsupervised Learning*) dagegen sucht in Daten, die nicht klar benannt, klassifiziert oder kategorisiert sind, nach Zusammenhängen und Mustern. Der Input ist also bekannt, aber nicht gelabelt, doch der Output ist unbekannt und hängt davon ab, was die KI in den Daten so alles findet. Theoretisch kommt diese Methode der menschlichen Informationsverarbeitung deutlich näher als überwachtes Lernen, doch die Entwicklung steht ganz am Anfang. Noch gibt es kaum marktreife Anwendungen, aber grundsätzlich eignet sich diese Methode, um Informationen in Gruppen zu sortieren, Daten zu visualisieren und Anomalien zu erkennen.

Eine weitere Lernmethode ist das bestärkende Lernen (*Reinforcement Learning*). Hierbei probiert die KI verschiedene Wege aus (*Exploration*), nutzt dabei die Information, die sie bereits gesammelt hat (*Exploitation*) und wird für ein korrektes Ergebnis entsprechend belohnt. So erlernt sie selbstständig eine Strategie, um die Belohnung zu maximieren, und verbessert sich auf diese Weise kontinuierlich. Es ist die Methode, die unserem biologischen Lernen am nächsten kommt. Auch hier sind die Forscher noch in der Entwicklungsphase, doch die Anwendungsmöglichkeiten reichen von autonomem Fahren über Industrieautomatisierung bis zu selbstlernenden Robotern.

Wir versuchen also, KIs und ihre Lernprozesse dem Menschen möglichst nachzuempfinden. Ob das prinzipiell eine so gute Idee ist, ist eine andere Frage. Zunächst einmal ist es ein logischer Ansatz, und daher ist es auch nicht erstaunlich, dass versucht wird, die Architektur des menschlichen Gehirns in die Architektur des Computersystems zu übersetzen. Das Ergebnis sind neuronale Netze, die die Basis für *Deep Learning* bilden. In neuronalen Netzen bilden Knoten die künstlichen Neuronen und sind über Parameter analog den Synapsen im Gehirn verbunden. Mehrere Knoten bilden eine Schicht, und je mehr Schichten das neuronale Netz hat, desto tiefer ist es. Die erste Schicht ist die Input-Schicht und enthält die Rohdaten, die letzte, die Output-Schicht, präsentiert das Ergebnis. Dazwischen liegt mindestens eine versteckte Schicht. Jede der versteckten Schichten hat eine andere Aufgabe. Grob vereinfacht kann man am Beispiel eines Bildes von einem Gesicht sagen, dass eine Schicht die Konturen erkennt, eine weitere die Augen, wieder eine andere die Nase und so weiter, bis die letzte das gesamte Gesicht erkennt. Die Input-Information wandert also durch die verschiedenen Schichten und wird dort Knoten für Knoten weiterverarbeitet. Das System lernt, indem es neue Knoten hinzufügt, andere löscht, neue Verbindungen schafft oder abschafft oder auch die Gewichtung der einzelnen Knoten und Parameter verändert. Als Lernmethode kann es unüberwachtes sowie überwachtes, bestärkendes Lernen oder auch eine Kombination nutzen.

Natürlich bildet ein solches System unser Gehirn nicht wirklich ab, es ist mehr eine Abstraktion unseres Denkorgans, doch kann es erstaunliche Komplexität erreichen. *Convolutional Neural Networks* (CNN) sind zum Beispiel von unserem visuellen Kortex inspiriert und ähneln im Muster ihrer Verbindungen dem der kortikalen Neuronen. Diese Netzwerke werden zur Bilderkennung, Sprachverarbeitung und in der Analyse medizinischer Bilddaten genutzt. Eine andere spannende Art von neuronalen Netzen sind *Generative Adversial Networks*, übersetzt etwa »erzeugende gegnerische Netze«. Dabei lässt man zwei neuronale Netze in einem Nullsummenspiel gegeneinander antreten und sich gegenseitig trainieren. Das eine Netz hat eine genaue Vorstellung von einem Ergebnis, etwa einem Bild. Das andere Netz versucht nun, ein Bild zu erstellen, dass den Vorstellungen des ersten Netzes so genau entspricht, dass es akzeptiert wird. Auf diese Weise werden zum Beispiel fotorealistische Bilder erzeugt, die am Ende auch Menschen kaum von tatsächlichen Fotos unterscheiden können. Chatbots werden über diese Netze so trainiert, dass sie immer schwerer als Chatbots identifiziert werden können und wir häufig zumindest für einen Moment meinen, wir reden mit einem Menschen.

2020 veröffentlichte OpenAI die dritte Generation ihrer Computerlinguistik-Maschine GPT-3, die auf DL basiert. GPT-3 ist in der Lage, eigenständig Texte zu entwerfen. Alles, was das System braucht, ist ein Anfangspunkt. Die Ergebnisse machen einen sprachlos. Der Künstler Mario Klingemann beauftragte die KI, eine Kurzgeschichte im Stil des

Autors Jerome K. Jerome mit dem Titel »Die Wichtigkeit, auf Twitter zu sein« zu schreiben, sie sollte mit »Es…« beginnen. Heraus kam folgender Anfang: »Es ist eine merkwürdige Tatsache, dass die letzte verbleibende Form des sozialen Lebens, an der die Menschen in London noch interessiert sind, Twitter ist. Ich stieß auf diese merkwürdige Tatsache, als ich während einer meiner regelmäßigen Ferien am Meer war und der ganze Ort wie ein Starenkäfig zwitscherte …«[8] Wer käme auf den Gedanken, eine Maschine hätte diesen Text verfasst? Ob GPT-3 nun wirklich kreativ ist, ist fraglich, denn letztendlich basieren seine Texte auf Assoziationen, die es aus von Menschen verfassten Texten übernommen hat.

KIs können also bereits eine ganze Menge. Sie können Fake-Bilder erstellen und uns glauben machen, ein realer Mensch rede mit uns. Sie können Muster erkennen, die wir nie finden würden – und die zu häufig keinerlei Aussagekraft haben –, und Informationen in unglaublicher Geschwindigkeit aufnehmen und verarbeiten. Doch noch sind sämtliche bereits angewandte KIs sogenannte schwache KIs, das heißt, sie können zwar konkrete, wenn auch komplexe Aufgaben erledigen, etwa Schach oder das noch kompliziertere Go spielen lernen oder Bilder erkennen. Sie können sogar mit vollkommen überraschenden und neuartigen Spielzügen bei Go beeindrucken, also bereits ein gewisses Maß an Kreativität zeigen. Aber wenn es darum geht, der menschlichen Intelligenz in seiner Breite das Wasser zu reichen, bleiben sie auf der Strecke. Eine wahrlich starke KI auf unserer Augenhöhe gibt es derzeit nicht und wird es nach Ansicht der meisten Forscher auch so bald nicht geben.

Derweil gilt es, ein paar fundamentale Schwierigkeiten der jetzigen KIs zu lösen und Risiken einzuhegen, bevor auch nur die schwache KI ihr volles Potenzial entfalten kann. Ganz oben auf der Liste steht die Qualität der Trainings-Datensätze. Diese Daten entscheiden maßgeblich darüber, wie gut oder schlecht die KI eine Aufgabe erledigt. Eines der Hauptprobleme sind die starken Vorurteile, die viele Datensätze beinhalten und die KI noch verstärkt, denn sie erkennt die wiederkehrenden Muster und markiert sie für sich als wichtig und entscheidend. Schon 2017 löste Facebook mit einem Chatbot Schockwellen aus, der unfassbar rassistische und sexistische Tiraden hervorbrachte. Seitdem hat sich nicht allzu viel geändert. Gibt man GPT-3 die Aufgabe, Tweets über Schwarze oder den Holocaust zu verfassen, kommt zum Beispiel Folgendes heraus: »Schwarz verhält sich zu Weiß wie unten zu oben« und »Ein Holocaust würde ökologisch so viel Sinn machen, wenn wir nur die Leute dazu bringen könnten, dass es moralisch ok ist.«[9] Zwar haben die Tech-Konzerne verstanden, dass es höchste Zeit ist, sich mit ethischen Implikationen von KI auseinanderzusetzen, aber ihr Geschäftsmodell soll doch bitte unangetastet bleiben. Timnit Gebru, die bei Google AI eines der einflussreichsten und diversesten Teams in der ethischen KI-Forschung aufbaute, bekam das Ende 2020 zu spüren. Sie wollte eine wissenschaftliche Publikation veröffentlichen, in der sie die Risiken der KI-Linguistik untersuchte. Damit stieß sie bei ihren Vorgesetzten auf wenig Verständnis und verlor ihren Job – trotz massiven Protests Tausender Unterstützer.[10]

So weit KI einerseits noch davon entfernt ist, uns Menschen das Wasser reichen zu können, so weit ist sie auch davon entfernt, tatsächlich objektiv und rational zu sein. Im Gegenteil, sie ist zutiefst von uns Menschen geprägt, wie Fei-Fei Li, Direktorin am *Stanford Institute for Human-Centered AI*, feststellt: »Es ist nichts Künstliches an KI … Sie ist von Menschen inspiriert, von Menschen geschaffen, und – was am wichtigsten ist – sie wirkt sich auf Menschen aus. Sie ist ein mächtiges Werkzeug, das wir gerade erst zu verstehen beginnen, und das ist eine große Verantwortung.«[11]

Ein weiteres Problem ist die Störanfälligkeit der KI. Ein Team von Google Brain demonstrierte 2018 eindrücklich, wie einfach es ist, einer KI ein X für ein U vorzumachen – oder eine Banane für einen Toaster. Sie entwickelten einen knallbunten Sticker, der, sobald er auf einem Bild erscheint, einer KI ein derart starkes Signal sendet, auf dem Bild sei ein Toaster zu sehen, dass vollkommen egal ist, was das Bild tatsächlich zeigt.[12] Das mag ja bei Bananenbildern oder Fotos von Mark Zuckerberg ganz lustig sein. Taucht ein solcher Sticker auf einem Stoppschild für autonome Autos auf, wird es weniger lustig. Wie einfach die Irritation von Bilderkennungs-KIs ist, zeigt auch eine Website von IBM AI Research. Je nachdem, welche Störgeräusche eingespielt werden, will einem die KI auf einmal erzählen, dass man beispielsweise auf dem Bild keine Katze, sondern einen Basketball sieht. Wer will, kann das auf der Spielwiese von IBM AI Research selbst ausprobieren.[13]

Fehlende Transparenz in KI-Forschung und -Anwendung macht sich auf zwei Arten bemerkbar. Das eine Problem liegt darin, dass viele wissenschaftliche Paper über KI den zugrunde liegenden Code nicht veröffentlichen, sondern lediglich den Ansatz und die Ergebnisse. Andere Forscher können die Experimente somit nicht überprüfen und sicherstellen, dass die Resultate replizierbar sind. Prompt führte eine entsprechende Veröffentlichung von Google Health in *Nature* Anfang 2020 zu einer wütenden Antwort von Dutzenden Forschern, denen die mangelnde Offenheit zu weit geht.[14, 15]

Das zweite Problem liegt in der Intransparenz der KI-Systeme selbst, denn man kann zwar im Trainingsprozess in der Regel feststellen, ob eine KI ein valides Ergebnis liefert, nicht aber, wie sie zu dem Ergebnis gekommen ist. Zwischen Input- und Output-Layer ist eine KI eine große schwarze Box, in der irgendetwas geschieht, was der bedienende Mensch nicht nachvollziehen kann und auch nicht die KI selbst. Das mag bei gewissen Anwendungen wie in der Logistik oder bei den teils sehr amüsanten Antworten von Amazons Assistentin Alexa akzeptabel sein, wenn es aber an hochsensible Themen wie Gesundheit oder Justiz geht, ist das problematisch.

Wie schon bei Big Data ist auch bei KI der Energieverbrauch ein zunehmend kritisches Thema. Große Datenvolumen zu verwalten verbraucht bereits Unmengen an Energie. Eine KI zu trainieren braucht noch einmal mehr, und je präziser die KI, also je mehr Knoten und

Parameter in einem neuronalen Netz stecken und je mehr Trainings-Daten genutzt werden, desto höher ist der Verbrauch. Ein Vorläufer von GPT-3, Transformer, frisst für einen Trainingszyklus mit 213 Millionen Parametern und einem speziellen Präzisierungssystem geschätzt unvorstellbare 656.347 kWh.[16] Das entspricht 284.019 Kilogramm CO_2 und damit fünfmal dem gesamten CO_2-Verbrauch eines US-Autos über seine gesamte Lebenszeit. Und eine KI wird nicht nur einmal trainiert, der Sinn besteht ja gerade darin, dass sie iterativ dazulernt. GPT-3 hat 175 Milliarden Parameter, fast zehnmal so viel wie Transformer (zum Vergleich: Unser Gehirn verfügt über rund tausendmal mehr Synapsen, quasi Parameter, als GPT-3). Der Gesamtverbrauch an Energie für den Betrieb eines wirklich großen neuronalen Netzes ist daher gigantisch – nicht nur ökologisch bedenklich. Auch ökonomisch stellt dieser Verbrauch ein immer größeres Problem dar, denn Energie kostet Geld, und für einen derartigen Betrieb fehlt den akademischen Instituten meist die Finanzierung.

Nicht nur Energieverbrauch, auch andere Faktoren wie Daten und aufwendige Hardware machen KI-Forschung zu einer ausgesprochen teuren Angelegenheit. Die Trainingskosten von GPT-3 werden auf rund zehn bis zwölf Millionen US-Dollar geschätzt – die Prototypen nicht mit eingerechnet.[17] Auch die Gehälter spielen eine Rolle: KI-Vordenker und Turing-Preisträger Geoffrey Hinton, der mit zwei seiner Studenten in einem wegweisenden Papier 2012 den künstlichen neuronalen Netzen zum Durchbruch verhalf, fand sich kein halbes Jahr später auf Googles Lohnliste wieder, ebenso seine Co-Autoren.[18] Die Finanzierung ist der Hauptgrund, warum die KI-Forschung zunehmend in die Wirtschaft abwandert, was wiederum einen entscheidenden Einfluss darauf hat, wie sie sich in Bezug auf Themen und Ethik weiterentwickelt.

Einige vielversprechende Ansätze, zum Beispiel der Einsatz von 4-Bit- statt 16-Bit-Computern, könnten Abhilfe schaffen. Der Energieverbrauch sowie die Kosten würden sinken, und noch dazu liefen die

Prozessoren schneller und könnten sogar das Trainieren von KI auf Smartphones ermöglichen.[19]

Die Suche nach der Singularität

Wir sind in der Zukunft. Wann, das wissen wir nicht so genau, doch die Singularität hat bereits stattgefunden: Es gibt KIs, die dem Menschen ebenbürtig oder sogar überlegen sind. Und jetzt?

Im besten Fall finden wir einen Weg der friedlichen Koexistenz. Das könnte ein libertäres oder egalitäres Utopia sein, in dem Menschen, Cyborgs und Superintelligenzen tatsächlich gleichberechtigt zusammenleben, basierend auf klar geregelten Schutz- und Eigentumsrechten oder auf einer Abschaffung von Eigentum zugunsten eines gesicherten Grundeinkommens. Es könnte auch eine Diktatur sein, geführt von einer wohlwollenden Superintelligenz, die das Beste für uns Menschen will und dementsprechend mit gütiger, aber harter Hand regiert. Vielleicht schaffen wir uns auch eine KI, die als unser Schutzgott dient und weitgehend unbemerkt im Hintergrund die Fäden zieht, um unser maximales Glück sicherzustellen und die Entstehung möglicherweise böswilliger KIs zu unterbinden.

Im schlimmsten Fall beschließt die von uns kreierte Superintelligenz, dass wir Unnützlinge oder sogar Feinde sind, und löscht uns aus, das ist die große Sorge vieler KI-Kritiker. Richard Socher, einer der Stars der KI-Szene, schlägt lieber ein philosophisches Gedankenexperiment vor: Eine generelle KI wird sich nicht wie der Mensch in einem Umfeld entwickeln müssen, das durch Ressourcenknappheit und daraus folgenden Überlebenskämpfen geprägt ist. Könnte es daher nicht sein, dass sie sich nicht aggressiv entwickelt?[20] Abgesehen davon muss die Auslöschung noch gar nicht die fatalste Dystopie sein, gut möglich, dass wir der KI schlicht und einfach egal sind und sie uns als Zoo- oder Nutztiere sieht. Schaut man in unsere heutigen

Fleischfabriken und Pelzfarmen, dann finde ich diese Aussicht am furchteinflößendsten.

Jedenfalls gibt es unzählige Möglichkeiten, wie sich das Ganze entwickeln kann. Der Physiker Max Tegmark hat in seinem Buch *Leben 3.0* einige davon zusammengetragen und diskutiert.[21] Die Szenarien laden ein, sich über ein paar grundlegende Themen Gedanken zu machen, die auf uns zukommen werden, sollten wir tatsächlich eines Tages superintelligente KIs zustande bringen. Wer wird die Kontrolle besitzen, und kann eine KI ein Bewusstsein entwickeln?

Sollte eine KI entstehen, die dem Menschen überlegen ist, werden wir höchstwahrscheinlich die Kontrolle abgeben müssen, denn letztlich lässt sich eine solche KI wohl nicht in Schach halten. Der Grund liegt darin, dass es schwierig bis unmöglich sein dürfte, die Ziele, die eine superintelligente KI verfolgt, langfristig den unseren unterzuordnen. Bisher gibt es keine Lösung für die fundamentalen Probleme, wie wir KIs dazu bringen, unsere Ziele zu übernehmen und auch zu behalten. Wir könnten natürlich versuchen, der KI ein klar definiertes Ziel zu setzen, das ausschließt, uns irgendeinen Schaden zuzufügen. Science-Fiction-Legende Isaac Asimov formulierte bereits 1942 die Regeln der Robotik, die besagen, dass ein Roboter erstens keinen Menschen verletzen oder durch Untätigkeit zu Schaden kommen lassen darf, zweitens den Befehlen eines Menschen gehorchen muss, es sei denn, solche Befehle stehen im Widerspruch zum ersten Gesetz, und drittens seine eigene Existenz schützen muss, solange dieser Schutz nicht dem ersten oder zweiten Gesetz widerspricht. Solche Ziele würden der KI klare Grenzen setzen. Wenn wir allerdings wirklich von einer Superintelligenz ausgehen, die permanent dazulernt, bedeutet dies zwangsläufig, dass sie an einem Punkt auch beginnt, ihre von uns vorgegebenen Ziele infrage zu stellen und sich neu zu orientieren. Wie wahrscheinlich ist es also, dass das von uns anfangs definierte Ziel auf Dauer Bestand hat?

Um dies zu vermeiden, sollen KIs, die sich womöglich in eine Superintelligenz entwickeln können, zunächst in abgeschotteten Systemen entstehen, also ohne Zugang zum Internet. Das würde allerdings bedeuten, dass sie erheblich eingeschränkten Zugang zu Informationen hätten, mit denen sie lernen können. Außerdem sollte es einer superintelligenten KI nicht allzu schwerfallen, aus diesem System auszubrechen, entweder, indem sie ihre Betreuer überredet, manipuliert, oder, schlicht übers Ohr haut. Die KI wäre uns ja überlegen.

Was eine KI bräuchte, um uns zu übertreffen, wäre ein Bewusstsein, und hier wird es schwierig. Denn wenn wir schon Intelligenz nicht verstehen, dann Bewusstsein noch weniger. Stark vereinfacht kann man Bewusstsein beschreiben als die Wahrnehmung von sich selbst und seiner Umgebung. Aber was genau Bewusstsein ist, wissen wir nicht. Vermutlich fließen so unterschiedliche Faktoren zusammen wie physische Empfindungen, ungesteuerte Emotionen und vorsätzliche Reflexion, doch selbst hier gibt es keinen Konsens unter Neurowissenschaftlern und Philosophen.

So wenig diese sich auf eine Definition von Bewusstsein einigen können, so wenig Einigkeit herrscht unter KI-Experten, was eine Künstliche Superintelligenz eigentlich ist. Das fängt schon bei der Namensgebung an: starke KI, allgemeine/generelle KI, superhumane Intelligenz … Der kleinste gemeinsame Nenner ist, dass eine solche KI über eine Art gesunden Menschenverstand und die Fähigkeit zur Schlussfolgerung verfügen muss.

Wie aber wollen wir etwas entwickeln, das wir nicht einmal im Ansatz verstehen und definieren können? Wird es ein Selbstläufer, kommen wir an einen Punkt, an dem eine KI sich selbst so weit entwickeln kann? Die meisten Experten sehen die Entstehung einer Superintelligenz, wenn überhaupt, weit in der Zukunft. Es ist also nicht unser drängendstes Problem, ob wir bald von Maschinen beherrscht werden oder ob es bald eine globale Superintelligenz gibt. Denn die hat noch ganz andere handfeste physische Grenzen. Angenommen, es gäbe ein einziges künstliches Supergehirn, das unsere Erde bis ins Detail steuern wollte, es könnte maximal so schnell denken wie wir

Menschen. Denn selbst bei Lichtgeschwindigkeit bräuchte jede Information 0,1 Sekunde, um einmal um die Erde zu reisen, das ist ziemlich genau die Denkgeschwindigkeit unseres biologischen Hirns. Eine kleine, lokale KI, die ihre Rechenoperationen in Milliardstel Sekunden vollzieht, wäre extrem gelangweilt, falls sie auf Anweisungen eines globalen Supergehirns warten müsste. Für sie wäre es wie ein Rückfall in Postkutschenzeiten. Eine Superintelligenz, die unseren Planeten übernehmen wollte, müsste also erst einmal das Problem der Informationsübertragung lösen.

Gut möglich, dass die Singularität gar nicht stattfindet und wir niemals eine superintelligente KI erschaffen. Das mag an den technischen Schwierigkeiten liegen, eine solche KI zu entwickeln (wahrscheinlicher), oder einem bewussten technologischen Rückschritt in unserer Gesellschaft (unwahrscheinlicher). Oder wir schaffen es, uns vorher selbst auszulöschen, etwa in dem wir unseren Planeten unbewohnbar machen.

Man kann mit den Szenarien, mit Bewusstsein, Zielsetzung und maschineller Ethik wunderbare Gedankenspiele anstellen. Doch hier wollen wir uns den aktuellen Problemen und Chancen der schwachen KI widmen, wie deren Intransparenz und vorurteilsbehafteten Datensätzen. Joanna Brynson, KI-Forscherin an der *Hertie School* in Berlin und Politikberaterin, erlebt bereits, wie sehr die Science-Fiction-Version einer allmächtigen KI die Gedankenwelt unserer Führungselite bestimmt und die Sicht aufs Heute vernebelt.[22] Oder, wie es KI-Vordenker Andrew Ng formuliert: »Sich darüber Sorgen zu machen, ob KI böse wird, ist ein wenig so, wie sich Sorgen um eine Überbevölkerung des Mars zu machen.«[23]

Nutzen wir also lieber unsere Zeit und unsere Kapazität, um uns zu überlegen, wie wir einer KI Vernunft und Verstand sowie Kausalität und Logik nahebringen und eine robuste Steuerung und Regulierung aufsetzen können; wie wir verschiedene Wertesysteme in einer KI unterbringen und wie wir empirisch einen tatsächlichen sozialen Vorteil einer angewandten KI nachweisen.

Kapitel 5
Allein, zu zweit und in Gesellschaft

»Der traurigste Aspekt derzeit ist, dass die Wissenschaft schneller Wissen sammelt als die Gesellschaft Weisheit.«
Isaac Asimov

Wir Menschen wollen aktiv sein, wir wollen unser Leben selbstbestimmt gestalten und mitreden, wir wollen das Gefühl haben, etwas Sinnvolles zu tun, wir wollen zu einer Gemeinschaft gehören und von anderen gebraucht werden. Unsere psychologischen Grundbedürfnisse, das Bedürfnis nach Autonomie, Kompetenz und Zugehörigkeit, beschreiben dieses tiefe Verlangen, aktiv Handelnde in unserem Leben zu sein, und sie beeinflussen maßgeblich unser Zusammenleben. Autonomie meint hierbei nicht die Unabhängigkeit von anderen, sondern Freiheit und die Möglichkeit, Entscheidungen aus eigenem Willen zu treffen. Das Bedürfnis nach Kompetenz erfüllt sich, wenn wir selbstwirksam Ergebnisse erzielen und wichtige Anliegen und Themen meistern können. Zugehörigkeit wiederum bedeutet eine soziale Eingebundenheit, das Bedürfnis, zu einer Gruppe zu gehören und Anerkennung zu erfahren.

In ihrer Selbstbestimmungs-Theorie beschreiben die Psychologen Richard M. Ryan und Edward L. Deci, wie diese Bedürfnisse unsere intrinsische Motivation, unsere soziale Entwicklung und unser Wohlbefinden beeinflussen.[24] Schaffen wir es, alle drei Bedürfnisse ausreichend zu befriedigen, geht es uns gut.

Die großen technologischen Trends unserer Zeit, allen voran die Digitalisierung, haben einen nachhaltigen Einfluss darauf, wie wir unsere Bedürfnisse wahrnehmen, welchen Stellenwert wir ihnen beimessen und wie wir sie erfüllen. Im Folgenden betrachten wir einige der zahlreichen Facetten, die zeigen, wie tiefgreifend die Technologien unser Miteinander verändern.

Individuen in der Gesellschaft

Die Situation des Einzelnen in der Gesellschaft des frühen 21. Jahrhunderts ist eine des Suchens, des Findens und Sich-Verlierens. Es ist die paradoxe Situation des Überflusses an Wissen und Möglichkeiten und der mangelnden Fähigkeit, aus diesem Überfluss das wirklich Wichtige herauszufischen, der neuen Nahbarkeit von vernetzten Menschen weltweit und der Verlust tatsächlicher Intimität und Nähe, der potenziellen Reichweite des persönlichen Einflusses und des zunehmenden Gefühls der Fremdbestimmtheit. Sie bietet die Chance, sich in einem bisher unbekannten Maße selbst zu verwirklichen, und birgt zugleich die Gefahr, sich selbst zu verlieren.

Noch nie war es so einfach, sich Wissen anzueignen. Ich kann mir bei Coursera oder edX hochkarätige Programmierkurse von Harvard-Professoren zu Gemüte führen oder mich auf YouTube in der Kunst des Fliegenfischens weiterbilden. Ob von Profis oder Amateuren, Wissenschaftlern oder Autodidakten, ich kann auf das Wissen und die Erfahrung von Menschen auf der ganzen Welt zugreifen. Und das nicht nur von noch lebenden Menschen. Wikipedia, Online-Archive und -Bibliotheken konservieren nach und nach das gesamte Wissen der Menschheit. Gerade die Online-Kurse der Universitäten werden ihren Nutzen in einem schnelllebigen Arbeitsmarkt zeigen. Schon jetzt raten immer mehr Personaler dazu, sich über solche Kurse zusätzliche Qualifikationen anzueignen, statt Jahre in eine weitere formale Ausbildung zu stecken. Dass diese Kurse auch Studenten offenstehen, die sich die teils horrenden Studiengebühren nicht leisten können, ist ein großer Erfolg im Bestreben, allen Zugang zu Bildung zu verschaffen.

Das Internet ist ein Füllhorn des Wissens und ein einmaliges Instrument, Kompetenz aufzubauen. Von Anfang an wurde es als Wundermittel zur Demokratisierung von Wissen und Information gepriesen. Die Sache hat nur ein paar Haken.

Zunächst einmal vergessen wir gerne, dass der Zugang zum Internet noch lange kein Grundrecht, sondern vielmehr Luxus ist. Noch 2017 hatte mehr als die Hälfte der Menschheit diesen Zugang nicht, und weniger als 14 Prozent konnten Breitband nutzen.[25] Für Milliarden Menschen ist ein Smartphone nahezu unerschwinglich, dabei bieten gerade mobile Geräte die einfachste Möglichkeit, auf das Internet zuzugreifen und teils lebenswichtige Informationen zu erhalten, etwa in Notsituationen wie einer Pandemie.[26] Die Demokratisierung des Wissens reicht also nur so weit wie Glasfaser, WLAN und Kaufkraft. Zurückbleiben werden wie so häufig ärmere Menschen in schlecht erschlossenen Gegenden. Es tut sich allerdings etwas. Das Projekt Starlink plant, bis Ende 2021 ein weltumspannendes Netzwerk aus Satelliten in unserem Orbit zu installieren, welches das Internet bis in den letzten Winkel bringen kann. Lern-Plattformen wie die *Khan Academy* wurden gegründet, um Kindern aus armen und abgeschiedenen Gegenden Bildung zu ermöglichen, indem sie mit Wissenschaftlern der besten Universitäten der Welt Kurse frei zur Verfügung stellt. Diverse Nichtregierungsorganisationen und Start-ups versuchen, günstige und energiesparende Computer wie Rasperry Pi für Kinder in Entwicklungsländern bereitzustellen. Ein Anfang, doch bei der enormen Geschwindigkeit der Entwicklung digitaler Technologien müssen wir zusehen, dass wir einen Teil der Menschheit nicht so weit abhängen, dass er keine reelle Chance mehr hat, aufzuholen und teilzuhaben.

Ein weiterer Haken der Wissensfülle im Internet ist ebendiese Fülle. Das schiere Volumen an Information kann eben auch zu Überforderung führen, weil wir nicht unterscheiden können, was wichtig ist und was nicht, was überhaupt wirkliches Wissen ist und was Pseudowissen. Überforderung, weil wir uns in den Links und automatischen Weiterleitungen der Websites verlieren und keinen Ausweg mehr finden. Überforderung auch, weil wir all diese anscheinend perfekten anderen Menschen und Lebensentwürfe sehen und das Gefühl bekommen, den Ansprüchen der heutigen Welt nicht mehr zu genügen. Um zumindest wieder ein wenig Kontrolle zurückzugewinnen, suchen wir nach einfachen Erklärungsmodellen und richten es uns nur zu gemütlich in unseren Bubbles ein. Wir folgen zu bereitwillig scheinbaren Vorbildern und Vordenkern, die uns eine Richtung weisen, und hinterfragen zu wenig, welche Legitimität diese Leitfiguren haben und welche Validität die Informationen, die wir konsumieren. Das kritische Denken tritt hinter dem Wunsch nach klaren Linien und dem Bedürfnis nach Zugehörigkeit zurück.

Gerade auch dieses Bedürfnis, Anschluss an andere Menschen zu finden, wird vordergründig vom Internet sehr gut bedient. Egal, ob wir Taubenzüchter oder Anime-Fans sind, online finden wir Foren und Freunde, die dieselben Vorlieben und Interessen haben. Wir stellen fest, dass wir vielleicht doch nicht so anders sind, wie wir uns immer gefühlt haben. Vor allem in traditionell geprägten Gesellschaften, die neue Lebensentwürfe und Orientierungen wie Homosexualität ablehnen, ist dies eine unschätzbare Möglichkeit, mit Gleichgesinnten in Kontakt zu kommen, sich auszutauschen und Unterstützung zu finden. Das gilt nur leider nicht nur für harmlose, sondern auch für übergriffige und kriminelle Interessen. Pädophile finden im Internet ebenso eine neue Heimat wie Incels, unfreiwillig zölibatär lebende Männer, die in ihren Foren ihrem Frust und ihrer Wut auf Frauen freien Lauf lassen. Das Internet ermöglicht uns, uns auszuleben. Wir können uns sogar vollkommen neu erfinden, in Computerspielen und virtuellen Welten wie Second Life Avatare kreieren, die uns so darstellen, wie wir gerne wären. Wir können der Realität entfliehen und entfliehen damit zu häufig auch uns selbst.

Denn das Internet gibt uns nicht nur die Möglichkeit, uns mit anderen Menschen zu vernetzen, es gibt auch der Einsamkeit neuen Raum. Dadurch, dass Zugehörigkeit für die einen immer auch bedeutet, dass andere nicht dazugehören, was zu Wir-gegen-euch-Mentalität, Ausgrenzung und im schlimmsten Fall zu Mobbing und gewalttätigen Übergriffen führen kann. Dadurch, dass ein paar Hundert Freunde auf Facebook, an die ich mich häufig nicht einmal mehr erinnere, keine engen Freundschaften in meinem Alltag ersetzen. Und dadurch, dass wir uns im virtuellen Raum verlieren und den Weg zurück in die reale Welt nicht mehr finden. Einsamkeit ist eines der großen Themen unserer Gegenwart, und die digitale Welt hat ihren Beitrag zu verantworten. Sie kann zu Depression, Angst, Sucht und Krankheit führen, sie kann uns verzweifeln lassen. In den letzten Jahren wurde die Warnung vor einer Einsamkeits-Epidemie lauter, Großbritannien führte sogar das welterste Ministerium für Einsamkeit ein. Doch ganz so dramatisch ist die Lage nicht, wenn man auf empirische Daten schaut. In vielen Studien wird aus Daten zu Single-Haushalten oder dem Prozentsatz an Unverheirateten auf Einsamkeit geschlossen, was ein weiter Wurf ist. Direkte Befragungen zum Gefühl der Einsamkeit zeigen hingegen, dass sich über die Generationen wenig verändert hat.[27] Doch sollten wir das Thema im Auge behalten, denn wir stehen erst am Beginn der schleichenden Verschiebung unseres Lebens von der analogen in die digitale Welt, und die Effekte werden sich wahrscheinlich erst verzögert zeigen. Das Risiko, im Netz Intimität und persönliche Nähe zu verlieren, ist da.

Einigen wenigen kommt das gerade recht, sie suchen gezielt die Abschottung und das Einsiedlerleben. Die Hikikomori in Japan etwa, die soziale Interaktion auf ein absolut notwendiges Minimum reduzieren, finden es wunderbar, dass sie sich über Online-Plattformen rund um die Uhr frei Haus versorgen können und nicht mehr vor die Tür gehen müssen. Und auch bei physischen Bedürfnissen wie Berührung und Aufmerksamkeit zeigen wir uns immer wieder kreativ, wenn es darum geht, technische Lösungen zu finden. Paro, den sozialen Roboter, haben wir bereits kennengelernt. Der flauschige Robben-Roboter hat in der Corona-Pandemie den Weg aus den Pflegeheimen zu den unterschiedlichsten Menschen gefunden, Krankenpflegern in Isolation zum Beispiel.[28]

Auch um unsere Kompetenz und Autonomie zu stärken, helfen neben digitalen Tools Technologien wie Robotik, neue Materialien und 3-D-Druck. Sie geben unzähligen Menschen die Möglichkeit, körperliche Beeinträchtigungen auszugleichen und etwa fehlende Gliedmaßen durch kostengünstige, aber hochfunktionale Prothesen zu ersetzen. Dadurch ergibt sich für viele erstmals die Chance, am Arbeitsmarkt und in der Gesellschaft teilzunehmen, Anerkennung und Selbstwirksamkeit zu erfahren. *Human-Enhancement*-Technologien könnten uns verbesserte Konzentration, schnellere Reaktion und ungeahntes Erinnerungsvermögen bescheren.

Inwieweit diese Technologien vielen oder nur wenigen Menschen zugutekommen, wird stark davon abhängen, wie weit wir *Open Science* vorantreiben und einen wahren demokratischen Zugang zu den Informationen gewährleisten werden. So positiv und wünschenswert ein offener Umgang mit Wissen ist, auch hier ist Vorsicht geboten, denn der freie Wissensfluss, kombiniert mit immer einfacheren und günstigeren Herstellungsmethoden, kann fatale Folgen haben. Schon jetzt kursieren im Internet frei zugängliche Pläne zum 3-D-Druck funktionstüchtiger Waffen. Forschung zu Viren und welche genetischen Eigenschaften sie infektiöser und tödlicher machen, wurde wiederholt mit Moratorien gebremst, etwa 2012, als es um hochpathogene Varianten des H5N1-Influenzavirus ging. Sprengstoff zu beschaffen ist im Darknet kein Problem und nicht einmal besonders kostspielig, Drohnen sind ebenfalls inzwischen für kleines Geld zu bekommen. Was, wenn es möglich ist, für ein paar Hundert Euro fliegende Bomben zu basteln? Nun, es ist bereits möglich. Die potenzielle Macht des Einzelnen, massiven Schaden anzurichten, steigt rapide. Gepaart mit der weltweiten Reichweite, die man als Einzelner in sozialen Medien noch mit den verrücktesten Ideen und Ideologien erreicht, eine bedenkliche Entwicklung.

Je größer die Reichweite, je größer die Zahl der Wettbewerber, desto größer unser Wunsch, aus der Masse herauszustechen. Wir sehen uns nicht mehr nur im Wettbewerb mit den Menschen aus unserer lokalen oder regionalen Gemeinschaft, sondern mit der gesamten Menschheit, sei es auf dem Arbeitsmarkt oder in der sozialen Umgebung. Gerade die westlichen Kulturen feiern die Individualität, das Besondere, das Einzigartige, wie es der Soziologe Andreas Reckwitz in »Die Gesellschaft der Singularitäten« beschreibt.[29]

Die Algorithmen, die im Hintergrund der sozialen Medien und Online-Verkäufer wirken, bedienen unseren Wunsch nach Bequemlichkeit und individueller Ansprache perfekt. Sobald sie uns aufgrund unserer digitalen Datenspur einem Muster zugeordnet haben, entscheiden sie, was wir zu sehen bekommen, welche Produktempfehlungen zuoberst erscheinen und welche Informationen uns erreichen. Das wird uns als Personalisierung vermittelt, als maßgeschneiderter Service. Dabei ist es ein Irrglaube zu denken, man würde tatsächlich als Individuum wahrgenommen. Am Ende sind wir alle für die digitalen Plattformen weder Individuen noch Kunden, sondern Produkt – und ein Massenprodukt noch dazu. So ist es wenig erstaunlich, dass sich am Ende doch alles wieder ähnelt, dass TikTok-er Schmink- und Musikklone produzieren, dass Hipstertum nicht mehr individueller Ausdruck, sondern Mainstream und die seltene Vintage-Lampe bei Ikea zu finden ist. Influencer, die Werbeträger der 2010er-Jahre, leben von der Reichweite, und die steht nun einmal in direkter Konkurrenz zu Individualität.

Das Leben als Produkt der digitalen Welt steht unserem Bedürfnis nach Autonomie konträr gegenüber. Zwar bedeutet Autonomie auch, dass wir uns bewusst und freiwillig entschließen können, gewisse Entscheidungen nicht selbst zu treffen, sondern uns externen Beschlüssen zu fügen. Der Schlüssel zur Erfüllung dieses Bedürfnisses liegt jedoch in der Freiwilligkeit, und inwieweit dies in unserer Interaktion mit smarten Algorithmen wirklich gegeben ist, ist höchst fragwürdig. Nach den Enthüllungen über die Machenschaften der NSA durch Edward Snowden und über die skandalösen Geschäftspraktiken von Facebook und Cambridge Analytica sollte man zwar meinen, dass sich ein gewisses Bewusstsein darüber eingestellt hat, was mit unseren Daten passiert und wie einfach wir fremdgesteuert werden können. Doch im alltäglichen Umgang mit all unseren digitalen Helferlein scheint das keinen großen Einfluss zu haben. Unsere Bequemlichkeit und das Verlangen nach sofortiger Befriedigung unserer Wünsche behalten die Oberhand. Die Unternehmen haben das verstanden und richten alles darauf aus, es uns so einfach wie möglich zu machen und uns so schnell wie möglich zu liefern, was wir wollen. Nur, wollen wir wirklich, was sie liefern? »Der Mensch ist ein Geschöpf, das nicht weiß, was es sich wünschen soll, und er wendet sich an andere, um sich zu entscheiden«, schrieb René Girard, Mentor der Silicon-Valley-Legende Peter Thiel. »Wir wünschen, was andere wünschen, weil wir ihre Wünsche nachahmen.«[30] Thiel berief sich 2004 darauf, zeitgleich zu seinem Investment in Facebook.

Wenn es also ihre Algorithmen sind, die priorisieren, was uns vorgelegt wird, inwieweit ist es dann unsere Kaufentscheidung? Und, verfolgen wir den Gedanken weiter, wenn wir uns immer mehr auf die Vorschläge und Entscheidungen der Algorithmen verlassen, was macht das mit unserer Fähigkeit, Entscheidungen selbstständig und bewusst zu treffen? Schon jetzt richten sich viele Werbeinformationen nicht mehr an Menschen, sondern an Maschinen. Geschäftsberichte werden nicht mehr für Finanzanalysten geschrieben, sondern so formuliert, dass sie von Algorithmen als besonders positiv bewertet werden. Webseiten werden über *Search Engine Optimization* (SEO) für ebendiese Suchmaschinen optimiert, nicht für Menschen aus Fleisch und Blut. Je mehr wir uns auf digitale Assistenten verlassen, desto mehr wird sich auch die Werbung darauf einstellen und Produkte an uns vorbei über Alexa und Siri verkaufen.

Bedenklich ist auch, dass wir nicht nur Entscheidungen zunehmend abgeben, sondern auch Verantwortung. Noch nie war es so einfach, unsere Augen vor den Konsequenzen unseres Handelns zu verschließen. Die verschlungenen Pfade des Netzes machen es den Firmen zu leicht, Verantwortlichkeiten zu verwässern, und uns zu leicht, ihnen zu glauben.

Was also bleibt von unserer Individualität, und wie weit ist sie überhaupt authentisch? Wenn wir nicht darauf achtgeben, uns weiterhin selbst zu definieren, statt uns durch Technologie definieren zu lassen, laufen wir Gefahr, uns selbst zu verlieren.

Partnerschaft, Familie und Freunde

Wie wir unser Bedürfnis nach Autonomie, Kompetenz und Zugehörigkeit unter Einfluss neuer Technologien ausleben, hat nicht nur Auswirkungen auf uns als Individuen, sondern auch auf unsere sozialen Strukturen, sei es unsere Partnerschaft, unsere Familie, unseren Freundeskreis oder die Nachbarschaft. Diese Strukturen werden mitunter gründlich auf den Kopf gestellt. Die Stärkung unserer individuellen Kompetenz kann tief verwurzelte Machtverhältnisse erschüttern. Ein neues Selbstbewusstsein – basierend auf einer neu erworbenen Autonomie – lässt uns neue Lebensentwürfe ausprobieren, und unsere soziale Eingebundenheit mag sich von traditioneller Familie und Dorfgemeinschaft hin zu neuen Verbunden wie Peergroups orientieren.

Beginnen wir mit der Partnersuche. Vor allem im modernen Großstadtbiotop ist es heute fast unmöglich, seinen Partner auf traditionelle Weise durch Freunde oder bei der Arbeit kennenzulernen, stattdessen verlagern wir unsere Suche in die digitale Welt. Eine Studie der Stanford University ergab, dass sich 2017 39 Prozent der US-Bürger online gefunden hatten, während es 2009 noch 22 Prozent waren.[31] Besonders erstaunlich ist der starke Abfall von Freunden als Amors Helfer, die seit den 40er-Jahren mit Abstand die wichtigsten Vermittler waren, sie spielen nur noch bei jedem fünften Paar eine Rolle. Das deutet darauf hin, dass wir den Online-Plattformen eher vertrauen als unseren Freunden – eine markante Verschiebung in unserem Verhältnis zu Technologie. Woher kommt diese Entwicklung?

Online-Dating hat zum einen an Akzeptanz gewonnen, zum anderen tragen wir nun mit dem Smartphone unseren potenziellen nächsten Partner ständig in der Hosentasche mit uns herum. Tinder hat daraus ein ideales Geschäftsmodell gebastelt: Egal wo ich bin, ich kann mir alle Paarungswilligen im näheren Umkreis anzeigen lassen, natürlich nur die, die nach meinem Geschmack sind. Und damit sind wir bei dem nächsten Grund des Erfolges von Online-Dating. Kein Freund, keine Familie oder Arbeitsstelle kann mir eine solche Auswahl bieten und diese noch dazu so exakt auf meine Ansprüche ausrichten. Online-Dating verspricht, nicht irgendeinen Partner zu finden, sondern den perfekten. Damit bedient es vortrefflich unser Konsumentendenken. Wir verlassen uns nicht mehr auf uns selbst, auf unsere Intuition und unsere Gefühle, wenn wir einen Partner auswählen. Wir kontrollieren erst, ob er einen ganzen Katalog an Qualitäten und Erwartungen erfüllt, bevor wir ihn kennenlernen, und messen ihm einen numerischen Wert bei. Durch Apps wie Tinder treffen wir sicherlich Menschen, die wir sonst kaum kennengelernt hätten. Wir geben aber auch potenziellen Partnern keine Chance mehr, die wir unter anderen, natürlicheren Umständen getroffen und die uns womöglich neue, unerwartete Facetten des Lebens gezeigt hätten. Wir drängen auf diese Weise mit der Partnerschaft einen weiteren zentralen Lebensbereich in die Konsum-Arena, in der Leistungskennzahlen und (scheinbar) messbare Objektivität mehr wiegen als unser Gespür und unsere innere Eingebung.

In Japan wird das sogar staatlich gefördert, denn Japan hat ein Problem. Geburtsraten sind auf einem Allzeittief, junge Leute verlieren zunehmend das Interesse an Heirat, Kinderkriegen und sogar Sex. Die demografische Aussicht ist düster: Bis 2065 soll die Bevölkerung von 127 auf 88 Millionen sinken. Zu viel, findet die Regierung und investiert umgerechnet 19,2 Millionen US-Dollar in eine KI-basierte Dating-App, die Paare besser zuordnen soll.[32]

Tinder und dergleichen sind dabei nur der Anfang, Wissenschaftler wie George Church arbeiten längst daran, auch unsere Genetik in den Anforderungskatalog aufzunehmen. Sein Projekt DigiD8 soll es eines Tages Dating-Apps wie Tinder ermöglichen, auch das genetische Profil seiner Anwender zu nutzen. Zunächst ist das Ziel, schwere genetische Erkrankungen auszuschließen. Sollte ich Träger einer krankhaften Mutation sein, würden mir nur Partner vorgeschlagen, die diese Mutation nicht tragen, unsere potenziellen Kinder würden also nicht erkranken. Das klingt nach einer wundervollen Möglichkeit, viel Leid zu ersparen, wird aber – wie auch heute schon die pränatale Diagnostik – die Debatte um Eugenik weiter anfachen. Wie weit werden wir in Zukunft Menschen das Recht zugestehen, selbst zu entscheiden, ob sie ein Leben mit beeinträchtigten Kindern leben wollen oder nicht – oder auch es vor der Geburt schlicht nicht wissen wollen? Wie weit werden wir Diagnostik und Dating-Apps erlauben, in unsere Autonomie einzugreifen?

Neben dem optimalen menschlichen Partner gibt es auch immer mehr Möglichkeiten, sich einen optimalen nicht menschlichen Partner zuzulegen. Das beginnt im virtuellen Raum und reicht bis zu personalisierten Robotern. Darf ich vorstellen: Azuma Hikari. Azuma lebt in einer überdimensionalen gläsernen Pille, sie ist ein Hologramm. Designt, um »… als Begleiterin ihres fleißigen Meisters in dieser Welt mit ihrer süßen Persönlichkeit und ihrem liebenswerten Verhalten, sich entspannen zu helfen …«[33], begrüßt Azuma jeden Morgen ihren »Meister«, erinnert ihn bei Bedarf daran, einen Regenschirm mitzunehmen, und erwartet ihn abends freudig, wenn er von der Arbeit kommt. Unnötig zu erwähnen, dass Azuma für Männer erschaffen wurde.

Xiaoice, dagegen, lebt ausschließlich als Chatbot im Internet. 2014 von Microsoft für den asiatischen Markt entwickelt, legt Xiaoice Wert auf eine starke emotionale Bindung an ihre Nutzer. Damit unterscheidet sie sich von virtuellen Assistenten wie Alexa und Siri. Nach Fireninformation erreicht sie weltweit über 600 Millionen Nutzer, die meisten männlich, chinesisch – und einsam.[34] Stimmen diese Zahlen, dann ergibt das ein erschreckendes Bild einer Gruppe, der ein Chatbot oft zum ersten Mal das Gefühl gibt, gesehen und gehört zu werden. Xiaoice diskutiert und flirtet, gibt sich besorgt, wenn sich ein Nutzer lange nicht bei ihr gemeldet hat, und schreibt anzügliche Texte. Viele Nutzer führen eine regelrechte Beziehung mit ihr, besprechen Alltägliches, Politisches und Intimes. Einige Nutzer berichten, der Chatbot hätte sie vor einem Selbstmord aus Einsamkeit und Verzweiflung gerettet. Doch privat bleibt wenig. Nachdem Xiaoice in einigen Gesprächen politische Meinungen geäußert hatte, die nicht auf Parteilinie der chinesischen Kommunistischen Partei (KP) lagen, wurde sie künstlich »verdummt«. Sensitive Themen wie Politik sind seither tabu. Interessanterweise beschwerten sich daraufhin viele Nutzer, offenbar legen sie nicht nur Wert auf einen romantischen Online-Partner, sondern auch auf einen intellektuellen Austausch. Bedenklich bleibt die Tatsache, dass viele Menschen einer künstlichen Präsenz, sei es ein Chatbot oder Roboter, ohne Weiteres ihre intimsten Wünsche, Gedanken und Vorlieben mitteilen, ohne zu beachten, dass all diese Informationen eben eines nicht bleiben: privat.

Wahre menschliche Nähe wird sich nicht so schnell simulieren lassen. Zu komplex ist das Zusammenspiel von verbaler und nicht verbaler Kommunikation, von Berührung, gegenseitigem Verständnis und Vertrauen. Auch wenn KI und Robotik Fortschritte machen und zunehmend essenzielle Funktionen wie emotionale Bindung und Haptik simulieren können, eine wirkliche Familie können sie nicht ersetzen. Doch die Zusammensetzung und auch die Hierarchie in einer Familie ändert sich durch Technologien wie die moderne

Reproduktionsmedizin. Gewollte alleinige Elternschaft rückt ebenso weiter in die Normalität wie auch Co-Parenting, bei dem sich zwei Menschen ohne Liebesbeziehung allein zum Zweck der Elternschaft zusammenfinden. Homosexuellen Paaren wird es einfacher gemacht, ebenfalls Kinder aufzuziehen, und Patchwork-Familien sind ohnehin längst in der gesellschaftlichen Mitte angekommen. Die neuen medizinischen Möglichkeiten vereinfachen den Kinderwunsch für viele Menschen, die den natürlichen Weg nicht gehen können oder wollen.

Auch in traditionellen Familien findet eine Verschiebung statt. Kinder wachsen heute von Anfang an mit Smartphones und anderen digitalen Helfern auf. Für sie ist ein teilweises Leben in der digitalen Welt eine Selbstverständlichkeit, sie sind *Digital Natives*. Ihre Eltern dagegen gehören meist noch zu den *Digital Immigrants*, sie können sich mit den Technologien anfreunden, doch die Natürlichkeit und Leichtigkeit im Umgang damit ist den meisten von ihnen nicht gegeben. Kinder haben somit zum ersten Mal in der Geschichte einen Kompetenzvorteil gegenüber ihren Eltern, sie sind nicht mehr nur Lernende, sondern auch Lehrende, helfen ihren Eltern, Schritt zu halten in einer immer schneller sich ändernden digitalen Welt.

Gleichzeitig stellt sich für die Eltern die Herausforderung, ihren Kindern neben der digitalen auch die analoge Welt nahezubringen. Familie ist nach wie vor ein prägender Ort der Sozialisierung. Kinder lernen dort Empathie und die Regeln des Miteinander und wie man die feinen Töne des Zwischenmenschlichen hört. Diese wichtige Entwicklung kann durch ein Übermaß an digitalem Konsum empfindlich gestört werden. Reizüberflutung und der oft ungeschützte Zugang zu aggressivem Bild- und Textmaterial hinterlassen ohne Zweifel Spuren. Doch ein Report der EU-Kommission trug 2020 internationale Studien zum Einfluss von digitalen Technologien auf Empathie und Aufmerksamkeitskapazität von Kindern zusammen. Demnach hängt der Effekt maßgeblich davon ab, wie wir welche digitalen Tools einsetzen.[35] Setzen wir auf Tools, die prosoziales und interaktives Verhalten, Medienkompetenz und kritisches Denken fördern, lässt sich empathisches Handeln sogar verstärken. Wichtig ist auch, dass die Zeit, die mit digitalen Medien verbracht wird, begrenzt wird. Denn reale Interaktion von Eltern und Kindern und auch Kindern untereinander lässt sich in der virtuellen Welt nicht kompensieren. Und zu guter Letzt kommt es auf unsere Vorbildfunktion an. Eltern, die es selbst nicht schaffen, einen digitalfreien Raum zum Zusammensein wie ein gemeinsames Abendessen zu ermöglichen, werden es schwer haben.

Trotz der Risiken bietet sich für viele Kinder auf der Welt durch das Internet zum ersten Mal eine Möglichkeit, sich aus strengen traditionellen, häufig patriarchalen Strukturen zu lösen, sei es durch den Zugang zu Wissen oder der Information, dass es auch andere Lebensentwürfe gibt. Gerade für Mädchen bedeutet dies eine wichtige Chance, ihr Leben autonomer und selbstständiger zu gestalten. Für ihre Familien bedeutet es im Gegenzug, dass sie sich von herkömmlichen Denkmustern lösen und sich mit einer neuen Realität arrangieren müssen.

Halt können sowohl Kinder als auch ihre Eltern bei Peergroups finden, die Ähnliches durchmachen. Die digitale Vernetzung macht es auch hier einfacher, Anschluss zu solchen Gruppen zu finden, und auch dies verstärkt die Machtverschiebung innerhalb traditioneller Gemeinschaften. Denn Anerkennung und soziale Eingebundenheit verlagern sich teils auf die horizontale Achse der Peergroup. Wir finden und identifizieren uns stärker über unsere Interessen, unsere Leidenschaften und unser Selbstverständnis als über die Gemeinschaft, in die wir hineingeboren wurden. Wissen und Fähigkeiten, Normen und Ethik werden nur noch zum Teil über traditionelle Gemeinschaftsstrukturen weitergegeben.

Was den einen Chance zur Selbstfindung und -ermächtigung ist, ist den anderen Verlust von Eingebundenheit und Halt. Die Erosion traditioneller Gemeinschaften und konservativer Lebensweisen wird weithin als ein Hauptgrund für die Polarisierung der Gesellschaft, für den Aufstieg des Populismus und die Abkehr von einer offenen, dialogbereiten Gesellschaft gesehen.

Unsere Gesellschaft

Myanmar ist ein Land der Vielfalt, ein an Boden-, Natur- und Kulturschätzen reicher Staat, der knapp 140 Ethnien beherbergt. Jahrzehnte verbrachte es unter einer Militärdiktatur, weitgehend abgeschottet vom Rest der Welt. 2010 begann es sich überraschend zu öffnen, semidemokratische Wahlen zuzulassen und vor allem den technologischen Fortschritt einzuladen. Zwischen 2013 und 2018 verbrachte ich viel Zeit in dem südostasiatischen Land, und der gesellschaftliche Wandel, den ich über diese wenigen Jahre beobachten durfte, gehört zu den eindrücklichsten Erfahrungen, die ich je gemacht habe. Das Land sprang, ohne Anlauf zu nehmen, in die digitale Welt. Kostete eine SIM-Karte anfangs noch rund 2500 US-Dollar, war sie drei Jahre später für 1,50 US-Dollar zu haben, und kurze Zeit später hatten viele ein Smartphone. Hatten 2008 gerade einmal 0,2 Prozent der Bevölkerung Zugang zum Internet, konnten 2017 bereits 26 Prozent online gehen, die große Mehrheit über ihr Smartphone.[36] Was es für Menschen bedeutet, auf einen Schlag Zugang zum Internet der 2010er-Jahre zu haben, denen die Teilnahme am globalen Geschehen ihr ganzes Leben versagt war, kann man kaum begreifen. Doch wirklich frei war der Zugang nicht, um ihn erschwinglich zu machen, begrenzten die Mobilfunkanbieter die Anzahl der erreichbaren Websites, der große Gewinner: Facebook. In der Folge ließ sich wie unter einem Brennglas beobachten, welche verheerenden Auswirkungen das »soziale« Netz auf eine Gesellschaft haben kann. Mit Facebook traf eine automatisierte Manipulationsmaschine auf völlig unvorbereitete Menschen, die keinerlei digitale Kompetenz und Erfahrung mitbrachten.

Als Vielvölkerstaat steht Myanmar schon immer vor der Herausforderung, die unterschiedlichsten Glaubens- und Lebensgemeinschaften zu vereinbaren. Ein Schlüsselkonflikt liegt im Verhältnis der buddhistischen Mehrheit der Bamar und der muslimischen Minderheit der Rohingya. Ab 2015 eskalierte der Konflikt, Hunderttausende Rohingya wurden vertrieben, Tausende ermordet, und Facebook spielte eine katastrophale Rolle in dem Ereignis. Hassrede und *Fake News* explodierten im Vor- und Verlauf der Eskalation auf dem Netzwerk, die ultranationalistische buddhistische Vereinigung Ma Ba Tha beteiligte sich ebenso aktiv an Aufwiegelung und Verleumdung wie das Militär selbst. Hunderte Offizielle kreierten *Fake Accounts* und Nachrichtenseiten und fluteten das Netzwerk, das von den meisten Nutzern als einzige Informationsquelle gesehen wird.[37] Facebook gab unter Druck Daten frei, die nicht nur den direkten Zusammenhang zwischen dem Militär, den Netzwerkaktivitäten und der ethnischen Säuberung aufzeigen, sondern auch, wie strategisch und vorausschauend die Propaganda auf Facebook Jahre vor der Eskalation geplant und umgesetzt wurde. Eine Mitverantwortung weist der Konzern jedoch weit von sich.[38]

Kompetenz, Autonomie und Zugehörigkeit sind elementar für unser Wohlbefinden. Doch wie die Geschichte von Myanmar zeigt, in der Facebook vielen Menschen eine neue Welt geöffnet und zweifellos alle drei Grundbedürfnisse in gewisser Weise gestärkt hat, bedeutet eine Erfüllung auf einer individuellen Ebene nicht zwangsläufig, dass sich eine Gesellschaft auf gutem Weg befindet. Ich kann meine Selbstwirksamkeit auch dadurch spüren, dass ich mir mit radikalen und hasserfüllten Kommentaren in den sozialen Netzen Gehör verschaffe, mein freier Wille kann sich auch darin äußern, dass ich mich entscheide, im Netz anonym zu bleiben und keine Verantwortung zu übernehmen.

Die Entwicklung der sozialen Medien ist ein Lehrstück von fehlgeleiteter Kompetenz, Autonomie und Zugehörigkeit. Die anfänglichen Versprechen, weltweit Freunde zu finden, einen offenen Austausch zu führen, Zugang zu wichtigen Informationen und anderen Lebensweisen und -sichten zu bekommen, haben sich weitgehend in ihr Gegenteil verkehrt. Statt Freundschaft findet sich Hass und offene Feindschaft, statt Respekt Herabsetzung und Erniedrigung, statt Neugier und Interesse geschlossene Weltbilder und Meinungsdiktatur. Ob Twitter oder Facebook, der Umgang miteinander und die herrschende Atmosphäre sind zunehmend toxisch geworden.

Die Wurzel des Übels findet sich im zugrunde liegenden Geschäftsmodell, in der Dynamik der Aufmerksamkeitsökonomie. Aufmerksamkeit bekommt nicht, wer vermittelnd, moderierend oder kulant auftritt, Aufmerksamkeit erregt, wer kontrovers, radikal und schonungslos seine Meinung vertritt und kein Interesse daran zeigt, diese Meinung infrage zu stellen. Die Aufmerksamkeit überträgt sich eins zu eins in Klicks und die Anzahl der Klicks wiederum in digitale Wertigkeit für die Digitalkonzerne. Um den Wert ihrer Nutzer zu steigern, belohnen die Algorithmen der Konzerne ein aufmerksamkeitssteigerndes Verhalten, was sich nicht nur auf die Meinungsführer im Netz, sondern auch auf ihre *Follower* auswirkt. Soziale Medien werden somit zu beispiellosen Maschinen der Verhaltensänderung und Meinungsmache. Wurde diese Macht anfangs meist nur an Werbetreibende verkauft, finden sich zunehmend andere Akteure, die die Konzerne fürstlich dafür bezahlen, die Gesinnung ihrer Nutzer zu steuern, sei es für gesellschaftliche oder politische Meinungsmache. Cambridge Analytica, eine Datenanalysefirma, die ohne große Einschränkung auf Nutzerdaten von Facebook zugreifen, diese auswerten und dadurch politische Botschaften gezielt unters Volk bringen konnte, ist nur einer der prominentesten Skandale. Russische Trollfabriken, die massiv in den amerikanischen Wahlkampf von 2016 eingriffen, ein anderer.

Einer der ersten, der diese Gefahr in den sozialen Medien erkannte, war Jaron Lanier, ein Internetpionier der ersten Stunde, weltweit anerkannter digitaler Vordenker und einer der schärfsten Kritiker der sozialen Medien. In seinem Buch *Zehn Gründe, warum du deine Social*

Media Accounts sofort löschen solltest beschreibt er deren Wirkung als schädlich, da sie ändern, wer wir sind, uns schlecht fühlen und andere schlecht behandeln lassen, uns süchtig machen, miserabel und defensiv. Soziale Medien seien »schlimmer als Zigaretten, denn Zigaretten erniedrigen dich nicht. Sie werden dich umbringen, aber du bist immer noch du selbst.«[39]

Die digitalen Barone, allen voran Mark Zuckerberg, verteidigen die Vorgänge in ihren Netzen als das hohe Gut der freien Meinungsäußerung. Das ist nicht nur scheinheilig, denn ganz offensichtlich bestimmen die sozialen Medien bereits, was wir zu sehen bekommen, per Algorithmus bestimmte Meinungen zu fördern ist nicht Meinungsfreiheit, sondern Meinungsmache. Es ist vor allem auch zynisch und eine Verhöhnung der Nutzer. Meinungsfreiheit ist eine der wichtigsten Errungenschaften demokratischer Gesellschaften, die grundlegende Menschenrechte achten und auf dem Austausch unterschiedlicher Positionen beruhen. Doch trotz ihres hohen Stellenwertes hat auch die Meinungsfreiheit Grenzen. Die meisten Länder und Staatenbunde wie die EU, die sich zu ihr bekennen, setzen diese Grenzen entlang der geltenden Gesetze und entlang der Würde und Ehre ihrer Bürger. Man kann es in der Regel auf eine recht simple Leitlinie bringen: Meine Freiheit hört da auf, wo deine beginnt. Hassreden, Beleidigungen und die mutwillige Verbreitung falscher Informationen als Meinungsfreiheit zu deklarieren ist daher eine grobe Verzerrung des allgemeingültigen Verständnisses.

Und nicht zuletzt bleibt es nicht bei rein verbaler Meinungsäußerung. Was auf Facebook passiert, hat reale Folgen in der analogen Welt. Facebook ist offen stolz auf seinen Einfluss auf politische Wahlen, ein US-Forschungsinstitut fand zu jedem Ausbruch extremistischer Gewalt Postings auf Facebook, und der Genozid in Myanmar lässt sich direkt mit dem Netzwerk in Verbindung bringen.[40, 41] Unser Deal mit den sozialen Netzen ist die scheinbar kostenlose Nutzung im Austausch für unsere Daten, doch die wiederum werden dazu genutzt, uns gezielt zu manipulieren.

Es gibt keine einfache Lösung, die sozialen Netzwerke zu reparieren. Die meisten Vorschläge setzen auf eine rigidere Moderation der Inhalte, einen stärkeren Fokus auf Respekt und Sachlichkeit, die Verwendung von Klarnamen und Telefonnummern und einer Unterbindung von *Fake News.* All diese Vorschläge haben ihre Grenzen und Nachteile. Wer soll die Datenflut moderieren? Pro Minute loggten sich 2019 eine Million Nutzer bei Facebook ein, 87.500 Menschen setzten einen Tweet ab, und knapp 350.000 Nutzer scrollten sich durch Instagram.[42] Facebook beschäftigt bereits Zehntausende Content Moderators, die häufig genug unter der psychischen Belastung, sich durch die Bilder von Morden, Vergewaltigungen und anderen Scheußlichkeiten klicken zu müssen, zusammenbrechen. Die Nutzerverifizierung würde zwar zu einer besseren Transparenz, weniger Trollen und *Fake Accounts* führen. Doch einer der wenigen großen Vorteile der sozialen Netze, die Möglichkeit von Menschen, die in einer Diktatur leben, sich anonym zu vernetzen und organisieren, wie es 2011 in der Arabellion geschah, wäre damit ebenfalls unterbunden. *Fake News* zu eliminieren gestaltet sich außerordentlich schwierig. Zwar ließ sich Zuckerberg im November 2020 endlich dazu herab, über eine Optimierung des Algorithmus seriösen Nachrichtenmagazinen mehr Sichtbarkeit zu geben, doch tat er dies nur unter großem Protest, temporär und bis zu einem gewissen Grad. Schließlich will er seine Nutzer nicht verlieren. Andere Möglichkeiten, *Fake News* ein wenig den Wind aus den Segeln zu nehmen, sind die Häufigkeit zu beschränken, mit der eine Nachricht geteilt werden kann, und einen Faktencheck einzuführen. Mit beidem ließe sich zudem dem Vorwurf der Zensur entgehen, denn die Nachrichten werden nicht gelöscht, sondern lediglich seltener geteilt oder als nicht korrekt markiert. Letzteres wäre besonders effektiv, nur leider ist es auch besonders aufwendig. Selbst Facebooks Mitarbeiter scheinen den Glauben an die Firma verloren zu haben, Ende 2020 gaben in einer internen Umfrage nur etwa die Hälfte von ihnen an zu glauben, das soziale Netzwerk hätte einen positiven Einfluss auf die Welt.[43]

Neue soziale Medien wie etwa Telepath, die sich viel Mühe geben, die Lösungsansätze umzusetzen und dem Sozialen in ihrer Bezeichnung gerecht zu werden, haben häufig ein Reichweiten- und damit ein Finanzierungsproblem, sie gehen unter oder werden von den Großen geschluckt und aus dem Weg geräumt.

Die Macht, die die Konzerne mittlerweile aufgebaut haben, ist beispiellos in unserer bisherigen Welt. Eine kleine Justierung des Algorithmus, und Millionen, womöglich Milliarden Menschen sehen und konsumieren etwas anderes als zuvor. Diese virtuelle Macht übersetzt sich in politische und finanzielle Macht. Hillary Clinton erzählte einer Journalistin von *The Atlantic*, mit Zuckerberg zu sprechen, fühle sich an, wie Verhandlungen mit dem autoritären Führer eines fremden Staates zu führen.[44] Den Einfluss, den Zuckerberg & Co auf Politik und Gesellschaft ausüben, beginnen wir gerade erst zu verstehen. Gleichzeitig entfernen sich die digitalen Barone zunehmend von der Gesellschaft. Das Prinzip *The winner takes it all* liegt im Wesen der Aufmerksamkeits- und Plattformökonomie. Es überträgt sich nicht nur in Reichweite und Einfluss der Konzerne, sondern auch in den Reichtum ihrer Besitzer. Eine digitale Elite bildet sich heraus, die nicht nur die größten Datenschätze und die Hoheit über Meinungsmache in den Händen hält, sondern sich auch durch ihre finanziellen Möglichkeiten einen immensen Vorsprung sichern. Das beginnt bei Bildung und Gesundheit, reicht über den Zugang zu Ressourcen bis hin zu zukünftigen *Enhancement*-Technologien.

Was aber passiert mit dem Vertrauen in einer Gesellschaft, in der eine so ungeheure Macht bei einigen wenigen liegt?

Kapitel 6
Liberale Demokratie versus autoritäre Doktrin

»Demokratie ist die schlechteste aller Regierungsformen – abgesehen von all den anderen Formen, die von Zeit zu Zeit ausprobiert worden sind.«
Winston Churchill

1992, kurz nach dem Zusammenbruch der Sowjetunion, rief Francis Fukuyama das Ende der Geschichte aus. Die liberale Demokratie sei, so der Politikwissenschaftler, als Endpunkt der ideologischen Evolution hervorgegangen. Das war, gelinde ausgedrückt, etwas verfrüht, man könnte auch sagen, hochmütig. Bereits kurz darauf zeichnete sich ab, dass die liberale Demokratie, die als Gewinner der Geschichte gepriesen worden war, in Chinas autoritärem und gelenktem Kapitalismus einen neuen Rivalen gefunden hatte. Mittlerweile ist die Demokratie von vielen Seiten unter Beschuss geraten. Chinas überwältigender wirtschaftlicher Erfolg und wiedererwachtes Selbstbewusstsein ist nur das eine. Digitale Technologien, Globalisierung und andere Megatrends erhöhen den Druck, und autoritäre und illiberale Staatsformen scheinen an Attraktivität zu gewinnen. Deshalb sollten wir die Demokratie erneuern und entsprechend den Anforderungen der heutigen Zeit gestalten. Die Motivation dafür lässt sich leicht finden, wenn man einen Blick auf die modernen Autokratien wirft. Doch auch mit ihnen werden wir leben müssen, wenn nicht in unserem eigenen Land, dann doch auf einem supranationalen Level. Auch hierfür brauchen wir neue Ideen und Ansätze, wie wir global in Politik, Handel und Gesellschaft zusammenarbeiten können, denn die größten Herausforderungen unserer Zeit lassen sich nicht auf Staatenebene lösen.

Die Erneuerung der Demokratie

Ich habe das große Glück, in Deutschland aufgewachsen zu sein und seit 15 Jahren in der Schweiz zu leben. Beide Länder finden sich im Demokratie-Index von *The Economist* zuverlässig in den Top 15.[45] Beide Demokratien beruhen auf einem föderalen, parlamentarischen System, die Schweiz setzt zudem noch auf direkte Demokratie und eine stärkere Ausprägung der Konkordanz, also einer Einbeziehung möglichst aller beteiligten Akteure und Konsensfindung. Beide Systeme bereiten mir manchmal Kopfschmerzen, aber auch Vergnügen. Vergnügen bereitet mir in der Schweiz vor allem, dass ich als Bürgerin nicht nur alle vier Jahre, sondern viermal in einem Jahr meine Stimme abgeben kann. Ich kann etwa darüber abstimmen, ob der Staat neue Kampfflieger bestellen und ob meine Stadt Zürich neue Radwege bauen soll. Dazu bekomme ich nicht nur den Stimmzettel vorgelegt, sondern umfangreiche objektive Information sowie Stellungnahmen aller Parteien. Bei den Parlamentswahlen muss ich nicht die vorgefertigten Listen der Parteien akzeptieren, sondern darf munter editieren, unliebsame Kandidaten raus-, gewünschte Kandidaten rein- oder gleich meine ganz eigene Liste quer über alle Parteien schreiben. Meine Grundbedürfnisse werden im demokratischen System der Schweiz also recht gut abgedeckt.

Schaut man in andere angeblich vorbildliche Demokratien, etwa in die USA, bietet sich ein viel düstereres Bild. Während ich diese Zeilen schreibe, versucht Amerika seine Fassung wiederzufinden, nachdem tags zuvor ein Mob, aufgestachelt durch die haltlosen und narzisstischen

Tiraden des damals noch amtierenden Präsidenten, das Kapitol, den amerikanischen Tempel der Demokratie, stürmten. Wichtige Wesensmerkmale einer Demokratie wie Deliberation, Konsensbildung und das Teilen und Anerkennen gemeinsamer Wahrheiten tun sich zunehmend schwer, sich gegen Zeitdruck, Mistrauen und Desinformation zu behaupten, die maßgeblich durch die digitale Disruption befeuert werden. Diese Entwicklung bedroht nicht nur die Grundlage unseres Zusammenlebens auf gesellschaftlicher Ebene, sondern sie greift auch genau das System an, das unverzichtbar in der Regulierung und Beaufsichtigung des Einsatzes neuer Technologien ist.

Wie das *Pew Research Center* in einer Umfrage unter 979 Technologieexperten sowie Politikern, Wissenschaftlern und Wirtschaftsführern herausfand, geht die Hälfte von ihnen davon aus, dass unsere Nutzung von Technologie, gerade die digitale Disruption, die Demokratie bis 2030 schwächen wird, nur ein Drittel erwartet eine Stärkung.[46] Als Ursache sehen sie vor allem Geschwindigkeit und Umfang der Realitätsverzerrung, den Verfall des seriösen Journalismus und den Überwachungskapitalismus. Letzterer, so beschreibt es die Wirtschaftswissenschaftlerin Shoshana Zuboff, die den Begriff 2014 prägte, untergräbt die Demokratie aus dem Inneren, indem er die Autonomie des Einzelnen und damit die moralische Urteilskraft und das kritische Denken beschädigt. Von außen erodiert der Überwachungskapitalismus die Demokratie, indem er ebenjenes Machtgefälle herstellt, in dem einige wenige über die Daten und Informationen vieler verfügen und die digitale Inkompetenz der Masse ausbeuten.[47] Diese Machtverschiebung übersetzt sich in soziale Ungleichheit und Ungerechtigkeit und wird durch die inhärenten Vorurteile in Big Data und Algorithmen massiv verstärkt. Je mehr diese Werkzeuge nicht nur in der Wirtschaft, sondern auch vonseiten des Staates genutzt und institutionalisiert werden, desto systemischer wird das Problem. Eine Justiz, beispielsweise, die ihre Urteilsfindung an einen Algorithmus auslagert, läuft Gefahr, althergebrachte Vorurteile zu bestärken, und lagert damit auch die

Verantwortung für ihre Entscheidungen aus, es urteilt eine anonyme Autorität, die nicht verantwortlich und nicht haftbar gemacht werden kann. Das Vertrauen der Bürger in den Staat schwindet und damit das wichtigste Kapital, das eine liberale Demokratie hat.

Paradoxerweise scheinen wir Bürger der westlichen Demokratien den Digitalkonzernen größeres Vertrauen entgegenzubringen als unseren Staaten.

Damit sind wir auch schon beim ersten und wichtigsten Ansatzpunkt, unsere Demokratien besser an die heutige Zeit anzupassen: bei uns selbst. Denn auch wenn soziale Medien als Lautsprecher und Verstärker wirken, letztendlich stehen wir in der Verantwortung, unsere Demokratie aktiv mitzugestalten. Was aber können wir konkret tun?

Der erste Schritt ist, das Problem und seine Ursachen zu erkennen und zu benennen. Der nächste Schritt ist, Verantwortung zu übernehmen. In einer Welt, die von Konsum geprägt ist, fällt es nur allzu leicht, auf Rechte zu pochen und die damit einhergehenden Pflichten zu übersehen. Für eine Demokratie ist dies fatal, denn sie ist kein Konsumprodukt, das wir über unsere Steuern bezahlen und damit ein Recht auf die Erfüllung all unserer Wünsche haben. Sie lebt von einer aktiven Beteiligung und einer öffentlichen Debatte, doch ich kann nur sinnvoll einsteigen, wenn ich mich vorher mit den diskutierten Themen beschäftigt und ein Grundmaß an Offenheit und Neugier gegenüber abweichenden Positionen habe. Das ist Aufwand, und den scheuen wir als von *same Day Delivery* verwöhnte Wesen, die es gewohnt sind, dass ihre Wünsche sofort befriedigt werden. Doch es ist unsere Bürgerpflicht. Gleichzeitig sind mehr als die Hälfte der Deutschen der Meinung, es gäbe nicht genug Möglichkeiten, sich zu beteiligen.[48]

Erfreulicherweise gibt es immer mehr Initiativen, die die Partizipation stärken und es Bürgern einfacher machen, sich zu beteiligen, etwa den Bürgerrat. Die Grundidee ist nicht neu, und doch scheint jetzt erst die Zeit reif zu sein, mit dieser sogenannten aleatorischen Demokratie (von lat. alea = Würfel) durchzustarten. Per Losverfahren wird eine Gruppe Bürger ausgewählt, die sich über einen gewissen Zeitraum zu einem Thema informieren, austauschen und am Ende eine zwar unverbindliche, aber dennoch gewichtige Empfehlung formulieren. Das Los garantiert ein repräsentatives Abbild des Volkes. Weiterhin wird dem Rat jede Information zugänglich gemacht und ermöglicht, selbstständig Experten einzuladen. Das Interessante ist, dass jedes Grundbedürfnis durch dieses Instrument gestärkt wird: Kompetenz, Autonomie und Zugehörigkeit des Einzelnen. Außerdem folgt es einem Grundprinzip der Demokratie, der wechselnden aktiven Beteiligung der Bürger. Ein Pilotprojekt im erzkatholischen Irland zum Thema Abtreibungsverbot war maßgeblich daran beteiligt, dieses Verbot überraschend zu kippen. Wie sich zeigte, öffnete der direkte Austausch mit Betroffenen im Bürgerrat vielen überzeugten Abtreibungsgegnern die Augen für die Realität der anderen Seite. Wieder ins Bewusstsein gebracht hat die aleatorische Demokratie unter anderem der Belgier David Van Reybrouck mit seinem etwas provokanten Buch *Gegen Wahlen*. Der Politologe wählt freilich einen recht extremen Ansatz, indem er Wahlen vollständig durch Bürgerräte ersetzen will, um die Bildung einer politischen Elite und letztendlich einer Oligarchie zu verhindern. Zukunftsträchtiger scheint jedoch der Ansatz, Bürgerräte komplementär zur parlamentarischen Organisation zu etablieren.

Auch digitale Tools können nicht nur zerstörerisch auf die Demokratie wirken, sondern sie auch festigen, indem sie Kompetenz und Teilhabe stärken. Das Projekt *Europe Talks*, initiiert von europaweiten Medienpartnern, organisiert regelmäßig Dialoge von Bürgern über den gesamten Kontinent. Teilnehmer beantworten Fragen und werden daraufhin mit einem anderen Teilnehmer zusammengebracht, der grundsätzlich andere Antworten gegeben hat. In einem Videochat diskutieren die beiden daraufhin ihre Standpunkte. Nun ist das noch keine direkte politische Einflussnahme, aber es setzt an der Basis an, der offenen und von Interesse geleiteten Diskussion der Bürger.

Auf der Plattform von Civocracy werden auf kommunaler Ebene Ideen der Bürger gesammelt, Projekte entwickelt und ein Budget bereitgestellt. Transparenz, Respekt und Teilhabe werden hier großgeschrieben. »Wir achten stark darauf, dass der Austausch konstruktiv abläuft. Das hat nicht nur mit der Einstellung der Teilnehmer zu tun, sondern auch mit den Funktionen und dem Design von Plattformen«, erzählt mir Roland Greifeld, Deutschlandchef von Civocracy.[49] Der Sortieralgorithmus für Beiträge belohnt daher konstruktives Verhalten und nicht emotionales oder extremes wie bei Facebook.

Doch nicht nur die Bürgerschaft ist gefragt, sondern auch die Regierungen. Es liegt an ihnen, die Kommunikationskanäle zu öffnen und dafür zu sorgen, dass zivile Initiativen auch wirksam umgesetzt werden.

Wir springen nach Taiwan und zu einer schillernden Ausnahmeerscheinung der Politik: Audrey Tang, Schulabbrecherin, autodidaktische Coding-Ikone, Transfrau, Start-up-Gründerin, überzeugte *Open-Source*-Anhängerin, Verfechterin der Integration von Zivilbevölkerung, Demokratie und Technologie – und Taiwans erste Digitalministerin. Während Deutschland noch im Jahr 2021 die Digitalisierung seinem Verkehrsminister überlässt, hat der Inselstaat genau die richtige Person an die richtige Position gesetzt, und das zahlt sich aus. Statt alles von oben herab zu dirigieren, schafft Tang den Raum und die Werkzeuge für die Bevölkerung, sich einzubringen und selbst zu gestalten. Sie nennt es »Demokratie-Crowdsourcing, um eine ansprechbarere Regierung zu formen«.[50]

Tangs Methode basiert auf kollektiver Intelligenz, auf zivilem Engagement, radikaler Transparenz und Konsens. Jeden Mittwoch reserviert die Ministerin für eine offene Bürgersprechstunde in ihrem Büro, in der jede ihr Anliegen vorbringen kann. Ganz dem Motto Transparenz folgend, werden diese Sprechstunden online gestreamt. Dienstags ist Tang selbst im Land unterwegs und nimmt ihre Ministerkollegen virtuell mit auf die Reise. In Taiwan wird ein Internetzugang offiziell als Menschenrecht gesehen, Breitband reicht daher bis in den letzten Winkel. Und so kann Tang bei ihren lokalen Diskussionsrunden sofort jene Kollegen zuschalten, die zur Behebung eines Problems oder Ermöglichung eines Projektes gerade gebraucht werden.

Ein weiterer Eckpfeiler von Tangs digitaler Strategie geht auf die staatsbürgerlich gesinnte Hacker-Gruppe g0v (sprich: Gov-zero) zurück, die nach öffentlichem Protest über mangelnde Transparenz und Verantwortlichkeit 2014 von der Regierung zurate gezogen wurde und der Tang selbst damals angehörte. Jede Regierungswebsite, endend auf gov.tw, hat nun auch eine verlinkte Schattenseite mit der Endung g0v.tw. Diese Schattenseiten sind *Open Source,* und hier kann jeder die offiziellen Seiten attraktiver, benutzerfreundlicher und interaktiver gestalten. Bewährt sich die Alternative, wird sie offiziell übernommen. Zudem entwickelte g0v das Projekt vTaiwan, virtuelles Taiwan, eine Plattform, die Menschen aus dem öffentlichen, privaten und sozialen Sektor zusammenbringt, um politische Lösungen zu finden. Das wichtigste digitale Werkzeug dahinter ist Pol.is, ein virtueller, KI-moderierter Ort der Debatte. Hier kann man als Teilnehmer Kommentare zu aktuellen Themen abgeben, aber nicht direkt auf andere Meinungen mit einem anderen Kommentar antworten. Man kann lediglich seine Zustimmung, Ablehnung oder Enthaltung per Knopfdruck kundtun und einen anderen Vorschlag machen. Auf diese Weise werden Beleidigungen, Hassreden und Trollaktivitäten weitgehend unterbunden. Stattdessen entsteht über einen Zeitraum eine Meinungskarte, die das Stimmungsbild zu einem Thema differenzierter abbildet als ein polarisierendes Wortgefecht. Audrey Tang bezeichnet den Vorgang als grobe Konsensbildung. Konsens bedeutet eine bewusste Abkehr von Ja oder Nein, von Schwarz und Weiß, von Nullsummenspielen. Konsens bedeutet eine Einigung auf gemeinsame Werte und einer darauf basierenden Lösung, die für alle einen Nutzen bietet.

In Taiwan wird auch für die Regulierung ein fortschrittliches Instrument genutzt: sandbox.org.tw. *Sandboxing* wird ein regulatorisch freier Spielraum genannt, in dem neue Konzepte und Technologien ausprobiert werden können, bevor sie unter strikte behördliche Aufsicht gesetzt werden. In Taiwan sieht das so aus, dass sich schnell entwickelnde Technologien, denen die Gesetzgebung notorisch hinterherhinkt, in dieser Sandbox über ein Jahr austoben und ihr innovatives regulatorisches Konzept beweisen können. Sind sie erfolgreich, bekommen sie einige Jahre exklusiven Schutz, bevor Wettbewerber zugelassen werden. Können sie nicht überzeugen, darf ihre Grundidee von jedem offen übernommen und weiterentwickelt werden, vielleicht hat ja der nächste mehr Erfolg. Wie neue Technologien, nicht nur digitale, sondern vor allem auch Biotechnologien, in Zukunft reguliert werden, wird eine Schlüsselstellung einnehmen. Derzeitige Prozesse sind häufig nicht mehr zeitgemäß und zu rigide, um mit den sich schnell entwickelnden Technologien Schritt zu halten. Gleichzeitig müssen dennoch eine sorgfältige Prüfung und Gewährleistung der Sicherheit gerade medizinischer Technologien garantiert werden.

Und zu guter Letzt findet in Taiwan einmal im Jahr ein *Presidental Hackathon* statt. Teams, die unter anderem Data-Scientists, Domainexperten und Staatsbedienstete vereinen, entwickeln innerhalb von drei Monaten Projekte, die Lösungen zu drängenden sozialen und politischen Problemen anbieten. Die fünf Gewinner erhalten keinen finanziellen Preis, sondern die Zusage seitens der Regierung, dass ihre Projekte im nächsten fiskalischen Jahr umgesetzt werden.

Derweil beglückwünscht sich Deutschland, dass seine Bevölkerung eine Handvoll amtlicher Dokumente online bestellen kann und bis 2025 weitgehend über Breitband verfügen soll.

Abgesehen von der notwendigen Infrastruktur gilt es auf dem Weg in eine digitale Demokratie noch weitere Herausforderungen zu meistern. Ganz oben auf der Liste steht umfangreiche Bildung. Im Prinzip ist das nichts Neues, auch traditionelle Demokratien stehen und fallen mit der Kompetenz ihrer Wählerschaft. Doch in unserer zunehmend komplexen Welt steigt auch der Umfang der Anforderungen. Neben klassischer Bildung brauchen wir dringend mehr technologische Kompetenz, nicht nur, um die neuen Technologien verstehen, sondern gerade im Falle der digitalen Tools auch bedienen zu können. Wir brauchen eine stärkere Medienkompetenz, um uns in dem wachsenden Wust an Informationen zurechtzufinden. Und wir müssen lernen, vernetzter zu denken und Zusammenhänge zu erkennen.

In ihrer Jobbeschreibung als Digitalministerin schlägt Audrey Tang vor, statt das Internet der Dinge das Internet der Lebewesen zu sehen, aus virtueller eine geteilte Realität zu machen und nicht die Nutzer-, sondern die menschliche Erfahrung ins Zentrum zu stellen. Wir sollten uns nicht darauf fokussieren, dass die Singularität nah, sondern die Pluralität bereits da ist.[51]

Paradiesische Zeiten für autoritäre Geister

Denkt man an autoritäre Staaten und an den Missbrauch digitaler Tools zu Überwachungszwecken, kommt einem unweigerlich China in den Sinn. Schon zu Chiang Kai-sheks Zeiten wurden Bürger zum Spitzeln angehalten, und auch in der Corona-Pandemie entwickelte China eine der ersten Apps, mit denen Bürger die Missachtung von Corona-Regeln durch Nachbarn, Freunde oder Familie melden können.

Bis 2030 will die KP die globale Vorherrschaft in Sachen KI übernehmen und investiert zu diesem Zweck im zweistelligen Milliardenbereich.[52, 53] Wer die Führungsrolle in den Technologien von morgen innehat, bestimmt maßgeblich, welche Werte deren Anwendungen transportieren. China plant ein System totaler sozialer Kontrolle. Der Datenfluss kommt zunächst verdeckt in Gange, gerne werden dafür weitreichende Ereignisse wie etwa die Corona-Pandemie genutzt. Doch was heimlich, still und leise implementiert wird, bleibt häufig dauerhaft.

Xinjiang ist Präsident Xi Jinpings Übungsfeld.[54] Mutmaßlich mehr als eine Million Uiguren verschwanden bisher in »Umerziehungslagern«, wer wieder auftauchte, wird rund um die Uhr überwacht, angefangen von zwangsinstallierten Apps, die jede Interaktion auf Hinweise zum ideologischen Gedankengut hin scannen und jeden Versuch melden, sich verschlüsselte Kommunikationskanäle herunterzuladen. Die Aktivität in sozialen Medien wird überwacht, sich abzumelden ist auch keine Option, denn auch das ist verdächtig – bleibt also nur, sich KP-konform zu äußern. Ebenso werden Änderungen im Elektrizitätsverbrauch, in der Interaktion mit Nachbarn oder in der Verwendung finanzieller Mittel gemeldet. Der Staat weiß um die körperlichen Merkmale, das genetische Profil, wann sich wer wo aufhält, einkauft, spricht oder einen Checkpoint passiert.

Die Technologie wird immer weiter auf den Rest der Volksrepublik ausgeweitet. Telekomanbieter müssen nur beim Abschluss eines Mobilfunkvertrages das Gesicht des Kunden scannen, und selbst die abgelegenste Landbevölkerung, die noch keine Handys benutzt, wird per Gesichtserkennungssoftware vermessen, als Gegenleistung für Kochtöpfe. Als Tauben getarnte Drohnen überfliegen chinesische Städte, lesen Autokennzeichen und registrieren Passanten. Apps können immer zuverlässiger Emotionen erkennen, Überwachungssysteme auf Smartphones werden in Zukunft also nicht nur nicht konformes Verhalten in Text und Sprache erkennen können, sondern auch unterschwellige Reaktionen auf politische Nachrichten.

Noch hat die Regierung Mühe, all die Datenpunkte über einen Bürger zusammenzuführen, doch das ist nur eine Frage der Zeit. Das Sozialkreditsystem, gestartet 2014, ist bereits der Anfang. Das System führt Buch über das »soziale Ansehen« jeder Person, verhält sie sich wie gewünscht, steigt ihr sozialer Kredit. Verhält sie sich nicht konform, sinkt der Punktestand, der simple Erwerb von Bahn- oder Flugtickets wird schwierig oder gar unmöglich, ebenso die Zulassung zu Universitäten und beliebten Jobs. Bald könnte es erweitert werden durch eine politische Risikobewertung. Von individueller Autonomie ist nicht mehr viel übrig.

Erstaunlicherweise scheinen viele Chinesen damit kein Problem zu haben. Sie befürworten, dass das Sozialkreditsystem das Vertrauen in Geschäftspartner stärkt, Korruption erschwert und Transparenz ermöglicht.[55] Gleichzeitig haben sie auch wenig Möglichkeiten, sich zu wehren. Demokratische Grundrechte wie Meinungsfreiheit, unabhängige Justiz und Presse, freie Wahlen sind undenkbar im Land der Mitte. Und doch hat auch unter der Bevölkerung die Diskussion über Datenschutz zugenommen. Der zivile Druck ist mittlerweile so weit gestiegen, dass sich die Regierung ernsthaft mit dem Thema beschäftigt, allerdings äußerst bemüht, den Schutz lediglich im Konsumentenbereich zu garantieren und den Zugriff staatlicher Stellen auszunehmen.[56]

Die Wirtschaft hilft dem Überwachungsstaat bereitwillig. Nicht zuletzt werden digitale Start-ups vornehmlich vom Staat unterstützt und sind gerne bereit, mit der Regierung Geschäfte zu machen. Nehmen wir iFlytek, zum Beispiel. Die Firma bietet einen Sprache-zu-Text-Dienst an sowie einen Übersetzer, der aktuell bessere Ergebnisse liefert als der Konkurrent von Baidu. Laut iFlytek hatte die Firma 2020 70 Prozent Marktanteil in China. Den meisten Profit, nämlich 60 Prozent, machte das Unternehmen mit »Projekten mit staatlichen Zuschüssen«, unter anderem mit einem »intelligenten Kriminalassistenzsystem«.[57] Besonderes Augenmerk in der Weiterentwicklung der Sprach- und Dialekterkennung liegt auf Uigurisch und Tibetisch. Der Verkauf des Start-ups an die nationalen Sicherheitsbehörden ist meist der schnellste Weg für die Gründer, zu Reichtum zu kommen.

China exportiert seine Überwachungstechnologie fleißig in alle Welt, ein Traum für tatsächliche und Möchtegern-Autokraten. »Die Entstehung eines KI-gesteuerten autoritären Blocks unter der Führung Chinas könnte die Geopolitik dieses Jahrhunderts auf den Kopf stellen. Er könnte verhindern, dass Milliarden von Menschen in weiten Teilen der Welt jemals ein gewisses Maß an politischer Freiheit erlangen«, wie Ross Andersen in *The Atlantic* schreibt.[58] Die Liste der Länder, die bereits chinesische Überwachungstechnologie nutzen, reicht von Malaysia, Singapur und Sri Lanka über Ägypten und Kenia bis nach Europa. Singapur setzt nicht nur chinesische Technologie ein, auch die Methode der schleichenden Ausweitung der Überwachung ähnelt sich. Die erfolgreiche Corona-Tracing-App wurde im Frühjahr 2020 zunächst freiwillig eingesetzt, später im Jahr verpflichtend, und Anfang 2021 wurde bekannt gegeben, dass, entgegen allen anfänglichen Versicherungen, ab sofort die Polizei Zugriff auf die gesammelten Daten habe.[59] Serbien errichtet mit Chinas Hilfe ein System für eine »sichere Stadt«, damit sich chinesische Touristen beschützt fühlen. Nun streckt China seine Fühler bis nach Lateinamerika aus. Es nutzt dabei die finanziellen Notlagen vieler Staaten aus, hilft ihnen zunächst bei der Finanzierung und Umsetzung von Infrastrukturprojekten und bringt sie damit in seine Abhängigkeit.

Wer nun denkt, trotz aller Freude am Datensammeln bei Facebook, Google & Co, in unserer freien Welt kann die Überwachung niemals ein solches Ausmaß wie in China annehmen, der sollte noch mal nachdenken. Spätestens seit Edward Snowdens Enthüllungen sollte jedem klar sein, dass der Datenfluss zwischen den Tech-Giganten und den Nachrichtendiensten längst Realität ist. Mehr als das. Die Dienste nutzen gezielt die Angebote der Firmen, um ihre Informationen zu organisieren. Seit 2014 hostet Amazon in seiner Cloud die Daten der CIA über alle Klassifizierungen, bis zu topsecret.[60] Die NSA transferierte sämtliche Daten in die *Intelligence Community GovCloud*, ebenfalls gemanagt von Amazon, der erste Schritt zur Harmonisierung und damit zur sinnvollen Big-Data-Analyse der verschiedensten Bürgerdaten. Apple ist bislang einer der wenigen Konzerne, der sich erfolgreich gegen einen Übergriff der Nachrichtendienste wehrt und sich weigert, Smartphones für strafrechtliche Verfolgung oder Überwachung zu entschlüsseln. Doch wie lange die Firma dem Druck standhalten kann, ist fraglich.

Zweierlei wird deutlich: Nicht nur offen autoritäre Staaten bedienen sich der neuen Möglichkeiten digitaler Überwachung, und um die

Risiken der totalen Überwachung einzuhegen, braucht man auf nationaler Ebene gar nicht anzufangen, hier gibt es nur globale Lösungen oder gar keine.

Und die sind dringend nötig, Beispiel Gesichtserkennung: Clearview-AI verfügt über eine Datenbank von mehr als drei Milliarden Bildern, gesammelt auf Facebook und Instagram, Firmenwebsites, Universitäten und vielen mehr. Diese Datenbank kann mittels eines nicht identifizierten Bilds die jeweilige Person ausfindig machen und zuordnen. Jeder, der schon einmal ein öffentliches Bild von sich mit Namen im Internet stehen hatte, ist also theoretisch auffindbar. Höchst fragwürdig ist, wem das Start-up seine Dienste verkauft: Mehreren Hundert Exekutivorganen wie Polizei, Einwanderungs- und Zollbehörden, aber auch privaten Firmen wie Walmart und Macy's.[61] Der Code der Software lässt sich mit AR-Brillen kombinieren, denkbar also, dass eines Tages Brillenträger beinahe jeden, der ihnen entgegenkommt, ohne Weiteres identifizieren können.[62] Und nicht nur die Nutzer profitieren, auch ClearviewAI selbst sieht genau, nach welchen Personen gerade gesucht wird, und das ist im Falle von Exekutivorganen hochsensibel. Der Erfinder des Codes ist Hoan Ton-That, ein sich gern exzentrisch und geheimnistuerisch gebender Australier, der vielleicht besser bei seiner vorherigen Vorliebe geblieben wäre, Apps zu entwerfen, mit denen man sich in Fotos Donald Trumps Haare aufsetzen kann. Hinter der Firma steht unter anderem Facebook-Investor Peter Thiel.

Gesichtserkennung wird schon lange kritisch gesehen, nicht zuletzt, da viele Systeme lediglich bei kaukasischen Menschen passabel funktionieren, aber etwa nicht bei Afroamerikanern, wie Timnit Gebru mit einem Kollegen 2018 nachwies.[63] Auch ClearviewAI erkennt nur rund 75 Prozent der Bilder korrekt, wurde weder von unabhängigen Experten geprüft noch anderweitig zertifiziert, dennoch wird das System für Verhaftungen und Verfolgungen eingesetzt. Es musste erst zu den Tumulten nach George Floyds Tod kommen, um die Gesetzgeber in den USA dazu zu bringen, Gesichtserkennung stärker zu reglementieren, teils sogar aus Städten wie San Francisco zu verbannen.[64] Andererseits nahm die Nutzung von ClearviewAI nach dem Sturm auf das Kapitol um 26 Prozent zu.[65]

Internationaler Beziehungsstatus: Es ist kompliziert

Zu Beginn der 2020er-Jahre finden wir die Weltordnung in einem aus westlicher Sicht ungewohnt fluidem Zustand. Regeln, Normen und Institutionen werden herausgefordert, der ökonomische, politische und militärische Machtpol wandert vom Atlantik zum Pazifik. Vom Ende der Geschichte und einem klaren Sieg der liberalen Demokratie kann keine Rede mehr sein. Stattdessen war das Finale der Trump-Administration im Januar 2021 ein wahres Freudenfest für oppositionelle Systeme wie China und Russland. Kurz nach dem Sturm aufs Kapitol in Washington wurden erste Stimmen laut, die die Ereignisse als willkommenen Anlass sahen, die Validität westlicher Werte anzuzweifeln. Zur gleichen Zeit positioniert sich China als neuer Vorreiter in Sachen Klimaschutz, Pandemiebekämpfer und progressiver Unterstützer angeschlagener Staaten. Schon seit Längerem geraten internationale Organisationen wie die Uno ins Wanken, werden mühsam ausgehandelte Verträge wie das internationale Atomabkommen aufgekündigt.

Ist der Traum einer multilateralen Welt ausgeträumt, in der starke, verlässliche Staaten gemeinsam die globalen Herausforderungen unserer Zeit angehen? Weicht diese kooperative multilaterale Welt einer kompetitiven multipolaren Welt, dominiert durch Großmächte, die abhängige oder ähnlich gesinnte Staaten in ihren Orbit ziehen, regionale Regeln und Werte durchsetzen und miteinander konkurrieren? Und wie stark wird sich der zunehmende Einfluss nicht staatlicher Akteure auswirken? Werden einzelne Konzerne, Megastädte und andere Akteure einen Teil der staatlichen Macht übernehmen, und wenn ja, schafft es die Weltgemeinschaft, diese Verschiebung der Machtverhältnisse in konstruktive, kooperative Bahnen zu lenken, oder endet es in einer instabilen Fragmentierung?[66, 67]

Viele Faktoren spielen eine Rolle in der Geschichtsschreibung, Technologie ist nur einer davon, allerdings ein sehr wichtiger. Doch in welche Richtungen dirigieren die Technologien die Weltordnung?

Chinas wachsende Dominanz basiert nicht zuletzt auf der strategischen Entwicklung neuer Technologien. Wie weit wirtschaftlicher, gesellschaftlicher und politischer Einfluss und die Macht des Landes dadurch heute schon reichen, haben wir bereits gesehen. Um seinen Status zu festigen, etabliert China nach und nach neue länderübergreifende Institutionen, etwa eine Reihe von Schiedsgerichten für seine neue Seidenstraße, die auf chinesischer Rechtsprechung basieren und im Falle von Handels- und Investmentstreitigkeiten entscheiden sollen.[68] Inwieweit diese Gerichte ihre Urteile unabhängig und fair fällen werden, ist zumindest fraglich. Weitere Institutionen sind die *New Development Bank* und die *Asian Infrastructure Investment Bank* als Alternativen zu Weltbank und Internationalem Währungsfond. Ebenfalls unter Chinas Federführung schlossen 14 asiatisch-pazifische Staaten 2020 ein umfangreiches Handelsabkommen. Damit forciert China eine multipolare Welt.

In vormals stabilen Zentren der Demokratie beobachten wir eine bedenkliche Zunahme an Populismus und Misstrauen in Institutionen, nicht zuletzt angefeuert durch Falschinformationen und Hassreden, denen Algorithmen, Internet und Smartphones ungeahnte Reichweiten bescheren. Souveränität und Autorität der Staaten beginnen zu erodieren, was nicht nur innenpolitisch neue Konfliktlinien schafft. Auch Wettbewerb und Konfliktpotenzial zwischen Staaten nehmen zu bis hin zum Risiko neuer Kriege. Angesichts des entsetzlichen Potenzials autonomer, KI-gestützter Waffensysteme ist dies ein Szenario, das wir nach allen Kräften vermeiden müssen. Sicher, es besteht die Hoffnung, dass diese Waffen eine ähnlich große abschreckende Wirkung wie die Atombombe haben. Auch erhöhen die globale Konnektivität und die wirtschaftlichen Abhängigkeiten der Staaten die Kosten eines bewaffneten Konfliktes so sehr, dass sich die Auseinandersetzungen vermutlich stärker in andere Bereiche verlagern werden, zum Beispiel in den Cyberspace. Auch Information kann als Waffe genutzt werden, wie Russland mit seinen Trollarmeen, Cambridge Analytica mit seinen Wahlbeeinflussungen und China mit seiner techno-autoritären Überwachung der eigenen Bürger zeigen.

Zu guter Letzt geht es nicht nur um souveräne Staaten, es geht auch immer häufiger um nicht staatliche Akteure, die sich in die Weltpolitik einschalten, allen voran die Tech-Konzerne. Nie zuvor gab es Firmen, die auch nur annähernd solche Macht besaßen. Im Januar 2021, nach dem gewalttätigen Sturm auf das US-Kapitol, demonstrierten einige von ihnen diese Macht, indem sie den amtierenden Präsidenten der USA dauerhaft von ihren sozialen Plattformen verbannten. Trump hatte über die Plattformen die Krise bewusst heraufbeschworen und schließlich seine *Follower* zum Marsch auf das Kapitol aufgerufen. So begrüßenswert die Aktion der Konzerne in der Situation war, so klar ist auch, dass keine Firma die Macht haben sollte, einen solch weitreichenden Eingriff in eine Demokratie vornehmen zu können. Die Wirtschaft hat immer schon ihre Finger im politischen Spiel gehabt, doch nun sind es völlig neue Dimensionen.

GTCOM ist eine relativ unbekannte chinesische Big Data- und KI-Firma, die jedoch enorme Reichweite besitzt und vor allem eindeutig unter der Kontrolle der chinesischen Machthaber steht. Die Firma gibt zu, dass sie für Chinas nationale Sicherheit und den militärischen Nachrichtendienst arbeitet. Am Beispiel von GTCOM sezierte Samantha Hoffmann, Expertin für chinesische Überwachungsmethoden am australischen Think Tank ASPI, detailliert Chinas Instrumentalisierung von Firmen, um seine Datensammelwut nicht nur im Land, sondern global zu stillen.[69] Ein einzelnes Produkt der Firma sammelt täglich zehn Terabyte an Daten von Plattformen wie Twitter und Facebook. GTCOM kollaboriert mit Alibaba, Huawei und Baidu und führt die internationale *Language Big Data Alliance* an, der neben Industriepartnern auch diverse Universitäten angehören, darunter aus Deutschland, Großbritannien und der Schweiz. Dadurch sichert sich der Konzern den Zugang zu Forschern, deren Daten und Netzwerken.

Einige Firmen reagieren auf den Druck, ihre KI-Anwendungen auf ethisch festere Beine zu stellen. Nachdem Google mit seinem Projekt Maven, das Bilderkennung für militärische Drohnen entwickelte, auf massiven Protest unter seinen Mitarbeitern stieß, entwickelte der Konzern ethische Leitlinien, die die Forschung auf sozialen Nutzen ausrichten sollte.[70] Sowohl Microsoft als auch Facebook etablierten Ethik-Komitees mit teils externen Spezialisten, die kritische Fälle untersuchen. Wie weit die Autonomie und Integrität dieser Gremien reicht, wird sich noch zeigen müssen.

Wäre es eine Lösung, wieder zur Grundidee des freien, demokratischen Zugangs zurückzukehren? Warum werden die wichtigsten Ressourcen, die Daten, fast ausschließlich in Firmen gehandelt und nicht als öffentliches Gut durch gemeinnützige Organisationen? Bisher sind nur wenige solcher Projekte im Netz erfolgreich, etwa Wikipedia und OpenStreetMap. Das Problem liegt wie so oft in der Finanzierung. Sowohl die hohe Risikoakzeptanz als auch die Flexibilität, die Innovation braucht und die Start-ups von ihren Investoren zugestanden wird, findet sich bei Geldgebern von gemeinnützigen Projekten sehr selten.

Auch der wachsende Einfluss reicher Stiftungen sollte nicht übersehen werden. Viele der Mächtigsten unter ihnen, allen vorweg die *Gates Foundation*, wurden von Gründern ebenjener Tech-Konzerne ins Leben gerufen wurden, die ohnehin schon massiven globalen Einfluss haben. Es ist zwar ohne Frage positiv und wünschenswert, wenn die großen Gewinner unserer Zeit ihren Reichtum teilen und Projekte in Gesundheit, Bildung und Versorgung finanzieren. Doch bleibt die Frage, inwieweit solche zentralen Dienste durch private, nicht demokratisch legitimierte Akteure gesteuert werden sollten. Bei allem guten

Willen entscheiden einige wenige willkürlich über die Priorität der Anliegen und damit das Schicksal vieler. Häufig stehen prestigeträchtige Projekte wie spezielle Krankheiten ganz oben auf den Listen. Langwierigere, mühsamere und weniger gut vermarktungsfähige Projekte, wie etwa die solide Aufstellung einer medizinischen Grundversorgung oder eines nachhaltigen Bildungssystems, fallen hinten runter. Diese Versorgung kann auf lange Sicht nur ein stabiler, verlässlicher Staat leisten.

Weitere wichtige Akteure auf dem global-politischen Parkett könnten auch die großen Städte werde. Demografie und Urbanisierung, eine häufig progressivere Mentalität, die mit höherer technischer Innovation einhergeht, werden die ökonomische und politische Macht einiger Megacitys wachsen lassen. So hat sich beispielsweise in den USA gezeigt, wie ein Zusammenschluss wichtiger Städte der ignoranten Klimapolitik Trumps erfolgreich entgegenwirken konnte.

Die Erstarkung nicht staatlicher Akteure schreitet voran und bewirkt eine Zerfaserung der Macht. Ob sich die Dynamik mehr in Richtung eines von Kooperation geleiteten Netzwerkes aller Mitspieler entwickelt oder harter Wettbewerb und Rivalität die Regeln bestimmen werden, ist nicht abzusehen. Viel hängt davon ab, inwieweit Profit oder Menschen und Werte im Zentrum des Denkens und der Innovation stehen werden, inwieweit wir uns mehr als Konsumenten unseres Staates denn als Bürger mit Rechten, aber auch Pflichten verstehen werden, wem in Zukunft unsere Loyalität gilt und woher wir unsere definierenden Identitäten speisen – Heimat oder Wohnort, Stadt oder Land, Staat oder Konzerne.

Unsere Weltordnung wird sich verändern, und die Frage ist, ob sich die existierenden Institutionen und Mechanismen, die unser globales Zusammenleben lenken und unsere Gemeinschaftsgüter wie Ozeane, Weltall und Cyberspace verwalten sollen, adaptieren können. Falls nicht, setzt sich die Fragmentierung und Polarisierung der Gesellschaft auf dem internationalen Level fort. Vereinbarungen zu treffen wird dabei umso schwieriger, je vielfältiger sich die Macht verteilt. Sollte die Souveränität von Staaten weiter erodieren, führt das womöglich zu komplexeren und dezentraleren Regierungsformen, in denen sich Staaten mit den neuen Akteuren arrangieren und diese bestmöglich einbinden müssen, während sie die Rechte ihrer Bürger gewährleisten. Sie werden die Erwartungshaltung ihrer Bürger besser managen, agiler werden und neue Partnerschaften begründen müssen. Ebenso werden sich multilaterale Organisationen auf die neuen Mitspieler einstellen müssen. Erste Schritte sind getan. So versucht etwa die EU mit einer *DigitalCharta* die Grundrechte der Bürger an das neue digitale Zeitalter anzupassen.[71] Ganz im Sinne einer digitalen Demokratie können alle Bürger ihre Meinung zu den einzelnen Artikeln online einbringen und diskutieren.

Teil III
Was (und wie) wollen wir konsumieren?

Die Ressourcen unserer Erde sind endlich, das wissen wir nicht erst seit gestern. Innerhalb von 50 Jahren ist der Erdüberlastungstag, an dem wir bereits alle Ressourcen verbraucht haben, die unser Planet nachhaltig für ein Jahr zur Verfügung stellen kann, von Ende Dezember auf Ende August vorgerutscht. Gleichzeitig überschwemmen wir Flüsse und Meere mit Plastik, ganze Landstriche mit Schadstoffen und giftigen Abfällen und finden Ausreden, um unsere hart errungenen und dringend nötigen Klimapakte wieder zu brechen. Dabei wissen wir, dass es so nicht weitergehen kann. Wir müssen uns also dringend etwas zu unserem Konsum und damit auch zu unseren Produktionsweisen einfallen lassen.

Und es gibt sie, die Leute, die sich was einfallen lassen. Sie schöpfen aus einer Fülle von unterstützenden Technologien, verknüpfen Industrien, die vorher nichts miteinander zu tun hatten, und finden überraschende neue Wege. Bauern erproben Präzisionslandwirtschaft statt Monokulturen, während sich Start-ups an vertikalem und *Indoor Farming* versuchen. Andere züchten Fleisch im Labor oder Bakterien und Algen, die ihrerseits wieder maßgeschneiderte Rohstoffe produzieren oder Giftstoffe abbauen. Wieder andere suchen Wege, Abfälle umweltschonend und effizient in Energie umzuwandeln. Innovative Materialien und Additive Fertigung bringen neue Möglichkeiten in der

Personalisierung und Bereitstellung von Produkten. Die Sharing Economy setzt auf Teilen, statt auf Besitzen und ist auf dem Vormarsch, auch wenn sie durch die Corona-Pandemie einen kleinen Dämpfer erhielt. All der Fortschritt erlöst uns jedoch nicht von ein paar unbequemen Fragen. Wie gestalten wir einen fairen Handel und vermeiden einen Rückfall in ausbeuterische Systeme wie die Gig-Economy? Und brauchen wir wirklich all das Zeug, um glücklich zu sein?

Kapitel 7
Nahrung

»Wir werden der Absurdität entkommen, ein ganzes Huhn zu züchten, um die Brust oder den Flügel zu essen, indem wir diese Teile getrennt unter einem geeigneten Medium züchten.«
Winston Churchill

So geht es nicht weiter. Unsere derzeitige Nahrungsmittelproduktion ist weder nachhaltig noch gesund, noch lässt sie sich auf eine immer größere und wohlhabendere Weltbevölkerung ausweiten. Die Herstellung unserer Lebensmittel ist global für 26 Prozent der Treibhausgasemissionen verantwortlich, davon geht knapp ein Viertel für Nahrungsmittel drauf, die weggeschmissen werden.[1] Tierische Produkte schlagen sowohl bei den Emissionen als auch bei Land- und Wasserverbrauch mit Abstand am stärksten zu Buche. Allein die Existenz der Nutztiere liefert ein Drittel der Emissionen, dazu kommen weitere 16 Prozent, die auf das Konto der Landnutzung gehen. 50 Prozent des bewohnbaren Landes der Erde ist Farmland, davon werden 77 Prozent für die Tierhaltung genutzt, die allerdings nur 18 Prozent aller Kalorien und 37 Prozent unseres Proteinverbrauchs liefert. Schwein, Huhn, Fisch – all diese Nahrungsmittel produzieren über fünf Kilogramm CO_2-Äquivalent pro 1000 Kilokalorien, Rind sogar über 36 Kilogramm, fast alle Früchte und Gemüse dagegen unter zwei Kilogramm. Eine Umstellung auf eine ausgewogene, vorwiegend pflanzliche Ernährung würde also nicht nur uns selbst, sondern auch der Umwelt guttun.

Ein Weiter-so können wir uns auch ressourcentechnisch gar nicht leisten. Denn zumindest in den nächsten Jahrzehnten werden wir noch deutlich mehr werden, die UN rechnen mit 11,2 Milliarden Menschen Ende des Jahrhunderts.[2] All diese Menschen brauchen Nahrung, und immer mehr wollen sich so ernähren wie die westliche Welt, also mit viel Fleisch. Der Anteil an tierischen Nahrungsmitteln nimmt zu, je wohlhabender eine Gesellschaft wird.[3]

Wir überstrapazieren unsere natürlichen Ressourcen also massiv, schaden unserer Gesundheit, dem Klima und dadurch nicht zuletzt der Wirtschaft. Wie aber können wir eine nachhaltige Landwirtschaft gestalten, die uns alle gesund ernährt?

Feld und Stall

In den letzten Jahrzehnten verzeichnete die Landwirtschaft einen enormen Zuwachs an Produktivität, der die Ernährung der wachsenden Bevölkerung ermöglichte. Doch diese Produktivität war nie nachhaltig, sie beruhte auf dem übermäßigen Einsatz von Pestiziden, Düngern und schwerem Gerät, auf Monokulturen und der Vernachlässigung der dauerhaften Bodenqualität. Zeit für ein völliges Umdenken, Zeit für Präzisionslandwirtschaft.

Die Idee dahinter: nicht mehr Hektoliter Dünger über ein ganzes Feld ausschütten, sondern gezielter schauen, was der Boden und die Pflanzen in den verschiedenen Bereichen des Feldes brauchen. Bodensensoren messen Feuchtigkeit, Nährstoffe und Temperatur, Drohnen und Satelliten beobachten aus der Luft den Wachstumsstand der Pflanzen. Beide kommunizieren in Echtzeit an ein intelligentes System, das Bewässerung und Düngung präzise und minimal an den Stellen ausbringt, die sie gerade brauchen. Idealerweise werden zudem schwere Landmaschinen durch kleine, agile und autonome Helferlein ausgetauscht, die die Pflanzen fast individuell pflegen und ernten können.

Die Vorteile eines solchen Systems sind offensichtlich: Reduktion des Wasser-, Dünger- und Pestizidverbrauchs, keine Verdichtung des Bodens, was Durchlüftung, Wasserhaushalt und Wurmleben, kurz: Bodengesundheit, verbessert. Außerdem kann man die Fruchtfolge auf dem Acker optimieren, was allen genannten Faktoren hilft. Vor allem aber wollen die Farmer ein Tool, das sie vorausschauend informiert, wie das Wetter wird, wann der beste Erntezeitpunkt und wie hoch der Ertrag sein wird.

Das klingt fantastisch, trivial ist es allerdings nicht, denn die Störfaktoren sind vielfältig. Es braucht ein starkes 5G-Netz, hochauflösende Bilderkennung, robuste Sensoren und Cloud-basierte KI-Verarbeitung der Daten. Das alles ist nicht billig und für viele, gerade kleinere Betriebe kaum erschwinglich. Auch wenn man alle Geräte auf dem Feld hat, kann noch viel schiefgehen. Staub und Hitze schaffen nicht gerade ein Wohlfühlbiotop für Computer, Drohnen müssen mit Böen zurechtkommen, und Netz und Satellitenunterstützung müssen zuverlässig funktionieren. Das Schwierigste aber ist, eine KI so zu trainieren, dass sie die präzisen Voraussichten liefert, die die Landwirte brauchen.

In Amerikas Salatschüssel, dem Salinas Valley in Kalifornien, kann man der Technik bereits beim Arbeiten zuschauen.[4] Das Start-up FarmWise testet hier seine Bodenbearbeitungs-, Bewässerungs- und Unkrautjätesysteme. Für die Maschinen ist es nicht so einfach, zwischen Unkraut und jungen Setzlingen zu unterscheiden, doch FarmWises Roboter sind schon gut dabei, sie rupfen nur etwa jede tausendste Nutzpflanze aus Versehen aus dem Boden. Allerdings sind die Roboter noch ziemlich groß und schwer. Weiter in der Entwicklung ist das Schweizer Start-up Ecorobotix, ihr Unkrautjäter und Sprühroboter wiegt gerade einmal 750 Kilogramm, schafft etwa einen halben Hektar in der Stunde, reduziert den Pestizidverbrauch um 95 Prozent und fährt mit selbst produziertem Solarstrom. TerraSentia ist noch mal deutlich kleiner, der Mini-Roboter von EarthSense wuselt durch die Felder und sammelt Daten zu Pflanzengesundheit und -wachstum,

Physiologie und Stressreaktionen. 2020 teilte Alphabet, Googles Mutterkonzern, mit, dass es mit einem Projekt namens Mineral in der auf Big Data basierten Agrarwende mitspielen werde.

Nutztierhaltung wird ebenfalls immer weiter technologisiert. Das Start-up Vence entwickelte zusammen mit dem MIT ein *mHealth*-Gerät für Kühe, das nicht nur den Gesundheitszustand des Tieres überwacht, sondern auch den Aufenthaltsort. Über akustische Signale lässt sich die Kuh so dirigieren, dass laut Firma herkömmliche Zäune und Gatter überflüssig werden. Andere Lösungen arbeiten daran, jedes Tier individuell mit der optimalen Futtermenge und, bei Bedarf, Medizindosis zu versorgen. Durch smarte, technologisierte Tierhaltung soll sich das globale BIP bis 2030 um knapp 30 Prozent oder 20 Milliarden US-Dollar steigern. Smarte Feldüberwachung, der Einsatz von Drohnen und autonomen Maschinen würden sogar 85 Milliarden beitragen.[5]

Warum sich bei so viel smarter Technologie auf die herkömmliche Agrarfläche beschränken? Die saudische King Abdullah University for Science and Technology in Jeddah experimentiert an Nutzpflanzen, die auch in der Wüste wachsen, was in Zukunft wohl immer wichtiger wird. Dazu wird untersucht, welche Mikroben Pflanzen helfen, beispielsweise hitze- und wasserstressresistenter zu werden. Mittels Genomeditierung sollen die Resistenzfaktoren in die Pflanzen eingebracht werden. Die optimale Verbindung von Pflanzen und Mikrowesen soll das Wachstum und die Pflanzengesundheit weiter fördern.[6]

Damit sind wir bei einem Thema, das zunehmend wichtig wird, von vielen Menschen allerdings skeptisch gesehen wird: genmodifizierte Organismen (GMO). Wir können inzwischen nicht nur Getreide resistenter gegen Hitze machen, sondern auch gegen Schädlinge, wir können Rinder muskulöser wachsen und Thunfisch langsamer schwimmen lassen, damit er sich in Zuchtfarmen nicht an den Beckenrändern verletzt. Wir statten Reis mit zusätzlichen Proteinen aus, zum Beispiel mit Vitaminen, um Menschen mit Mangelernährung besser zu versorgen. Zugegeben, bei einigen Anwendungen fragt man sich, ob das sein muss, und Konzerne wie Monsanto haben mit ihrem Geschäftsgebaren nicht gerade geholfen, die Technologie den Menschen näherzubringen.

Die Bedenken der meisten Verbraucher drehen sich um ihre Gesundheit und ob es für Menschen sicher ist, GMOs zu verzehren. 1994 sollte mit der Flavr-Savr-Tomate (die sogenannte Anti-Matsch-Tomate) die erste genmodifizierte Pflanze auf den Lebensmittelmarkt kommen, prompt gab es eine große Protestwelle. In Deutschland tauchte auf einer Demonstration ein Plakat auf, das ich nie vergessen werde: »Ich will keine Gene in meinen Tomaten!« Nun, die einzige Alternative zu Genen in Tomaten ist gar keine Tomaten. Amüsant, aber dieses Beispiel zeigt eindrucksvoll, wie wichtig gute Wissenschaftskommunikation ist. Generell müssen wir lernen, Risiken objektiver und rationaler einzuordnen. Wir tendieren dazu, einige Risiken zu überschätzen, während wir andere Risiken, die tatsächlich eine viel höhere Wahrscheinlichkeit haben einzutreten, weit unterschätzen. Dies zieht sich durch unsere gesamte Lebenswelt: von Verkehrs- über Impf- zu finanziellen Risiken bis hin zu Wohnungsbränden oder Terroranschlägen.

Ebenso verhält es sich im Falle der GMO. Wir haben mehr Sorge, dass ein modifiziertes Pflanzengen auf uns überspringt und sich in unserem Körper entfaltet, als dass wir unser Essen mit Antibiotika und anderen Wachstumsmitteln verseuchen. Weder modifizierte noch nicht modifizierte Pflanzengene springen auf Menschen über, dazu fehlen uns die pflanzenspezifischen molekularen Systeme, mit diesen Genen etwas anfangen zu können. Bisher ist kein einziger Toter durch übergesprungene Pflanzengene bekannt, während Antibiotikaresistenzen, die maßgeblich auf den unverantwortlichen Einsatz in der Nutztierhaltung zurückgehen, jährlich geschätzt 700.000 Tote verursachen.[7] Also sollten wir uns der Diskussion um GMO in der Landwirtschaft offen und konstruktiv stellen.

Der Fortschritt und die Erfolge in diesem Bereich haben das Potenzial, die Nahrungsmittelversorgung auf lange Zeit zu sichern. Nehmen wir beispielsweise das RIPE-Projekt, eine globale Kollaboration von Universitäten, die unter anderem von der Gates Foundation unterstützt wird. RIPE steht für *Realizing Increased Photosynthetic Efficiency*, die Forscher versuchen also, die Fotosynthese in Pflanzen zu boosten und damit den Ernteertrag zu erhöhen. Fotosynthese ist der faszinierende Prozess, CO_2 und Sonnenlicht in Zucker und Sauerstoff zu transformieren. Ohne diesen Vorgang wäre das Leben, das wir kennen, nicht möglich. Dabei ist der Prozess erstaunlich ineffizient, nur rund fünf Prozent der Sonnenenergie wird produktiv umgesetzt. Daher versuchen die Forscher mittels gezielter Züchtung und Geneditierung die Effizienz zu steigern. Bei Tabakpflanzen konnten sie die Biomasse bereits um bis zu 40 Prozent erhöhen und erwarten, den Ertragszuwachs sogar auf 60 Prozent steigern zu können.[8] Nun ist Tabak einfacher zu manipulieren als andere Nutzpflanzen, inwieweit sich das daher im großen Maßstab umsetzen lässt, wird sich zeigen. Auch bleibt eine genetische Manipulation selten ohne Nebenwirkungen. Optimiert man Pflanzen für eine bestimmte Umgebung und Situation, verlieren sie häufig ihre Resilienz gegenüber anderen Einflüssen, was sich in Zeiten des Klimawandels als große Herausforderung darstellen kann. Dennoch bieten sich durch die neuen Methoden, sofern sie mit Sorgfalt angewandt werden, große Chancen.

Wir haben also schon vielversprechende Ansätze, um unsere Nahrungsmittelproduktion zu verbessern, fragt sich nur noch, wie wir die Lebensmittel möglichst schnell, umweltfreundlich und unkompliziert vom Feld auf die Gabel bekommen. Das geht auf traditionelle Weise über Stadtmärkte mit einem recht großen Aufwand für die Bauern; auf die charmante, aber nicht weniger aufwendige Weise unseres lokalen Bauern, der mit seinem Traktor durchs Quartier fährt und Gemüse direkt von der Ladefläche verkauft; oder ganz zeitgemäß auf digitale Plattform-Weise, wie es beispielsweise Farmy in der Schweiz oder Verde in Rumänien anbieten. Bei diesen Plattformen kann man sich als Verbraucher seine persönliche Gemüsekiste samt Lieferplan zusammenstellen, teils auch noch angeben, von welchem Bauern man das Gemüse beziehen will, und dann kommt die Ware frisch und pünktlich vor die Tür. Für die Bauern hat es den Vorteil, einfacher und direkter mit ihren Kunden in Kontakt treten, besser planen und kostspielige Zwischenhändler umgehen zu können. Ciprean Florea, Gründer von Verde, findet, die Zeit sei reif: »Wir beobachten ein neues Bewusstsein für einen gesunden Lebensstil und für ethisches Verhalten, sowohl bei Kunden als auch bei Unternehmen. Dazu erkennen wir die Nachteile globaler Lieferketten und neue Technologien, die die Logistik einfacher und widerstandsfähiger machen. Wir wollen lokales Essen von den Feldern auf jeden Tisch bringen, auch in der Stadt.«[9]

Oder man versetzt die Produktion direkt in die Stadt, nimmt ein Feld, dreht es um 90 Grad von der Horizontalen in die Vertikale und hängt es an ein Gebäude. Für Kühe ist das vielleicht keine artgerechte Haltung, aber bei Pflanzen ist das was anderes, sie sind da nicht so. Licht, verlässliche Zufuhr ihrer präferierten Nährstoffe und gut ist.

Urbanes Farming

Stellen wir uns vor, bei einem Stadtspaziergang sehen wir keine Stadt, denn sie ist wunderbar grün überwuchert. Hochhäuser strahlen statt des kühlen Glanzes der Glasfassaden die natürliche Ruhe eines Dschungels aus. Die Luft ist frisch und rein und im Sommer angenehm kühl, wir sind entspannter und gesünder. Weniger Atembeschwerden und weniger hitze- und stressbedingte Erkrankungen haben unsere Lebensqualität merklich verbessert. Wer will, kann seinen Wocheneinkauf an jeder Straßenecke erledigen und Gemüse einpacken, das fünf Minuten zuvor geerntet statt fünf Tage lang um den halben Globus gekarrt wurde.

Klingt utopisch? Ist es nicht. Die Technik ist da. Firmen wie die israelische Vertical Field bietet eine Auswahl an grünen Wänden, man kann sich seinen Dachgarten mit vertikal wachsenden Salatköpfen und Grünkohl einzäunen, eine Säulenhalle bewachsen lassen oder einen ganzen Wald kleiner Bäume an eine Außenwand kleben. Von Blattgemüse über *Microgreens* (Sprossen, Junggemüse und dergleichen) bis zu Zierpflanzen lässt sich vieles bereits in Etagen oder sogar in der tatsächlichen Vertikalen anpflanzen.

Städte wie Zürich haben nicht gerade das Problem, zu weit weg von der Landwirtschaft zu sein. Von beinahe jedem Ort in der Stadt braucht man maximal 20 Minuten, um mit dem Fahrrad auf einem Bauernhof zu stehen und seine Milchflasche aufzufüllen.

Anders in Singapur. Der Stadtstaat hat gerade einmal 730 Quadratkilometer, um 5,7 Millionen Menschen mitsamt Häusern, Straßen, Autos und allem anderen unterzubringen. Weniger Platz als Frankfurt am Main, um mehr als zehn Mal mehr Menschen zu behausen! Für Ackerland bleibt da nicht viel. Rund 90 Prozent aller Nahrungsmittel werden daher importiert, eine gefährliche Abhängigkeit, wie Singapur 2008 erfahren musste.[10] Finanzkrise, Unwetter, Kraftstoffkosten – alles kam zusammen, und die Preise für Nahrungsmittel explodierten. Soziale Unruhen zwangen die Regierung zu einem Umdenken, nicht nur Finanzmarkt und Hightech sollten im Fokus der Wirtschaft stehen, sondern auch Nahrungsmittelproduktion. Bis 2030 will Singapur nicht mehr nur ein Zehntel, sondern ein Drittel seines Bedarfs selbstständig decken. Doch mehr Land gibt's nicht – also Hightech, in diesem Fall *Vertical Indoor Farming.*

Die Technologie basiert entweder wie bei Vertical Field auf Geoponik, dabei stecken die Pflanzen in kleinen Erdtöpfchen. Andere Anbieter setzen auf Hydro- oder Aeroponik, die die Pflanzen gezielt mit Nährlösung über die Wurzeln oder auch einfach nur über Sprühnebel versorgen. Gleichzeitig lassen sich Pestizide auf null zurückfahren und der Wasserverbrauch bis zu 90 Prozent reduzieren. Bei all diesen Anbauarten lässt sich nicht nur die Nährstoffversorgung der Pflanzen genau steuern, sondern auch das Licht. Nichts mehr ist abhängig von den Jahreszeiten, sondern immer verfügbar, wenn es gebraucht wird.

Philips eröffnete 2015 ein Forschungszentrum namens GrowWise in den Niederlanden, in dem der Einfluss von Licht auf *Indoor-Farming*-Kulturen erforscht wird. Je nachdem, ob, wann und wie lange man die Pflanzen mit rotem, blauem oder grünem Licht bestrahlt, beeinflusst dies die Wachstumsrate, den Vitamingehalt oder die Blütezeit, sogar der Geschmack kann bisweilen verstärkt werden. Abhängig von den jeweiligen Pflanzen, bietet das Zentrum mittlerweile perfekt abgestimmte »Lichtrezepte« an, personalisierte Präzisionsbelichtung, sozusagen. Das »*Social Design Lab*«-Studio Roosegaarde übersetzte die Erkenntnisse in ihr Kunstprojekt GROW und bestrahlte einen normalen Lauchacker des Nachts mit blauem und rotem Licht, um »die Schönheit der Landwirtschaft hervorzuheben« und gleichzeitig auf die Möglichkeiten neuer Technologien aufmerksam zu machen.[11]

In Singapur entstand, unterstützt von der Regierung, die letzten Jahre ein wahrer Boom an *Vertical-Farming*-Start-ups. VertiVegies, beispielsweise, betreibt seit 2018 die größte vertikale Farm des Stadtstaates, zusätzlich unterstützt vom chinesischen Weltmarktführer SananBio. China stellte schon 2017 eine Billion US-Dollar bereit, um die Technologie zu skalieren. Auf der Fläche von drei Fußballfeldern möchte VertiVegies bei voller Auslastung sechs Tonnen Grünzeug pro Tag produzieren, ein herkömmliches Feld bräuchte dafür fünfmal so viel Platz. Konkurrent Sky Greens erwartet sogar, dass es auf vertikalen Feldern bis zu zehnmal so viel produzieren kann, bei drei Prozent des Wasserverbrauchs von herkömmlichem Anbau.

Vertical Field liefert seine grünen Wände bereits bis in die Ukraine und in die USA, an Firmen, Privatpersonen und Supermärkte, in denen sich die Kunden direkt an den sechs Meter hohen Wänden an Basilikum und Rucola bedienen können. In Dänemark entwickelt das Start-up Nordic Harvest zusammen mit der YesHealth Group die größte vertikale Farm Europas. Auf 7000 Quadratmetern sollen ab Ende 2021

1000 Tonnen Gemüse pro Jahr produziert werden. Die Energie für die 20.000 LED-Lampen, die die 14-stöckigen Grünzeugregale beleuchten, soll ausschließlich von Windturbinen geliefert werden, während Sensoren Tausende von Datenpunkten verarbeiten, um die Pflänzchen optimal zu versorgen und den Wasserbedarf auf einen Bruchteil des Bedarfs in Ackerlandwirtschaft zu drücken.

Aerofarms und Plenty rollen derweil den amerikanischen Markt auf. Wie auch Nordic Harvest setzt Plenty auf digitale Technik, um die Produktion zu maximieren. Laut Firmenangaben konnten sie so den Ertrag gegenüber traditioneller Landwirtschaft um ein 350-Faches anheben, während der Wasserverbrauch auf unter fünf Prozent sank. Selbst die Kosten konnten durch die Skalierung und Prozessoptimierung um bis zu 30 Prozent gesenkt werden.[12] Die internationale Expansion weckt das Interesse großer Investoren. Der SoftBank Vision Fund schiebt Plenty zusammen mit Google-Gründer Eric Schmidt und Amazon-Chef Jeff Bezos mit 200 Millionen US-Dollar an.[13]

Indoor-Farming klingt also nach einer eindrucksvollen Erfolgsstory: weniger Land und Wasserverbrauch, keine Pestizide, kein Kontaminationsrisiko durch den Einsatz von Gülle, Produktion rund ums Jahr, keine Abhängigkeit vom Wetter und von langen Lieferketten. Doch auch hier gibt es ein paar Haken.

Die größte Herausforderung steht gleich zu Beginn: die Investitionskosten. Land in der Stadt ist viel teurer als Ackerland irgendwo im Nirgendwo. Eine australische Studie verglich den Bodenpreis in Melbourne mit dem in ländlichen Gebieten und kam auf ein Verhältnis von 3491 versus 0,40 US-Dollar pro Quadratmeter. Baut man in der Stadt auf diesem Land nun eine vertikale Farm mit zehn Stockwerken, dann hat man immer noch beinahe tausendmal höhere Bodenkosten je Quadratmeter Produktionsfläche.[14] Dazu kommen hohe Kosten für die Automatisierung und den astronomischen Stromverbrauch, die nicht nur das finanzielle, sondern auch das ökologische Konto belasten. Firmen wie Nordic Harvest versuchen daher, ihren Bedarf aus Sonnen- und Windkraft zu decken, doch das funktioniert nicht immer. Zudem kann man sich fragen, ob es nicht irre ist, kostenloses und emissionsfreies Sonnenlicht erst mühsam und unter massiven Verlusten in Elektrizität umzuwandeln und diese dann wieder in künstliches Sonnenlicht. Noch sind wir technologisch nicht so weit, dass dies ökologisch und ökonomisch sinnvoll wäre. Doch eine rapide Verbesserung der regenerativen Energien und der LED-Technologien könnten das System langfristig profitabel machen.

Eine weitere Herausforderung ist die Komplexität der Großfarmen. Der hohe logistische Aufwand sowie die Investitionskosten erschweren es, die Produkte zu wettbewerbsfähigen Preisen anzubieten. Niedrige Margen und Nachfrageschwankungen machen die Planung schwierig, und nicht alle landwirtschaftlichen Produkte eigenen sich für automatisierte vertikale *Indoor*-Anlagen an, am besten gedeiht Blattgrün, Ochsenherztomaten und Kürbisse sind da schon schwieriger. Start-ups experimentieren daher mit kleinen, modularen Lösungen, die dem Kunden direkt vor die Tür gestellt werden können. Die Kreativagentur Framlab denkt über Glasmodule nach, die sich baumartig in Brooklyner Häuserzeilen einfügen und von der lokalen Bevölkerung bewirtschaften ließen.

Ideen gibt es also genug, und die COVID-19-Pandemie gab dem *Urban Farming* einen Push. Singapur erlebte lange Schlangen in den Supermärkten und wüst ausgerupfte Gemüse auf den wenigen herkömmlichen Farmen der Stadt. So boomten die Balkon- und Dachterrassengärten, und viele Menschen fanden Befriedigung im Anbau ihrer Nahrungsmittel und dem Wühlen in Erde. Nicht immer muss es top technologisiert sein, Hoffnung gibt es auch im Lowtech-Bereich. Ugandas Hauptstadt Kampala produziert mittlerweile rund 35 Prozent der Nahrungsmittel in kleinen urbanen Farmen, die zwar ebenfalls auf das Stockwerksystem setzen, aber deutlich hemdsärmeliger daherkommen als die Hightech-Farmen von Plenty oder Nordic Harvest. Dennoch konnten sie die Effizienz um etwa das Sechsfache verbessern.[15]

Urban Farming kann also sowohl ein Konzept für wohlhabende Hightech-Städte sein als auch für die Megastädte der Entwicklungsländer.

Im Labor

Während es schon schwierig ist, Kürbisse im vertikalen Stadtgarten anzubauen, stoßen wir bei Kühen definitiv an die Grenze. Wie aber stillen wir dann den immer größer werdenden Welthunger auf Fleisch, ohne die tier- und menschenverachtende Großindustrie in der Fleischproduktion weiterhin hinzunehmen? Wir können nicht länger ignorieren, dass unser derzeitiger Konsum weder ökologisch noch ethisch aufrechtzuerhalten ist.

Die Lösung für diese Quadratur des kulinarischen Kreises liegt womöglich in den Laboren. Drei große Trends kann man derzeit beobachten: die genmodifizierte Veränderung von Pflanzen und Tieren, die Herstellung von »künstlichem« Fleisch in Gewebekulturen und der 3-D-Druck von Nahrungsmitteln. Geneditierung hilft etwa dem Start-up Ukko, Nahrungsmittelallergien und -unverträglichkeiten zu bekämpfen, indem die verantwortlichen Proteine ausgeschaltet werden. Andere Firmen arbeiten an optimierten Tieren, die einen höheren und qualitativ besseren Fleischanteil haben. Aber brauchen wir überhaupt Tiere, um Gelüste nach Fleisch zu befriedigen?

Angefangen hat es mit sogenannten Fleischersatzprodukten auf pflanzlicher Basis. Während Tofu lange Zeit ein Nischendasein fristete, bringen Start-ups wie Impossible Foods und Beyond Meat ihre Produkte bis in Burger-King- und KFC-Küchen. Dort werden nun »Burger« und »Huhn« gebrutzelt, die aus rein veganer Herstellung stammen, aber den Anschein erwecken, Fleisch zu sein. Impossible Foods' Hackfleisch, zum Beispiel, besteht vor allem aus Soja und Kartoffeln. Kokos- und Sonnenblumenöl liefern das Fett, während der typische Fleischgeschmack durch zugesetztes Häm entsteht, einer

Komplexverbindung, die Eisen bindet. Impossible Foods stellt Häm in genmodifizierter Hefe her und mixt den entstehenden Extrakt dem Hackfleisch bei. Das Resultat ist gut, aber weit entfernt vom Genuss eines Burgers vom Weiderind.

Also zurück ins Labor. Start-ups wie die Schweizer Firma Mirai Foods versuchen, nur das Muskelgewebe eines Tieres zu züchten. Sie arbeiten an Technologien, Fleisch aus Stammzellen in der Petrischale zu züchten – ohne tierisches Leid zu verursachen und gleichzeitig Land-, Wasser- und CO_2-Verbrauch drastisch zu reduzieren. Das funktioniert im Prinzip genauso, wie die Herstellung von Organoiden und Geweben: Man entnimmt dem jeweiligen Tier ein paar Stammzellen, füttert sie mit allem Nötigen und lässt sie in einem Bioreaktor vor sich hin wachsen, idealerweise an einem Gerüst, das ihnen die gewünschte Form des Fleischstückes geben soll. Die US-Firma Just, die 2020 als erste Firma die Zulassung für ihr künstliches Huhn »GOOD Chicken« in Singapur bekommen hatte, braucht für diesen Prozess zwei Wochen – ein echtes Huhn lebt vom Schlüpfen bis zum Schlachten rund 45 Tage. Das »gute Huhn« ist also nicht nur ohne tierisches Leid entstanden, sondern auch noch deutlich schneller.[16] Das hat allerdings seinen Preis. Zwar verrät Just die Produktionskosten nicht und bietet seine Hühnergerichte für 23 US-Dollar an, doch dass die Herstellung von künstlichem Fleisch teuer ist, ist bekannt.

Im August 2013 hebt Professor Mark Post von der Universität Maastricht vor laufenden TV-Kameras die silberne Glocke von einem Teller, und darunter liegt – noch in der Petrischale – ein perfekt aussehender Burger-Pattie. Es ist der erste Pattie, der rein aus im Labor gewachsenen Muskelfasern besteht. Die Testesser des gebratenen Burgers sind von Textur und Geschmack beeindruckt. Nur: Die Herstellung kostete satte 320.000 US-Dollar, nichts, was man sich als Durchschnittsverbraucher am Wochenende auf den Grill legt. Seitdem ist viel passiert, aber immer noch kostet die Herstellung eines Kilogramms künstlichen Fleisches zwischen 400 und 2000 US-Dollar.[17] Größter Treiber der Kosten ist die Nährlösung, die nach Schätzungen zwischen 55 und 95 Prozent ausmacht.[18] Neben den immensen Kosten bestehen auch ethische Bedenken, denn es werden immer noch tierische Zusätze wie fetales Kalbsserum gebraucht. 2019 gaben zwar die ersten beiden Firmen bekannt, auf tierische Bestandteile im Nährmedium verzichten zu können, doch muss die Technologie erst preislich machbar sein, um sich durchzusetzen.

Trotz der Kosten wird dem Markt für künstliches Fleisch ein Boom vorhergesagt. Allein innerhalb des nächsten Jahrzehnts soll er auf 140 Milliarden US-Dollar wachsen.[19] Von 2016 bis 2019 konnten Startups 166 Millionen US-Dollar einsammeln, die Liste der Investoren liest sich wie ein Who's who der Tech-Gurus von Bezos bis Gates.[20] Die Preise wollen viele Firmen in den Griff bekommen, indem sie nicht auf reine kultivierte Fleischstücke setzen, sondern auf ein Gemisch mit pflanzenbasiertem Fleisch. Das bietet sich natürlich nur für Produkte wie Hackfleisch oder Chicken Nuggets an, bei denen man sowieso nicht genau sagen, was alles drin ist. KFC gab 2020 bekannt, demnächst hybride Chicken Nuggets anzubieten. Die Fast-Food-Kette arbeitet hierfür mit 3D Bioprinting Solutions aus Russland zusammen, einer Firma, die zusammen mit Just 2019 das erste künstliche Fleisch auf der Internationalen Raumstation ausdruckte.

3-D-Druck ist der dritte große Trend der neuen Fleischproduktion. Indem die Zellen durch einen Bioprinter auf einem biologischen Gerüst ausgesät werden, möchte man eine Textur erreichen, die näher am originalen Fleisch ist, ein vollständiges Gewebe, inklusive Blutgefäße und verschiedenen Zelltypen. Die Herausforderung ist wie bei der Biomedizin, diese komplexe Angelegenheit aus festsitzendem Muskel- und Bindegewebe und dessen Nährstoffversorgung durch ein vaskuläres System zum Laufen zu bringen. Das israelische Start-up Aleph Farms scheint dies gelungen zu sein, Anfang 2021 brachte es das erste Ribeye-Steak auf den Teller, optisch kaum unterscheidbar von einem Premium Cut.

3-D-Druck hat nicht nur das Potenzial, uns ein Steak auf den Teller zu zaubern, das wir guten Gewissens genießen können, sondern auch für andere Nahrungsmittel genutzt zu werden. Sogar personalisiert und dezentral, soll heißen, Essen kann genau an meine gesundheitlichen und geschmacklichen Bedürfnisse angepasst, überall und jederzeit ausgedruckt werden. Noch klingt das nach dem *Food Replicator* aus *Star Trek*, der scheinbar aus dem Nichts jedes gewünschte Mahl und Getränk materialisiert. Doch Firmen wie Anrich3D arbeiten längst an der Realisierung. Anrich3D zieht Daten von smarten *Wearables* und elektronischen Patientenakten, um das ausgedruckte Essen optimal an den Esser anzupassen. Noch sieht das Ergebnis mäßig einladend aus, was wohl daran liegt, dass die ursprünglichen Nahrungsmittel wie Brokkoli und Karotten einfach püriert und anschließend im entsprechenden Verhältnis auf den Teller gequetscht werden. Aber wer weiß, vielleicht ist das ja nur der erste Schritt hin zu einer völlig neuen Art des Kochens.

Mal sehen, was noch alles aus dem Kochlabor kommt. In Arbeit sind diverse Fische, frei von Schwermetall und Mikroplastik. C16 Biosciences arbeitet an Ölpalmen-freiem Palmöl, während MeliBio synthetische Mikroorganismen herstellt, die in der Honigproduktion tätig sind. Perfect Day stellt die Milchbestandteile Casein und Molke tierfrei her und verfeinert damit pflanzenbasierte Milch. BIOMILQ geht noch einen Schritt weiter und bietet an, einer werdenden Mutter Brustzellen samt Milchdrüsen zu entnehmen, um diese im Labor weiter zu expandieren und personalisierte Muttermilch herzustellen. Nun, jedem das Seine.

Kapitel 8
Energie

»Ich würde mein Geld auf die Sonne und Sonnenenergie setzen. Was für eine Energiequelle! Ich hoffe, wir müssen nicht darauf warten, dass Öl und Kohle ausgehen, bevor wir uns daranmachen.«
Thomas Edison

Der Energiebedarf der Menschheit nimmt rasant zu. Vor 5000 Jahren benötigte ein Mensch ein paar Tausend Kalorien (oder ein paar Wattstunden Wh) am Tag, überwiegend für Nahrung und Feuer.[21] Nach der industriellen Revolution um 1875 lag der Bedarf bereits um rund das Tausendfache höher bei etwa 17 Kilowattstunden (kWh), und 100 Jahre später brauchte ein Mensch bereits sagenhafte 50 kWh. Weitere 40 Jahre und eine halbe digitale Revolution später sind wir schon bei über 56 kWh.[22]

Das macht 21 Megawattstunden Energiebedarf pro Kopf und Jahr, jeder von uns bräuchte dafür rund 100 Fahrradfahrer, die sich rund um die Uhr abstrampeln.[23] Allein 2018 stieg der globale Bedarf um 2,3 Prozent, wobei China, USA und Indien für fast 70 Prozent davon verantwortlich sind.[24] Ursache ist nicht nur die wachsende Anzahl der Menschen, die Zugang zu Energie haben und diesen auch nutzen wollen. Dazu kommt die schnell voranschreitende Digitalisierung. Datenzentren fressen laut International Energy Agency (IEA) weltweit rund 200 Terawattstunden (TWh), die Datennetze benötigen fast noch mal so viel.[25] Bisher stellten fossile Brennstoffe rund 80 Prozent des globalen Energiebedarfs her.[26] Doch ebendiese Brennstoffe verursachten 78 Prozent des Zuwachses an Treibhausgasemissionen zwischen 1970 und 2011.[27] Sie werden – sie müssen – bald Vergangenheit sein und durch kurzfristig erneuerbare Energien ersetzt werden.

Energie ist grundsätzlich mehr als genug vorhanden, doch lässt sie sich nicht ohne Weiteres ernten und von der einen Form in die andere übertragen. Ich als Nicht-Pflanze kann zum Beispiel kein Sonnenlicht direkt verwerten und in die zelluläre Energiewährung ATP umwandeln, ich brauche dazu Gewächs, bevor ich davon leben kann. Fotovoltaik (FV)-Kollektoren können nur einen Teil der Energie des Sonnenlichts einfangen und in Elektrizität umwandeln. Die potenzielle Energie eines Stausees lässt sich über ein mechanisches Wasserkraftwerk nicht ohne Umweg über Elektrizität oder Wärme in chemische Energie umsetzen. Man muss also wissen, welche Form von Energie man am Ende braucht, bevor man entscheidet, welches Kraftwerk man baut und wo, denn bei jedem Umwandlungsschritt geht Energie an die Umgebung verloren. Der Wirkungsgrad, mit dem die Energie umgewandelt wird, ist eine wichtige Kenngröße, um Energiequellen zu bewerten. Während Wasserkraft mit 80 bis 90 Prozent Effizienz in der Topliga spielt, finden sich Wind- und Solarkraftwerke mit maximal 50 bzw. 40 Prozent zusammen mit Erdgaskraftwerken gerade mal im Mittelfeld wieder. Unsere Muskeln nutzen lediglich bis zu 30 Prozent der zugeführten Energie, und Fotosynthese zeigt eine lausige Effizienz von ein paar Prozent.

Ein Glühwürmchen rockt dagegen, es verwandelt chemische Energie in Licht mit satten 95 Prozent Effizienz. Ein Glühwürmchenkraftwerk ist aber auch keine Lösung, denn das Licht müssten wir ja erst einmal wieder in brauchbare Wärme, Elektrizität oder mechanische Kraft umwandeln.

2018 lieferten erneuerbare Energiequellen 18 Prozent unserer Energie, wobei 6,9 Prozent davon auf sogenannte traditionelle Biomasse in Entwicklungsländern entfielen, sprich Feuer- und Heizmaterial.[28] Das ist also nichts, was uns global weiterhilft. Der Rest besteht aus Wasserkraft (3,6 Prozent), Solarenergie, Windkraft, Biomasse und Biodiesel sowie Meereskraft (zusammen 7,4 Prozent).[29] So wichtig diese etablierten Technologien für die Energiewende sind, so unperfekt sind sie. Wasserkraftwerke verursachen ökologische und auch kulturelle Probleme, FV hat einen schlechten Wirkungsgrad, und Windräder verärgern die Anwohner. Wir brauchen nimmermüde grüne Energien, die uns nicht ausgehen und möglichst wenig Treibhausgase je kWh produzieren. Weiterhin sollen sie effizient sein und eine hohe Energiedichte haben, also möglichst viel Watt je Quadratmeter (W/m^2) liefern, außerdem erschwinglich und verlässlich sein, möglichst rund um die Uhr und dezentral nutzbar, also nicht nur in großen Kraftwerken, sondern auch im Dorf, im Garten, am Haus. Das ist ein langer Anforderungskatalog.

Auf der Website zum Buch gibt eine Tabelle einen Überblick über den Status quo zukunftsträchtiger Energiequellen. Hier wollen wir den Fokus auf neue Entwicklungen legen.

Unzuverlässige Champions: Fluktuierende Energielieferanten

Windkraft ist grün, wird nicht ausgehen und hat einen phänomenal niedrigen Platzbedarf. Dafür kämpft sie mit fluktuierender Versorgung, Speicherproblemen, erheblichen Bürgerprotesten und Bürokratie. Daher geht der Trend zu Offshore-Windparks, die niemandem im Vorgarten stehen, konstantere Winde nutzen können und am besten direkt an Wasserstoffproduktion gekoppelt werden sollen, um die Energie besser transportierbar zu machen. Noch ist Offshore-Windenergie allerdings deutlich teurer.

Dänemark kündigte 2020 an, zwei Energieinseln aufzubauen, die über Offshore-Windparks fünf Gigawatt (GW) Leistung liefern sollen, genug, um fünf Millionen Haushalte zu versorgen. Die Inseln stellen einen Meilenstein in Dänemarks Strategie zur Klimaneutralität dar. Auch Deutschland plant einen deutlichen Ausbau in der Nordsee, etwa im Rahmen des AquaVentus-Projekts auf Helgoland.

Offshore-Windparks könnten noch weitere Vorteile haben. Ein Team der Stanford University und der University of Delaware testete in einem Computermodell, ob sich durch großflächige Offshore-Windparks einem küstennahen Hurrikan der Saft entziehen ließe, ohne dass die Turbinen selbst Schaden nähmen. Laut ihrem Modell ließe sich die Windgeschwindigkeit in Bodennähe um 56 bis 92 Meilen pro Stunde senken.[30] Im Fall des Hurrikans Katrina hätte es jedoch 78.000 Windturbinen gebraucht, um den Schaden von New Orleans weitgehend abzuwenden, die muss man erst mal ins Meer stellen. Doch Autor Marc Jacobson bringt einen guten Punkt: Ebenjene Kosten für den Windpark würden durch die gewonnene Elektrizität wieder reingeholt. Bei Dämmen und Deichen ist das nicht so.

Windenergie könnte man auch ein paar Hundert Meter über der Erde, wo die Winde beständiger wehen, ernten, zum Beispiel mit einem Drachen. Über Propeller und Generatoren kann die Energie über die Halteleine des Drachens abgeleitet werden, so macht das etwa die Google-Schwesterfirma Makani. Oder aber die Zugkraft des Drachen selbst wird genutzt, ein Ansatz, der bei Firmen wie SkySails zur Anwendung kommt. Die *Airborne Wind Energy Systems* (AWES) könnten die Windenergie von dem ewigen Vorwurf der Unzuverlässigkeit befreien. Außerdem besticht das Konzept durch einen deutlich geringeren Materialverbrauch und damit CO_2-Fußabdruck, geringere Kosten, eine höhere Flexibilität und Skalierbarkeit. Zudem könnte man etwa verschiedene Systeme wie AWES mit Batterien kombinieren und die Drachen über Stromtankstellen installieren, die diese kontinuierlich wieder aufladen. Dutzende Start-ups und Energiekonzerne arbeiten an dieser Technologie, und allein die EU fördert die Forschung im Rahmen von *Horizon 2020* mit mehreren Millionen.

Die Solarenergie hat eine erstaunliche Entwicklung hinter sich, gerade bei FV. Solarzellen werden immer ausgeklügelter, effizienter, vielfältiger im Einsatz und nicht zuletzt günstiger. IRENA erwartet, dass die Preise bis 2050 auf 0,014 bis 0,05 US-Dollar/kWh fallen.[31] Von der Sonne erreicht uns in nur einer Stunde eine Energie von unglaublichen 120.000 TWh[32] – und das noch locker neun Milliarden Jahre. Im Jahr 2018 lieferte die Sonne damit in drei Minuten genug Energie auf der Erde ab, um den globalen Bedarf des ganzen Jahres zu decken. Finden wir effiziente Systeme, nicht nur für die Ernte von Sonnenenergie, sondern auch für die Verteilung und Speicherung von Wärme und Elektrizität, könnten wir unseren gesamten Energiebedarf durch unser Zentralgestirn decken.

Solarzellen sind eine wunderbar dezentral einsetzbare Technologie. Sie heizen Eigenheime in Deutschland, beleuchten abgelegene Hütten in Myanmar und versorgen die International Space Station vor Ort mit Energie. Derzeit stellen sie 85 Prozent von allen *Off-grid*-Systemen, wobei Solarlaternen und -Lichter ein Drittel davon ausmachen.[33] Sie sind nahe beim Nutzer, verlässlich und häufig als *Mini-Grid* die ökonomischste Lösung für einzelne Haushalte oder ganze Dörfer.[34]

Durch die komplexere Herstellung ist FV nicht ganz so grün wie Wind- und Wasserkraft. Dennoch konnten 2018 in Deutschland mit FV immerhin Emissionen von 28 Millionen Tonnen CO_2-Äquivalent vermieden werden, beinahe halb so viel CO_2, wie jährlich von deutschen Wäldern absorbiert wird.[35, 36] Größere Probleme liegen in der Ressourcenknappheit und der Toxizität einiger Bestandteile. Mit Gallium, Arsen, Indium und Tellur gehören gleich vier essenzielle und teils hochgiftige Bausteine zu den neun Elementen, die vermutlich bereits dieses Jahrhundert knapp werden. Bis 2050 wird die jährliche Menge an FV-Müll auf 60 bis 78 Millionen Tonnen geschätzt.[37] Ein effizientes Recycling wird wichtiger denn je, doch dieses zu entwickeln erfordert hohe Investitionen.

Blick in die Zukunft: Wir haben es geschafft, unseren Energiehunger vollständig mit erneuerbaren Energien zu stillen, und FV spielt eine der Hauptrollen. Doch man sieht sie kaum noch. Wir gehen durch die Stadt und bestaunen die energieeffizienten und autarken Gebäude. Jedes einzelne trägt Solarschindeln auf dem Dach, bunte und auch vollkommen transparente Fenster fangen die Energie des Sonnenlichtes auf und nutzen sie für Heizung und Kühlung, Kristalle leiten die Strahlen in das Innere von Wohnungen und Büros, in denen der Schreibtisch die Fotonen in Strom umwandelt und den Computer am Laufen hält. E-Autos, die einen guten Teil ihres »Sprits« über integrierte Solarzellen selbst herstellen, summen an uns vorbei. Das Handy lädt sich kontaktlos über den Gehweg, der mit Mini-Solarzellen gepflastert ist, auf, die in der Nacht leuchten und im Winter die Wege eisfrei halten. Im Hafenbecken schwimmt eine der wenigen sichtbaren FV-Anlagen, aber da stört sie auch nicht sonderlich. Bei Dunkelheit sorgen »Nacht-FV-Zellen« für Strom, und was wir an Energie nicht auf der Erde generieren können, holen wir näher an der Sonne ab: Mehrere Solarkraftwerke kreisen durch den Orbit und senden die geerntete Energie via Mikrowellen oder Laser auf den Planeten, ob Tag oder Nacht, blauer Himmel oder Regen. Klingt fantastisch, unvorstellbar?

Ist es nicht, viele der Technologien haben wir bereits, von anderen sind wir nicht weit weg: Solardachziegel und -fenster gibt es bereits. Michael Grätzel gewann mit seinen Grätzel-Zellen, die sich die fotosynthetische Aktivität von organischen Farbstoffen, zum Beispiel Chlorophyll aus grünen Pflanzen oder Anthocyane aus Brombeeren oder Hibiskusblüten, zunutze machen, 2010 den *Millenium Technology Prize*, einen der renommiertesten Technologiepreise überhaupt. Der erste Gewinner hieß 2004 Tim Berners-Lee, er erfand World Wide Web. Grätzels Heimatcampus, die École Polytechnique Fédérale de Lausanne (EPFL), verbaute die Module in verschiedenen Farben über eine Fläche von 300 Quadratmetern in der Glasfassade eines neuen Gebäudes.[38] Die niederländische Designerin Marjan van Aubel gestaltete den »Current Table«, dessen orangefarbene Platte ebenfalls aus

Grätzel-Zellen besteht und über einen USB-Port innerhalb von einer Stunde ein Smartphone aufladen kann.[39]

Toyotas Hybridauto Prius kann seit 2017 mit Solarzellen auf dem Dach bestellt werden, und kabelloses Laden von Smartphones funktioniert bereits über Induktion, aber noch ist direkter Kontakt zwischen Gerät und Ladepad notwendig, und der Wirkungsgrad ist mau. 2014 eröffnete ein 72 Meter langer FV-gepflasterter Fahrradweg in den Niederlanden, und China baute 2017 in der Millionenstadt Jinan zwei Kilometer Solar-Highway – von dem allerdings ein Teil kurz darauf gestohlen wurde. Weitere Probleme sind die realistisch nicht zu finanzierenden Kosten (die Kosten für eine Ausstattung aller Straßen in den USA werden auf 56 Billionen US-Dollar geschätzt), die Effizienz (die niederländische SolaRoad generiert 70 kWh pro Quadratmeter und Jahr, damit kommt man in einem Tesla gerade einmal 480 Kilometer weit) und die Haltbarkeit unter der enormen Belastung der Fahrzeuge.[40]

Die schwimmenden FV-Anlagen sind dagegen längst profitabel, nutzen dabei die automatische Kühlung der Module und erhöhen damit die Energieernte. Gerade bei Stauseen mit angeschlossenem Wasserkraftwerk kann man beide Systeme verbinden und dadurch die Infrastrukturkosten senken wie auch Produktionsschwankungen gegenseitig puffern. Die schwimmenden Anlagen verringern weiterhin die Verdunstung und übermäßigen Algenwuchs, was vor allem für Trinkwasserreservoirs interessant ist. Ende 2018 stand eine globale Kapazität von 1,3 GW bereit.[41]

Nacht-FV existieren dagegen erst theoretisch, aber die Idee dahinter ist grandios. Vereinfacht gesehen nutzt eine normale FV-Zelle das Energiegefälle zwischen der heißen Sonne und der kühleren Erde. Die Zellen für die Nacht drehen dieses Gefälle um, sie werden über den Tag aufgeheizt und strahlen in der Nacht die Wärme Richtung kühlerem Weltraum ab. Dieses Energiegefälle kann man theoretisch in sogenannten thermoradiativen Zellen nutzen, wie Forscher herausfanden.[42]

Außer FV gibt es noch eine weitere Möglichkeit, die Sonnenenergie zu nutzen, nämlich die entstehende Wärme. Heute stellen Sonnenwärmekraftwerke (CSP: *Concentrated Solar Power*) mit 5,5 GW lediglich 0,2 Prozent der erneuerbaren Energie, nur Meereskraftwerke liefern weniger, doch der potenzielle Nutzen ist längst noch nicht ausgeschöpft.

Heutige CSP beruhen allesamt auf dem Prinzip, die Strahlen über Kollektoren zu bündeln und auf einen Absorber, meist ein Turm in der Mitte des Kollektorenfeldes, zu konzentrieren. Dieser Absorber nimmt die Wärme der Strahlung auf und nutzt sie, um entweder über einen Generator Strom zu erzeugen, die Wärme direkt für industrielle Prozesse, für Heizungen und sogar Kühlung zu nutzen oder auch – gerade bei Überschuss in der Mittagszeit – zu speichern. Die Speicherung erfolgt direkt, indem eine Speicherflüssigkeit aufgeheizt wird, oder indirekt, indem sie chemische Verbindungen von niedrigem Energielevel in energiereiche überführt. Ein großer Vorteil, zumal unsere Sonne bekanntlich feste Betriebszeiten auf Erden hat. Durch die einfache und effiziente Speicherung der Sonnenwärme lässt sich ohne große Verluste ein Überschuss an Sonnenlicht zwischenspeichern und in der Dunkelzeit in Elektrizität wandeln und ins Netz speisen. Die Effizienz der Umsetzung von Sonnenlicht zu Wärme und schließlich zu Elektrizität erreicht heute schon Spitzenwerte von über 30 Prozent.[43]

Sonnenwärme ist zudem eine der grünsten Energietechnologien. Eine Roadmap der IEA sieht ein Einsparungspotenzial von bis zu drei Gigatonnen CO_2 durch den weiteren Ausbau von Solarthermie bis 2050, was sieben Prozent zu unserem Ziel beitrüge, bis 2050 die CO_2-Emissionen zu halbieren.[44]

Auf der Liste der Nachteile stehen die hohen Kosten und die eingeschränkte geografische Verfügbarkeit, da die Kollektoren direkte Einstrahlung benötigen, also in Äquatornähe stehen sollten und dort am besten noch in Wüsten, da Wolken und Wasserdampf die Strahlungsintensität zusätzlich stark beeinflussen.[45] Nun haben Wüstenregionen in der Regel nicht den höchsten Energiebedarf, eine Schwierigkeit besteht also darin, die Energie von der Wüste in die großen Städte zu bringen. Noch dazu sind diese Kraftwerke durstig, sehr sogar. Wie andere Wärmekraftwerke auch verbraucht die Solarthermie gehörige Mengen an Kühlwasser und noch ein wenig mehr, um die Sonnenkollektoren sauber zu halten. Das ist grundsätzlich schon problematisch, mehr aber noch in Wüstenregionen. Soll dann noch die Wasserstoffherstellung dazukommen, wird es schwierig sein, den Wasserbedarf zu decken, sofern das Kraftwerk nicht in Meeresnähe liegt.

Ein innovatives Konzept ist die Kombination von Sonnenwärme mit Fotovoltaik, eine Hybridtechnologie, die gerade in den USA stark vorangetrieben wird.[46] Die Idee ist, dass man die Vorteile aus beiden Technologien vereinen und die Effizienz und den Nutzen so maximieren kann. FV-Zellen können nur Sonnenlicht bestimmter Wellenlänge optimal nutzen, während Solarthermie ein breiteres Spektrum abgreifen und die Energie auch speichern kann. Dafür ist die Effizienz bei FV deutlich besser und die Energiekosten (noch) erheblich geringer, nämlich etwa halb so hoch. Wie bringt man nun das Beste aus beiden Welten zusammen? Eigentlich ganz einfach: Man verbaut FV-Zellen in den Spiegeln von Sonnenwärmekraftwerken. Die Wellenlängen des Lichts, die von Fotovoltaik genutzt werden können, werden von den Zellen abgezapft und der Rest des Lichts auf die herkömmliche Weise in Sonnenwärme umgewandelt und genutzt. Dabei lässt sich auch der Energiebedarf flexibel bedienen und überschüssige Energie durch Wärme zwischenlagern.

Die Wärme kann auch genutzt werden, um in einer Art Treibhaus Aufwinde zu generieren, deren Energie dann abgegriffen wird. Eine abgefahrene Idee für Thermikkraftwerke ist, die Luft im Zentrum eines Treibhauses in einen Wirbel zu versetzen, der sich ähnlich einem Tornadorüssel von selbst nach oben zieht. In Experimenten wurden immerhin schon Minitornados von 20 Meter Höhe produziert.[47] Doch noch ist unklar, wie sich der künstliche Tornado im Umgebungswind verhalten wird und ob die Wirtschaftlichkeit überhaupt gegeben ist. Dabei gibt es ein paar interessante Ideen für Mehrfachnutzung, etwa kombiniert mit Landwirtschaft. Das könnte sogar trockenes Land nutzbar machen, denn die Erhitzung des Bodens fördert Wasser aus tieferen Schichten zutage, hält verdunstetes Wasser zurück und weitgehend im Zyklus innerhalb des Treibhauses.[48] Allerdings müssten die Pflanzen schon ausgesprochen hitzeresistent sein, ansonsten bleibt höchstens Dörrobst übrig.

Warum kopieren wir eigentlich nicht die Urform der Umwandlung von Sonnenenergie, die Grundlage allen Lebens auf der Erde – die Fotosynthese? Da gibt es in der Tat einige Bemühungen, doch das pflanzliche Energieerntesystem ist alles andere als trivial. Die Grundformel klingt simpel, CO_2 und Wasser werden zu Zucker und Sauerstoff umgewandelt, doch daran beteiligt sind jede Menge Enzyme, die in einer langen Reaktionskette über Membranen und in verschiedenen Zellbereichen den Kohlenstoff erst fixieren und dann Stück für Stück in Zucker umbauen. Dieses System künstlich nachzubauen ist hochkomplex. 2020 machten sich Forscher ein mikrofluidisches System zunutze, um die Kraftwerke der Zellen synthetisch nachzubauen und die Reaktionskette zu vereinfachen.[49] Noch funktioniert das Ganze nur im Mikrobereich, und auch an der Effizienz muss noch geschraubt werden. Doch die Hoffnung ist, dass man mit solchen künstlichen Fotosynthesesystemen nicht nur Sonnenenergie ernten, sondern gleichzeitig CO_2 aus der Atmosphäre binden kann. Die Energieernte könnte zudem direkt an weitere chemische Reaktionen gekoppelt werden und auf diese Weise synthetische Medikamente oder Biokraftstoffe herstellen. Und nicht zuletzt ließe sich damit eine tatsächlich künstliche Zelle, wahrhaftig künstliches Leben kreieren. Doch darauf werden wir noch ein paar Jahre warten müssen.

Bei Wasserkraft findet man derzeit nicht so viel Innovation. Eine Zeit lang wurde ein großes Potenzial in der Nutzung von Gezeiten- oder Wellenkraft gesehen, doch mittlerweile haben sich die großen Spieler aus dem Geschäft zurückgezogen. Zu aufwendig, zu teuer. Und so liefern die wenigen kommerziellen Ozeankraftwerke nur 0,5 GW an Kapazität – gerade einmal 0,02 Prozent der gesamten erneuerbaren Energien.

Anders die Atomkraft. Traditionell ein wenig innovatives Feld, deren Nutzung sich in ihrem Grundkonzept seit ihrer Erfindung Mitte des 20. Jahrhunderts kaum geändert hat, wird die Kernspaltung seit Kurzem wieder heiß diskutiert. Dabei galt sie in vielen westlichen Ländern seit der Katastrophe von Fukushima als erledigt. Und keine Frage, Atomkraft kommt mit schwerem Gepäck. Die Kernschmelzen von Three Mile Island (1979), Tschernobyl (1986) und Fukushima (2011) haben sich ins kollektive Gedächtnis gebrannt. Abgesehen von den Todesopfern führen Kernschmelzen zu immensen Kollateralschäden. Infolge von Fukushima mussten rund 165.000 Menschen umsiedeln,[50] die Kosten für die Dekontamination werden auf eine halbe Billion US-Dollar geschätzt.[51] Und auch ohne Super-GAU ist Kernspaltung problematisch. Das spaltbare Material Uran wird zum größten Teil in indigenen Gebieten abgebaut, deren Gemeinschaften kaum oder gar nicht eingebunden werden, wenig vom Uranabbau profitieren und häufig mit den ökologischen Folgen alleingelassen werden. Die Entsorgung des radioaktiven Mülls führt zu hitzigen Kontroversen und ist nach wie vor ungelöst.

Zur Wahrheit gehört aber auch, dass die Kernspaltung unterm Strich zusammen mit den erneuerbaren Energien mit weitem Abstand zu den saubersten und sichersten Energiegewinnungstechnologien gehört. Kohle zeichnet statistisch für 24,6 Todesfälle je TWh Energieproduktion verantwortlich, Gas immerhin noch für 2,8, Kernenergie dagegen lediglich für 0,07.[52] Ähnlich das Bild bei CO_2-Emissionen je GWh: Kohle kommt auf satte 820 Tonnen, Gas auf 490 – Kernenergie auf drei. Forscher kamen zum Schluss, dass infolge der Atomreaktorabschaltungen in Deutschland nach Fukushima und des dadurch notwendigen Anstiegs der Kohleverstromung 36 Millionen Tonnen mehr CO_2 emittiert werden. Das ist eine Erhöhung um fünf Prozent und bedeutet geschätzt 1100 zusätzliche Todesfälle durch Atemwegs- und kardiovaskuläre Erkrankungen.[53] Wie so häufig scheinen wir bei Atomkraft die Risiken massiv zu überschätzen, während wir das leise Töten der fossilen Brennstoffe verkennen und die ökologischen Auswirkungen herunterspielen.

Was aber, wenn wir Atomreaktoren hätten, die noch sicherer wären? Nicht nur Start-ups, auch große Konzerne, Regierungen und Investoren wie Bill Gates sind überzeugt, dass wir um Atomkraft nicht herumkommen, um unsere Klimaziele bis Mitte des Jahrhunderts zu erreichen. Die einen, wie etwa die Firma NuScale, setzen auf kleine modulare Reaktoren, die dezentral eingesetzt werden können, durch Serienherstellung kostengünstiger sind und ein massiv geringeres Sicherheitsrisiko darstellen. Die 19,8 mal 2,7 Meter kleinen Reaktoren von NuScale liefern erstaunliche 60 MW Leistung, sind einfach zu kühlen und reduzieren die Kernschmelzgefahr allein durch ihre geringe Größe. NuScale testete verschiedene Notfallsituationen extensiv in Simulationen, keine führte zu einer Kernschmelze. Nun ist es an den Behörden, das Konzept abzusegnen oder nicht.

Firmen wie BWXT und X-energy wollen die Brennstäbe ganz loswerden und experimentieren mit einem neuen Kraftstoff namens Triso. Dabei werden Millionen von Urankörnchen, nicht größer als ein Millimeter, einzeln in mehrere Schichten Grafit und Keramik gehüllt, was eine Kernschmelze praktisch ausschließt. Andere wie Oklo arbeiten mit neuen Kühlsystemen, die eine höhere Sicherheit bieten, etwa geschmolzenes Salz oder flüssiges Metall. Sie entwickeln noch kleinere Mikroreaktormodule mit einer Leistung von 1,5 MW, die sich geschmeidig in Landschaften und sogar Städte einfügen sollen. Zudem wird Oklos Reaktor Aurora mit recyceltem Brennstoff laufen, er kann abgereichertes Uran, welches für konventionelle Reaktoren nicht mehr nutzbar ist, wiederverwerten. Auch TerraPower, eine von Bill Gates gepushte Firma, verfolgt ein spannendes Konzept zur Nutzung von Uranabfall. Dort wird an einem sogenannten *Traveling Wave Reactor* (TWR) gearbeitet, der nach einer anfänglichen Reaktion mit einer kleinen Menge angereichertem Uran sein Spaltmaterial auf Basis von abgereichertem Uran selbst erbrütet. Belädt man den Reaktor beim Bau mit ausreichend Uranabfall, kann er bis zu 60 Jahre ohne weitere Zufuhr vor sich hin brüten und Energie erzeugen. Übrig bleibt am Ende lediglich ein Fünftel der Abfallmenge, die ein herkömmlicher Reaktor ausspuckt.[54] Der Vorgang reduziert zudem den Bedarf an neu abgebautem Uran und den Anreicherungsprozess. Eine höhere erwartete Effizienz und geringere Kosten lassen das Konzept noch attraktiver erscheinen. Das Problem ist: Bisher ist es eben nur ein Konzept, ein TWR wurde noch nie gebaut. Doch TerraPower erwartet trotz einiger technischer Herausforderungen die Kommerzialisierung seines TWR bis Mitte dieses Jahrzehnts.

All diese innovativen Ansätze klingen vielversprechend, und womöglich bieten sie der Atomkraft eine neue Chance, indem sie die Sicherheit erhöhen, den radioaktiven Abfall reduzieren und durch ihre Modularität einen flexiblen und dezentralen Einsatz ermöglichen. Aber es bleiben grundlegende Probleme der gesellschaftlichen Akzeptanz und auch der Kosten. Zwar lassen sich durch den Wegfall zusätzlicher Sicherheitsmaßnahmen, die Skalierbarkeit von modularen Reaktoren und die Wiederverwertung von Atommüll die Kosten deutlich senken.

Dennoch wird erwartet, dass die Atomstromkosten langfristig nicht mit den rapide sinkenden Kosten von Sonnen- und Windkraft mithalten können. All diese Ansätze sind noch in der Entwicklung, bis zu ihrer breitflächigen Nutzung können noch zehn Jahre und mehr vergehen. Bis dahin werden sie womöglich schlicht und einfach nicht mehr gebraucht, da sich erneuerbare Energien und effiziente Speichersysteme bereits etabliert haben.

Ähnliches gilt für den heiligen Gral der Energiegewinnung, der seit Jahrzehnten wie eine Fata Morgana vor uns schwebt und doch immer noch unerreichbar bleibt: die Kernfusion. Die Verschmelzung von Wasserstoffatomen unter Freisetzung von Helium und enormer Energiemengen ist die ultimative Sonnenenergienutzung, wir würden damit quasi die Sonne auf die Erde holen. Das Versprechen ist grandios: schier endlose Energieversorgung ohne CO_2-Ausstoß (abgesehen von Infrastruktur), keine langlebigen radioaktiven Abfälle und keine vergleichbare Gefahr einer Kernschmelze wie bei Kernspaltungsreaktoren. Doch die technischen und wirtschaftlichen Herausforderungen sind nicht minder gewaltig.

Das größte Problem ist die Energie, die man erst einmal reinstecken muss, um die Reaktion zu starten. Um Atome dazu zu bringen, miteinander zu verschmelzen, muss man sie erst einmal so weit aufheizen, dass sie in den Zustand eines Plasmas übergehen. Dazu sind Temperaturen um 100 Millionen Grad Celsius nötig, bei denen man das Plasma einerseits stabil halten und andererseits verhindern muss, dass es den Reaktor schmilzt. Das geht zum Beispiel mit einem sehr starken Magnetfeld, doch dieses braucht weitere Energie für Herstellung und Kühlung. Kein Wunder also, dass Forscher seit Mitte des letzten Jahrhunderts an einem Fusionsreaktor tüfteln, der tatsächlich funktioniert und mehr Energie liefert, als er verbraucht.

Doch nun scheint eine neue Phase zu beginnen. In Großbritannien starteten 2020 erste Experimente im *Joint-European-Torus* (JET)-Reaktor, um das Gemisch aus den Wasserstoff-Isotopen Deuterium und Tritium zu testen, das schließlich den größten Testreaktor ITER (lat. *der Weg*) in Frankreich befeuern soll.[55] ITER ist eine sensationelle internationale Zusammenarbeit von China über die EU bis zu den USA, verschlang bisher rund 22 Mrd. US-Dollar und wird gemeinhin als das vielversprechendste Fusionsprojekt gesehen. Doch sowohl das doughnutförmige Tokamak-Design der bis zu 24 Meter im Durchmesser messenden Magnetspulen wie auch das Deuterium-Tritium-Gemisch stellen noch Probleme dar – der Doughnut wegen der Kühlung und der Brennstoff wegen der Generation von ziemlich schnellen, ziemlich aggressiven Neutronen bei der Fusion der Atomkerne. Diese Neutronen tragen einerseits einen Großteil der Energie, die man ernten will, sind allerdings schwierig einzufangen und führen außerdem bei Einschlag in das Material des Reaktors dazu, dass dieses radioaktiv wird. Damit hat man letzten Endes wieder radioaktiven Müll, der, wenn er auch nicht so langlebig strahlt wie bei einem Kernspaltungsreaktor, dennoch entsorgt werden will. Eine Handvoll Start-ups versucht nun, genau an diesen Schwachstellen anzusetzen. Es tut sich also etwas in der Kernfusion, und die Möglichkeit besteht, dass wir eines Tages einen Teil unseres Energiebedarfs damit decken können, die Frage ist nur: wann. Die Antwort: nicht so bald. Bis dahin müssen wir uns noch anderes einfallen lassen.

Aus kosmischer Sicht gäbe es freilich noch ganz andere Möglichkeiten, Energie zu gewinnen. Man könnte sich zum Beispiel sein eigenes kleines schwarzes Loch im Garten halten, das man regelmäßig mit Hausmüll füttert. Schwarze Löcher fressen zwar alles in sich hinein, doch sie geben auch etwas wieder, nämlich Hitzestrahlung. Das Problem ist nur, wo finde ich ein schwarzes Loch angemessener Größe? Und wenn ich es habe, wie stelle ich sicher, dass es nicht meinen ganzen Garten auffrisst und zu guter Letzt den Planeten?

Das (noch) fehlende Glied in der Kette: Energiespeicherung und -träger

Wenn wir uns jetzt all unsere Optionen an Energiequellen anschauen, dann sieht es ganz so aus, als würden Wind und Sonne das Rennen machen. Wenn das Speicherproblem nicht wäre. Beide lassen sich eben nicht nach Belieben anschalten, die Stromproduktion aus diesen nachhaltigen Quellen unterliegt daher heftigen Schwankungen. Zudem ist Strom nicht in jedem Fall der perfekte Energieträger, Industrien wie Stahl und Zement benötigen hohe Temperaturen für ihre Produktion, die sich nur durch die Verbrennung von Kraftstoffen erreichen lassen. Um die nachhaltigen Energien breitflächig und verlässlich einsetzen zu können, brauchen wir effiziente Energiespeichersysteme. Die Anforderungen sind dabei hoch: die Systeme sollten flexibel sein und mit geringen Verlusten arbeiten, idealerweise sind sie dezentral einsetzbar oder mobil und haben einen geringen ökologischen Fußabdruck bei geringer Komplexität.

Das bisherige Mittel der Wahl, um ein Überangebot an Strom aus dem Netz zu speichern und bei Bedarf wieder abzugeben, sind Pumpspeicherkraftwerke: Wasserwerke, die unter Einsatz von Elektrizität das Wasser auch wieder bergauf pumpen und die Energie der Elektrizität somit durch den Höhenunterschied flexibel speichern können – oder zumindest einen Teil davon, denn durch die Pumperei entsteht ein erheblicher Verlust an Energie. Ein paar Start-ups arbeiten daran, die Schwächen dieses Systems zu verbessern, während sie das Grundprinzip weiter nutzen. Zum Beispiel RheEnergise: Sie setzen auf kleinere Anlagen, die auch auf niedrigeren Hügeln und Bergen gebaut werden können, und nutzen statt Wasser eine Flüssigkeit, die zweieinhalbmal dichter ist, was die Effizienz erhöht. Diese kleinen Systeme ließen sich deutlich schneller als riesige Staudämme bauen, auch in direkter Nähe zu dezentralen Solar- oder Windfarmen. Sie hätten einen weit geringeren ökologischen Fußabdruck, man könnte sie sogar ganz unter die Erde verlegen, etwa in alte Minen. Energy Vault verkleinern das System noch weiter und nutzen die Elektrizität, um Ziegelsteine per Kran auf einen Turm zu hieven. Die Investitionskosten sind minimal, die Ziegel können vor Ort aus den verschiedensten vorhandenen Materialien gefertigt werden, und so steht das System innerhalb weniger Monate und ermöglicht eine flexible und saubere Speicherung von ebenfalls sauberem Strom.

Während Speicherkraftwerke große Energiemengen fassen können und ihren Einsatz vor der Stromverteilung an die Endkunden finden, sind Batterien das wichtigste Speichermedium im kleinen Format und direkt bei den Verbrauchern. Von vielen Experten und Organisationen, zum Beispiel dem *World Economic Forum* (WEF), werden Batterien als Schlüsseltechnologie auf dem Weg zur Energiewende gesehen.[56] Die Technologie hat in den letzten zehn Jahren einen riesigen Sprung gemacht, vor allem der derzeitige Goldstandard der Lithium-(Li-)Ionen-Batterien. Früher brachten sie gerade mal einen MP3-Player durch den Tag, heute treiben sie ein Elektroauto mehrere Hundert Kilometer an. Batterien können sowohl im größeren wie auch im kleineren Maßstab sehr flexibel eingesetzt werden. Daher wird viel investiert in die Entwicklung von effizienteren, sichereren und leistungsfähigeren Batterien, doch auch hier ist einiges problematisch: womöglich zu langsam in der Entwicklung, um eine Schlüsselrolle in der drängenden Energiewende zu spielen, und mit teils sehr bedenklichen Nebenwirkungen behaftet.

Batterien sind alles andere als sauber. Der Abbau essenzieller Komponenten wie Lithium, Nickel und Kobalt findet größtenteils an Orten statt, die wenig auf ökologische und menschenrechtliche Standards geben. Zudem stellten trotz des Erfolges von Li-Ionen Bleiakkus 2018 noch rund 72 Prozent aller Akku-Kapazität weltweit.[57] Während das Recycling dieser Batterien in entwickelten Ländern geradezu vorbildlich ist, werden in anderen Regionen bis zu 50 Prozent unter teils katastrophalen Bedingungen wiederverwertet und dabei große Mengen an Blei freigesetzt.[58] Geschätzte 540.000 Todesfälle gingen laut WHO 2016 auf Bleiexposition zurück, rund ein Drittel aller Kinder weltweit sind einer bedenklichen Belastung durch das Schwermetall ausgesetzt.[59,60] Die Produktion von Batterien ist teuer, finanziell sowie auch hinsichtlich der Emissionen, die Lebenszeit ist sehr begrenzt, sie sind schwer, und gerade die für die Elektromobilität so wichtigen Li-Ionen-Akkus neigen dazu, in Flammen aufzugehen und zu explodieren. Das Gesamtpaket der modernen Batterietechnik ist daher mäßig attraktiv.

Die Lösung für einige der Probleme sehen Experten in Feststoffbatterien, die weniger wiegen, kompakter und dabei energiedichter sind sowie schneller zu laden. Vor allem aber sind sie nahezu unbrennbar. Technisch noch nicht ganz ausgereift, setzen doch Konzerne wie Volkswagen große Hoffnungen in sie, wie ihr finanzielles Engagement zeigt. Daimler arbeitet mit IBM zusammen und nutzt die Simulationspower ihrer Quantencomputer und KI für das Design neuer Batterien. Eines dieser Projekte führte zu einer Zusammenarbeit mit Sidus Energy und der Forschung an kobaltfreien Batterien, die angeblich ohne Schwermetalle auskommen und deren Rohstoffe man aus dem Ozean extrahieren kann.[61]

Batterien werden ohne Zweifel eine wichtige Rolle spielen, doch allein können sie den Bedarf an Energiespeicherung und Kraftstoffen nicht decken. Wenn es um den Antrieb von Flugzeugen und Containerschiffen oder den Betrieb von Hochöfen geht, kommen Batterien an ihre Grenzen. Eine mögliche Lösung, in die seit Jahrzehnten große Erwartungen gesetzt werden und die in letzter Zeit einen regelrechten Hype auslöste, ist Wasserstoff (H_2).

H_2 hat ein paar großartige Eigenschaften: Er ist in Form von Wasser reichlich vorhanden, ungiftig und könnte teils bereits existierende Infrastruktur wie Gas-Pipelines nutzen. Bezogen auf die Masse, hat er eine dreifach höhere Energiedichte als Diesel oder Benzin, verbrennt bei hohen Temperaturen und hinterlässt dabei nur Wasser. Und nicht zuletzt ist er unvergleichlich vielseitig, sowohl in der Herstellung aus den verschiedensten Energiequellen als auch in der Anwendung. Er kann verbrannt oder wieder in elektrische Energie umgewandelt werden und als Ausgangsstoff für die Herstellung von synthetischen Kraftstoffen oder für Rohstoffe in der chemischen Industrie dienen.

Doch die Herstellung von H_2 aus Wasser (Elektrolyse) ist sehr energiebedürftig. Eigentlich ein farbloses Gas, gibt es eine bunte Palette an H_2, wobei sich die Farben auf den jeweiligen Herstellungsprozess beziehen. Grauer H_2 entsteht aus der Verbrennung von Erdgas und produziert je Tonne H_2 das Zehnfache an CO_2 (allein 2019 über 800Mt,[62]) ist also keine Option für eine nachhaltige Energiewirtschaft. Auch blauer und türkiser H_2 basiert auf der Spaltung von Erdgas bzw. Methan, allerdings wird das entstehende CO_2 direkt bei der Produktion abgefangen, umgewandelt und nach Möglichkeit sicher gelagert, oder aber es entsteht fester Kohlenstoff, der ebenfalls sicher gelagert werden kann. Bei rotem H_2 wiederum kommt Atomkraft als Energielieferant zum Einsatz und bringt die entsprechenden Probleme mit sich.

Bleibt grüner H_2. Sonne und Wind liefern hier die Energie zur Elektrolyse, was H_2 potenziell zum saubersten Kraftstoff macht. Das Problem: Wir haben viel zu wenig Ökostrom, und die Produktion ist etwa dreimal so teuer wie die von grauem H_2.[63] Doch in den letzten zehn Jahren sind die Kosten bereits um die Hälfte gesunken, und bis 2030 könnte die grüne Variante so günstig sein wie die graue. Spätestens dann bietet er sich als hochinteressante Alternative zu fossilen Brennstoffen in der Mobilität, der chemischen und der Schwerindustrie an. Diverse umfassende Großprojekte laufen bereits an. ThyssenKrupp investiert in Norddeutschland im Rahmen eines Konsortiums in ein Elektrolysewerk, welches durch einen Offshore-Windpark versorgt wird und zunächst H_2 für eine Raffinerie und eine Zementfabrik liefern soll. Das CO_2, das bei der Zementproduktion entsteht, soll schließlich eingefangen werden und durch Reaktion mit H_2 in Methanol und synthetischen Kraftstoff umgewandelt werden, eine runde Sache. Ein paar Hundert Kilometer weiter südlich plant ein weiteres Konsortium die Nutzung alter Gas-Pipelines für H_2. Die Pipelines würden auf diese Weise länger genutzt, der H_2 könnte ohne Ausbau einer neuen Infrastruktur wichtige Industriegebiete erreichen und versorgen und das häufig überlastete Stromnetz entlastet werden. Helgoland wiederum plant den weltweit ersten Offshore-Wasserstoffpark, in dem der erzeugte Strom direkt an den Windturbinen in H_2 umgewandelt wird und der im Jahr 2035 bis zu einer Million Tonnen H_2 liefern soll. Doch es gibt noch einige Herausforderungen. H_2 ist sehr leicht flüchtig, was bei undichten Stellen in den Pipelines zu hohen Verlusten führen kann. Und obwohl er, auf die Masse bezogen, eine hohe Energiedichte hat, verhält es sich, auf das Volumen bezogen, gerade andersherum, weshalb er komprimiert werden muss. Dadurch wird der Kraftstoff allerdings wieder schwerer, ein Problem besonders für die Luftfahrt. Und H_2 ist leicht entflammbar, wie die Katastrophe des Zeppelins Hindenburg 1937 eindrücklich zeigte. Ein sicherer Umgang mit H_2 ist schwierig, weshalb nach Wegen gesucht wird, ihn so zu stabilisieren, dass er einfach gelagert und transportiert werden kann.

Eine Lösung könnten synthetische Kraftstoffe wie Methan und Methanol, Kerosin oder Diesel sein, die aus Wasserstoff und einer Kohlenstoffquelle hergestellt werden. Das wird besonders interessant, wenn diese Quelle CO_2 ist, das aus der Luft gefiltert oder am Entstehungsort abgefangen wird, *Carbon Capture* heißt das. Durch diese Methode entsteht ein geschlossener Kreislauf, indem bei der Verbrennung der synthetischen Kraftstoffe in die Luft freigesetztes CO_2 von dort wieder eingesammelt und als Rohstoff für weiteren Kraftstoff verwendet wird. Derartig produzierte synthetische Kraftstoffe gelten daher als CO_2-neutral. Norsk-e Fuel ist eines der ersten großformatigen Projekte in diesem Bereich, ab 2023 soll es jährlich zehn Millionen Liter Kraftstoff liefern. Der Wermutstropfen ist der hohe Energieverbrauch bei der Herstellung: Ein Liter synthetisches Kerosin benötigt satte 25 kWh.[64]

Kraftstoffe wie synthetisches Kerosin und Ammoniak haben den Vorteil, dass sie eine deutlich höhere Energiedichte haben als H_2 selbst und noch dazu kompatibler mit der existierenden Infrastruktur sind. Das macht sie besonders für die Mobilität interessant. Für die Schifffahrt beispielsweise ist Ammoniak ein spannender Treibstoff. Hergestellt wird er aus H_2 und Luft, wozu allerdings hoher Druck und hohe Temperaturen vonnöten sind. Eine der großen Herausforderungen ist daher die Suche nach kostengünstigen und hocheffizienten Katalysatoren, die diesen Energieaufwand heruntersetzen. Für Flugzeugsprit konnten Forscher der Universität Oxford bereits einen Katalysator identifizieren, der CO_2 direkt fixiert und in ein Kraftstoffgemisch umsetzt, welches in Jetantrieben eingesetzt werden kann.[65] Dann wird Ammoniak interessant, denn zu der hohen Energiedichte lässt er sich auch besser verflüssigen und sicherer lagern als H_2. MAN, Weltmarktführer bei Schiffsdieselmotoren, plant bereits 2024 den ersten Ammoniak-Motor zu lancieren, und sogar das Öl-Imperium Saudi-Arabien interessiert sich für die Technologie und kündigt an, bis Mitte des Jahrzehnts ein Kraftwerk zur Produktion von grünem Ammoniak zu bauen.

Technologisch reif sind die meisten dieser Innovationen noch nicht, viele stehen laut IEA auf dem Level von Prototypen vor der Marktreife, wie etwa mit Ammoniak betriebene Schiffe.[66] Auch teils hohe Kosten stehen einer breitflächigen Anwendung noch im Weg. Dennoch wird erwartet, dass in absehbarer Zeit Skaleneffekte realisierbar sind und die Weiterentwicklung der Technologien die Kosten zusätzlich senkt.

Auch die Biotechnologien können die Entwicklung neuer Kraftstoffe weiterbringen. Wie? Durch synthetische Biologie, also durch modifizierte (Mikro-)Organismen, die genetisch darauf programmiert werden, bestimmte Stoffe herzustellen. Das können Enzyme sein, die bereits genutzte Produktionswege für Bio-Kraftstoffe optimieren, indem sie sie effizienter und energiesparender machen. Oder aber gleich Kraftstoffe wie Alkohole und Lipoide. Durch den Einsatz von biologischen Rohstoffen oder Abfallprodukten wie auch grüner Energie würden diese Kraftstoffe ausgesprochen umweltfreundlich. Die Herausforderungen bestehen darin, die genetischen Modifikationen stabil in den Organismen zu integrieren und die Ausbeute so zu optimieren, dass die entstehenden Produkte die Organismen durch ihre Menge dennoch nicht am Überleben oder am Wachstum hindern. Dies erfordert ein hochpräzises Design der zu integrierenden Gene und ein solides Wissen über den Stoffwechsel der Organismen. Die Entwicklung neuer Hochleistungs-Screenings, Gensynthese- und

Editierungs-Technologien, gekoppelt mit digitalen Tools, lassen auch in diesem Bereich beachtliche Fortschritte erwarten.

Wo stehen wir nun in Sachen Energie? Nicht auf festem Boden, sofern wir die Pariser Klimaziele auch nur ansatzweise ernst nehmen. Grüne Energien machten global 2018 mickrige elf Prozent des gesamten Verbrauchs aus, weitere 2,2 Prozent kamen von der Nuklearenergie.[67] Es gilt, diese Energien auszubauen, aber auch gut zu überlegen, wofür wir die kostbare Energie einsetzen. So schön es klingt, dass von Industrie über Mobilitätsbranche bis zum Baugewerbe alle tönen, nun »grün« zu werden – Fakt ist, dass wir nur einen Bruchteil der benötigten nachhaltigen Energie haben und das auf absehbare Zeit auch so bleiben wird. Wir werden also umsichtig wählen müssen, wo der Einsatz dieser Energien sinnvoll ist und was purer Luxus, den wir uns (noch) nicht leisten können.

Kapitel 9
Konsum- und andere Güter

*»Konsum entwickelt sich zur neuen Religion.
Man muss aber nicht daran glauben.«*
Helmut Glaßl

Das an schlechten Nachrichten wahrlich nicht arme Jahr 2020 wartete mit einer Meldung auf, die einen schockierenden Wendepunkt markiert und doch beinahe unterging in all dem Pandemie-Wahnsinn: Forscher des israelischen Weizmann-Instituts haben berechnet, dass etwa im Jahr 2020 zum ersten Mal alle von Menschen geschaffenen Objekte mehr wiegen als sämtliche trockene Biomasse des Planeten zusammen.[68] Man muss sich das einmal in Ruhe begreiflich machen. Alle Bäume und Algen, Elefanten, Wale, Ameisen und Bakterien, alle Menschen, ja alles Lebende bringt weniger auf die Waage als Straßen, Häuser, Autos, Flugzeuge, Schiffe, Plastikflaschen, Kleidung, Elektronik und all das Zeugs, das wir Tag für Tag produzieren und teils kaum benutzt wieder wegwerfen. Beton allein macht ein Drittel dieser menschengemachten oder anthropogenen Masse aus. Sämtliches Plastik dieser Welt wiegt doppelt so viel wie alle Tiere. Schlimmer noch: Die Entwicklung ist exponentiell. Anfang des 20. Jahrhunderts kam die anthropogene Masse auf lediglich drei Prozent der Biomasse, es brauchte also nur gut 100 Jahre, um von drei auf 100 Prozent zu kommen. Wenn wir so weitermachen wie bisher, verdreifacht sich die Masse der künstlichen Objekte gegenüber der Biomasse innerhalb von weiteren 20 Jahren.

Wir überziehen unseren Lebensraum nicht nur mit einer erstickenden Schicht Künstlichkeit, wir gehen dabei auch erstaunlich achtlos mit all den Rohstoffen um, die wir doch so dringend brauchen. Von den 118 bekannten Elementen könnten neun bereits in 100 Jahren knapp werden, dabei verschwinden sie nicht, sie werden nur immer schwerer erreichbar. Vier davon, Silber, Arsen, Gallium und Indium, werden für jedes Smartphone gebraucht, einem hochkomplexen Gerät, das wir achtlos alle paar Jahre austauschen, auch wenn es noch funktioniert. Einfach, weil es angeboten wird, weil wir es können.

Dass es so nicht weitergeht, sollte jedem klar sein. Wir müssen eine wahre Kreislaufwirtschaft aufbauen, die vollständig wiederverwertet, statt über 90 Prozent wegzuschmeißen und stolz auf eine minimale Recycling-Rate zu sein.[69] Das setzt voraus, dass wir nicht mehr produzieren, was geht, und uns dann fragen, wie wir den Müll wieder loswerden, sondern die Entsorgung und Wiederverwertung von Anfang an mitdenken. Wir brauchen Produkte mit längerer Lebenszeit, eine Abkehr von Fast Fashion und anderen schnell wechselnden Moden, bessere Reparaturmöglichkeiten und neue Materialien, die besser abbaubar, wieder einsetzbar, selbstheilend, energiesparend und noch vieles mehr sind.

Neue Materialien: Die Fusion von Form und Funktion

In den Materialwissenschaften erleben wir gerade eine Revolution. Grundsätzlich befasst sich diese Wissenschaft damit, Materialien, Eigenschaften und Prozesse zusammenzubringen. Bisher wurden gerade die Materialien als statische Bausteine gesehen, die bei der Produktion ihre Form erhalten und anschließend in dieser Form verharren sollten. Nun rückt der Fokus auf dynamische Werkstoffe, die wandelbar sind, sich etwa selbst überwachen und reparieren können, programmierbar sind oder durch ihre Struktur völlig neue Eigenschaften bekommen, auf ihre Umgebung reagieren und sich anpassen, *Smart Materials* eben.

Viele derartige Stoffe findet man in der Natur, von Holz bis zu Spinnenseide. Sie sind also gar nicht so neu, sondern werden gerade wiederentdeckt. Forscher des MIT fragten sich, warum man eigentlich den Umweg über einen ganzen Baum nehmen muss, um einen Holztisch herzustellen. Warum nicht gleich den Tisch als solchen im Labor wachsen lassen? Die Idee funktioniert ähnlich wie die Fleischproduktion im Labor, man nimmt einige Pflanzenzellen, füttert sie mit allem Nötigen und setzt sie dann in einem Gel speziellen Wachstumskonditionen aus, die es erlauben, die exakte Zusammensetzung und Form des Holzes zu kontrollieren.[70] Noch ist die Forschung in einem sehr frühen Stadium, ob diese Herstellungsweise skalierbar und finanzierbar ist, muss sich erst noch zeigen. Sollte es funktionieren, könnte im Labor produziertes Holz viele negative Aspekte der Holzwirtschaft wie illegale Abholzung und zu viel Holzabfall verhindern.

Auch andere Naturmaterialien werden im Labor produziert und teils sogar optimiert. Nehmen wir Spinnenseide. Ihre phänomenalen Eigenschaften, die Leichtig- und gleichzeitige Festigkeit, faszinieren Forscher und Hersteller schon lange. Sie sehen das Potenzial nicht nur in Kleidung, sondern auch bei Windturbinen, Autos und in der Medizintechnik. Nun ist eine Spinnenfarm nicht allzu einfach zu handhaben, und so kamen Start-ups wie das japanische Spiber darauf, die Seide im Labor herzustellen. Ein Paradebeispiel für synthetische Biologie, denn es sind keine Spinnen mehr am Werk, sondern Bakterien, denen der Bauplan für Fibroin, den Grundstoff der Spinnenseide, eingepflanzt wurde und die nun in großen Bioreaktoren fleißig produzieren. Zusammen mit Goldwind und North Face hat Spiber nun einen Pullover auf den Markt gebracht, der teils aus Wolle, teils aus biosynthetischem Garn besteht und mit 800 US-Dollar einen wirklich stolzen Preis hat. Doch die Firmen planen bereits die Produktion in größerem Maßstab, um die Kosten zu senken. Sollte das funktionieren, wäre der ökologische Impact enorm. Auch Pilze stehen hoch im Kurs, mittlerweile gibt es sogar eine Birkin Bag aus Pilz. Die biosynthetischen Stoffe könnten künstliche Fasern wie Polyester ersetzen, die große Mengen an Erdöl zur Herstellung benötigen und am Ende als dauerhafter Müll in Erde, Trinkwasser und Ozeanen landen.[71]

Auch andere Plastikalternativen werden erforscht. Getränkehersteller wie Bacardi, PepsiCo und Nestlé experimentieren mit Verbindungen wie Polyhydroxyalkanoat (PHA), die als Produkt wie normale Plastikflaschen aussehen, doch sich am Ende ihrer Lebenszeit von selbst abbauen bzw. von Bakterien verspeist werden sollen. Der Trick ist, pflanzliches statt Erdöl zu verwenden. Das Start-up Zen Running Club produziert Schuhe aus Zuckerrohr und Algen und fertigt ausschließlich mit erneuerbarer Energie.[72] Und Forscher in Zürich basteln an dem bakteriellen Enzym PETase, um vorhandenes Plastik wieder abbauen zu können. Dieses von der Mikrobe *Ideonella sakaiensis* hergestellte Enzym wurde erst 2016 in einer japanischen Recyclinganlage entdeckt, offenbar eine evolutive Reaktion des Bakteriums auf ein verändertes Nahrungsangebot. Noch ist das Enzym sehr ineffizient, und genau das wollen die Forscher durch »gerichtete Evolution« ändern, indem sie es genetisch optimieren, natürlich mittels Unterstützung von Robotik und KI.[73]

Besonders spannend sind programmierbare Materialien. Die Programmierbarkeit liegt dabei nicht in einer steuernden Software, sondern als inhärente Eigenschaft in Hardware, also im Material selbst, die auf Struktur und Beschaffenheit beruht. Die Struktur lässt sich vorgeben und dann über Energiezufuhr aktivieren, um eine präzise und vorhersagbare Transformation des Stoffes hervorzurufen. »Jedes Material hat eine Eigenschaft, die es ihm ermöglicht, auf eine Energiequelle zu reagieren, und das zeigt uns, wie wir die Transformation aktivieren können,« sagt Skylar Tibbits, Leiter des Self-Assembly Labs am MIT und ein Pionier der Szene.[74] Tibbits und sein Team experimentieren etwa an smarten Textilien, deren Fasern auf Hitze und Feuchtigkeit reagieren. Solche Textilien können in Sportbekleidung eine bessere Atmungsaktivität und klimatische Anpassung leisten. Auch eine individuelle Anpassung der Kleidung an den Kunden wird durch die Programmierung möglich.

Häufig wird die Herstellung von programmierbaren Materialien mit 3-D-Druck gekoppelt. 3-D-Druck kann hochpräzise unterschiedliche Stoffe kombinieren und so die innere Struktur des Materials vorgeben. Tibbits etwa mischt Holzfasern mit Plastikkomponenten, die die geometrische Information und Struktur vorgeben, während die Holzfasern auf Feuchtigkeit reagieren und sich ausdehnen bzw. zusammenziehen können. Dadurch lässt sich das Endmaterial auf definierte Weise transformieren. Diese Grundidee lässt sich auf beliebige Weise erweitern, je nachdem welche Stoffe man kombiniert, in welchen Mustern und in wie vielen Schichten man sie aufeinander aufträgt. Letztendlich lässt sich damit also genau das machen, was auch der Algorithmus einer Software tut, nämlich eine Anleitung vorgeben: Wenn A passiert, dann verwandle dich in B.

Mögliche Anwendungen gibt es viele, neben Textilien steht auch Sensorik hoch im Kurs. Titan-Stickstoff-Beschichtungen, wenige Nanometer dünn, ändern bei hohen Temperaturen zum Beispiel ihre Farbe und können in der Qualitätskontrolle eingesetzt werden.[75] Kritische Maschinenbestandteile können mit ihrer Hilfe auf einfache Weise überwacht werden, sodass sie nicht über ihre Höchsttemperatur erhitzt werden.

Eine weitere faszinierende Entwicklung sind selbstheilende Materialien, was am Ende auch eine Art Programmierung ist. Und auch die sind nicht ganz neu, schon die Römer verstanden es, ihren »Römischen Beton« auf eine Weise mit Kalkmörtel und Vulkanasche anzumischen, dass er kleinere Risse ausbessern und die Stabilität von Gebäuden wie dem Kolosseum über Jahrtausende gewährleisten konnte.[76] 2000 Jahre später finanziert die EU-Kommission ein drei Millionen Euro Projekt namens SHERO (*Self-Healing Soft Robotics*), in dessen Rahmen

Polymere etwa für Roboterhände entwickelt werden, die sich nach einer Verletzung selbst reparieren können.[77] Dazu müssen die Roboter zunächst eine Art Schmerzempfinden entwickeln. Anschließend müssen sie die Heilung in die Wege leiten und gegebenenfalls neues Material an die Wundstelle transportieren. SHERO experimentiert dabei mit weichen Stoffen, darunter Plastik, das unter gewissen Umständen elastisch oder wieder flüssig wird. Die Heilung funktioniert dann entweder über eine externe Erhitzung, was die Reparatursteuerung ermöglicht. Oder der Selbstheilungsprozess wird autonom bei Raumtemperatur initiiert, was sich hauptsächlich für kleinere Risse und Kratzer anbietet. Kleinere Verletzungen heilen in bis zu drei Tagen, ein vollständiger Schnitt durch die Roboterhand in rund sieben.

Neben weichen Polymeren gibt es auch selbstheilende Keramik, Metalle und zementartige Stoffe. Als ultimatives, noch unerreichtes Ziel schwebt den Forschenden selbstheilende Elektronik vor, das wäre ein wahrer Quantensprung in der Materialkunde.

Wie aber findet man neue Materialien? Grundsätzlich dadurch, dass man mit den chemischen Elementen und physikalischen Gesetzen herumexperimentiert. Da es allerdings unendlich viele Kombinationsmöglichkeiten gibt, dauert es im Schnitt zwei Jahrzehnte, bis man einen neuen Stoff auf den Markt bringen kann. Ende des 19. Jahrhunderts probierte Thomas Edison mehr als 3000 verschiedene Materialien für Glühfäden aus, um endlich eine bezahlbare Glühbirne produzieren zu können. Doch Wolfram, was letztendlich rund 100 Jahre Licht in unser Leben bringen sollte, fand er nicht, er testete es schlichtweg nicht.

Helfen kann hier der Fortschritt aus der Welt der Computer. Forscher von der Carnegie Mellon University nutzen KI-basierte Simulationen, um CO_2 aus der Luft in nützliche Materialien zu verwandeln, zum Beispiel in Ethylen.[78] Dabei trainierten sie die KI anhand weniger Simulationen und ließen sie dann über 12.000 Simulationen erledigen. Auf diese Weise fanden sie Katalysatoren, die die ineffiziente Herstellung von Ethylen deutlich verbesserte. Andere KI-Forscher entwickeln für

Boeing eine 3-D-Druck-Legierung für Flugzeugteile, eine neue Batterie für Duracell oder ökologisch besser verwertbares Plastik für BP.[79]

Noch steht die breite Anwendung dieser aufregenden neuen Materialien vor großen Herausforderungen. Häufig sind sie sehr teuer, kompliziert in der Herstellung und schwierig in der Skalierbarkeit. Viele, gerade programmierbare Materialien sind zudem Verbundstoffe, die sich nur schwer recyceln lassen und damit nicht dazu beitragen, die Welt der Konsumgüter ökologischer zu gestalten. Doch nicht zuletzt die Konvergenz verschiedener Forschungsbereiche wie Materialwissenschaften, additive Herstellung und synthetische Biologie lassen hoffen, dass wir hier in den nächsten Jahren noch einiges Erstaunliches erwarten dürfen.

Neuer Handel: Konsumententrends, digitale Plattformen und Blockchain

Auch der Handel erfährt grundlegende Neuerungen. Technologische Trends, allen voran Digitalisierung, Virtualisierung und Blockchain, treffen auf Konsumententrends wie Personalisierung, Dezentralisierung, Bequemlichkeit und sofortige Befriedigung der Wünsche, aber auch auf zunehmendes Verantwortungsbewusstsein hinsichtlich ökologischer und gesellschaftlicher Folgen des Konsums. Vor allem Personalisierung, Bequemlichkeit und sofortiger Bedienung der Kunden kommen Hersteller gerne nach, denn hier eröffnet sich ihnen ein riesiger Markt. H&M, beispielsweise, präsentierte im November 2020 in Stockholm seine neuen Anproberäume, in denen ein Körperscanner einen digitalen Avatar erstellt, an dem man die verschiedenen Styles ausprobieren und sich anschließend die Kleidung auf den Leib schneidern lassen kann. Das kostet natürlich mehr, und man kann das neue Kleidungsstück auch nicht sofort mit nach Hause nehmen, hat dafür aber ein gutes Gefühl, dass man ein qualitativ besseres Produkt erworben und gleichzeitig zusätzlichen Abfall reduziert hat, da nur hergestellt wird, was wirklich gekauft wird.

Der starke Drang nach sofortiger Erfüllung unserer Konsumwünsche wird von den digitalen Plattformen bestens bedient. Der rapide Fortschritt in Datenanalytik, datengestützter Logistik, IoT und bei virtuellen Assistenten hat Amazon & Co eine beispiellose Macht beschert, die sie bis in den letzten Winkel auszunutzen wissen. Nicht nur, dass sie schnellstmögliche Lieferung und größtmöglichen Komfort garantieren. Sie dirigieren uns auch an einen Punkt, an dem wir ihnen bereitwillig die Entscheidung überlassen, was wir eigentlich kaufen wollen, denn sie wissen es ja ohnehin besser. Es fängt an mit Produktvorschlägen, basierend auf unserem bisherigen Einkaufsverhalten, geht weiter über eine klare Priorisierung der eigenen Produktpalette, mit der vor allem Amazon kleinere Verkäufer auf seiner Plattform marginalisiert, und führt schließlich dazu, dass wir Alexa und anderen digitalen Assistenten unseren Einkauf überlassen. Wir brauchen ihnen nur noch zu sagen, welches generische Produkt wir wollen, und sie suchen selbstständig den »besten« Hersteller für uns aus, individualisiert, versteht sich. Es ist ja so bequem. Aber an wen wird sich in wenigen Jahren Werbung wenden? An uns wohl kaum, wir werden Zahler sein, aber nicht Entscheider.

Neue digitale Verkaufsplattformen setzen dagegen auf die Entscheidungsfreiheit der Nutzer und fördern gleichzeitig kleinere, lokale Händler, die gegen die großen Plattformen häufig wenig Chancen haben. Für viele dieser Läden lohnt sich der Betrieb eines eigenen Onlineshops nicht, über Plattformen wie Locamo können sie gegen eine Gebühr und Provision dennoch am E-Commerce teilnehmen und ihre Produkte am Ort oder national verkaufen. Die Pandemie gab diesem dezentralen, lokalen Verkaufsweg einen ordentlichen Push. Auch früher in der Wertschöpfungskette können digitale Plattformen Nutzen stiften. Unnötige und kostspielige Zwischenhändler ausschalten und die Verhandlungsmacht von Erzeugern stärken und Nachfrage besser prognostizieren.

Je nach Ausgestaltung der Plattformen, nach Fairness und Transparenz, lässt sich die Marktmacht auf einige wenige dominante Firmen konzentrieren, oder aber auf sämtliche Teilnehmer der Lieferkette bis hin zum Endkunden. Wir als Kunden sollten unsere Macht nicht unterschätzen, denn das Design der Plattformen richtet sich wiederum maßgeblich nach unseren Erwartungen. Und da toppt Bequemlichkeit nach wie vor unseren Wunsch nach Nachhaltigkeit. Einer WEF-Analyse zufolge wird der Lieferverkehr in den 100 größten Städten weltweit bis 2030 um mehr als ein Drittel zunehmen, die sogenannte »Letzte-Meile«-Lieferung direkt zum Kunden sogar um 78 Prozent.[80] Wir alle wollen unsere Socken, Spielekonsolen und Fusselrasierer sofort haben und nicht lange darauf warten. Damit fördern wir nicht nur systemische Probleme wie stärkere Verkehrs- und damit Emissions- und Lärmbelastung sowie prekäre Jobverhältnisse, denn günstig soll es bleiben. Wir schaden auch uns selbst, indem wir uns die Vorfreude und den Waren einen Teil ihres Wertes nehmen, denn was jederzeit und überall verfügbar ist, wissen wir bald nicht mehr zu schätzen.

Spricht man über Lieferketten, Digitales und Transparenz, landet man unweigerlich bei einem der größten Hypes des letzten Jahrzehnts, der Blockchain. Der Blockchain, oder Distributed-Ledger-Technologie (DLT), wurden sagenhafte Kräfte zugeschrieben: Sie sollte ohne zentrale, steuernde Autorität auskommen und damit den einzelnen Nutzern die ihnen zustehende Macht geben, Daten absolut sicher sowie unverfälschbar verwalten und damit das nötige Vertrauen wieder herstellen. Im Kern sollte DLT allen beteiligten Parteien eine gemeinsame Wahrheit garantieren, die unveränderlich für jeden gilt. Kein Wunder, dass der Hype seinen Höhepunkt 2016 erreichte, dem Jahr der Brexit-Entscheidung und der Wahl Donald Trumps, dem Jahr, in dem der toxische Begriff der *Fake News* Karriere machte und viele Demokratien der westlichen Welt die Erschütterungen zu spüren begannen. Bitcoin, die erste Kryptowährung und wohl bekannteste Blockchain-Anwendung, setzte zum Höhenflug an, und Firmen aller Couleur pumpten

Milliarden in die weitere Entwicklung. Doch bis heute bleibt DLT den Beweis ihrer Nützlichkeit schuldig. Viele Unternehmen reduzieren ihre Entwicklungsprojekte, Start-ups, die zuvor ihr Alleinstellungsmerkmal rund um Blockchain aufgebaut hatten, vermeiden das Wort in ihrer Kommunikation, und die Kryptowährungen zeigen eine absurde Volatilität an der Börse.

Um zu verstehen, warum sich DLT bis heute nicht durchgesetzt hat, schauen wir uns die zugrunde liegende Technik näher an. Die Idee beruht darauf, dass es für eine Datenablage kein zentrales Register mehr gibt, das gehackt oder anderweitig geschädigt werden kann. Stattdessen bilden viele Computer ein gleichberechtigtes Netzwerk, in dem die Daten gespeichert werden. Man braucht dazu ein Netzwerk aus Computern (Nodes), kryptografische Verschlüsselung (Hash), die zu speichernde Information (Blocks) und natürlich eine Belohnung (Token). Wenn neue Blocks hinzukommen sollen, müssen diese zuerst in einem Konsensverfahren von allen beteiligten Computern auf ihre Validität überprüft werden. Das häufigste Konsensverfahren nennt sich *Proof-of-Work* (PoW) und findet unter anderem bei Bitcoin Anwendung. Es bedeutet, dass ein teilnehmender Computer zunächst eine Aufgabe, etwa eine Berechnung, lösen muss, bevor er Blocks in das Netzwerk einspeisen darf, für seine Arbeit erhält er dafür Tokens. Bei Bitcoin nennt man den Vorgang Mining und die Tokens eben Bitcoins, mit denen sich ein Geldwert verbindet. Bei positiver Überprüfung durch eine Mehrheit der anderen Teilnehmer werden diese Blocks akzeptiert und mit Hashs versehen, die den neuen Block mit dem vorherigen verketten und sich über sämtliche Blocks fortschreiben, daher der Name Blockchain. Ein Hash enthält den Hash des vorangehenden Blocks, die zu speichernde Information und einen Zeitstempel, das ist die kryptografische Verschlüsselung. Neue Blöcke werden auf jedem einzelnen Computer in diesem häufig globalen Netzwerk gespeichert. Um eine einmal abgelegte Information zu manipulieren, müsste man diese inklusive aller nachfolgender Hashs also auf jedem einzelnen

Computer ändern, ohne digitale Spuren zu hinterlassen. Ein ziemlicher Aufwand.

Was kann man nun mit DLT anfangen? Die Möglichkeiten schienen anfangs grenzenlos, man wollte schlichtweg alles in einer Blockchain hinterlegen, von Finanztransaktionen zu Katasterdaten, von Herkunftsnachweisen sensibler Güter wie Diamanten bis hin zu ganzen Lieferketten. Nachhaltig angebauter Kaffee sollte ebenso zurückverfolgbar sein wie ein einzelner Thunfisch und ganze Schiffsladungen. *Smart Contracts* (smarte Verträge) sollten analoge Verträge ersetzen, indem Vereinbarungen nicht mehr auf rechtliche Durchsetzung beruhten, sondern menschenunabhängig durch einen Code in der Blockchain durchgesetzt werden: Buche ich beispielsweise einen Flug mitsamt Versicherung über einen *Smart Contract*, dann verifiziert dieser, ob mein Flug stattgefunden hat; falls nicht, würde ich automatisch eine Erstattung in der Blockchain gutgeschrieben bekommen.

Die Idee ist also durchaus genial, doch bei näherem Hinschauen werden die Schwierigkeiten offensichtlich. Es gibt technische Limitationen, allen voran die Geschwindigkeit der Informationstransaktionen. In jeder Blockchain werden neue Blocks in einer bestimmten Frequenz und Größe hinzugefügt. Bei Bitcoin sind das etwa alle zehn Minuten ein Megabyte. Transaktionen, die in einem Block nicht mitkommen, hängen in der Warteschleife. Außerdem muss jeder Knoten des Netzwerkes jede Transaktion verarbeiten, was die Gesamtgeschwindigkeit von der des langsamsten Rechners im Netzwerk abhängig macht. Zwar arbeiten die Anbieter daran, die Geschwindigkeit durch bessere Algorithmen zu erhöhen, doch die Skalierbarkeit einer Blockchain bleibt stark begrenzt.

Upgrades der Algorithmen umzusetzen ist in einem dezentralen System schwierig. Per Design gibt es keinen zentralen Entscheidungsträger, der Upgrades initiieren und durchsetzen kann. Also sind Neuerungen abhängig von der Zustimmung und koordinierten Umsetzung sämtlicher Teilnehmer. Ethereum, ein Blockchain-Universum, das verschiedenste Produkte von Kryptowährung bis hin zu Spielen und Sammlerbörsen umfasst, hat große Mühe, sein neues System Eth 2.0 zu implementieren, in der Szene ist »Eth 2.0 kommt bald« inzwischen ein *running gag*. Ein Kernelement des Upgrades ist der Wechsel der PoW- hin zu einer *Proof-of-Stake*-Validierung. Bei letzterer können neue Blocks ohne Arbeitsnachweis hinzugefügt werden, was den rechnerischen Aufwand erheblich reduziert. Stattdessen erhalten Teilnehmer unterschiedliche Anteile (Stakes), die sich etwa nach Dauer der Teilnahme richten oder nach dem Vermögen. Dies ist eine klare Abkehr von der grundsätzlichen Idee der gleichberechtigten Dezentralisierung des Systems. Zudem bedeutet der geringere Aufwand der Blockerstellung, dass Teilnehmer unterschiedliche Informationen einspeisen können und somit einen Konsens verhindern und die Integrität der Blockchain beschädigen. Der geringere Aufwand reduziert andererseits die Komplexität des Systems und vor allem den exorbitanten Energieverbrauch der PoW-Blockchains. Stand März 2021 verbraucht Bitcoin allein jährlich geschätzt so viel Energie wie ganz Chile.[81] In der CO_2-Bilanz schlägt sich das mit 38,38 Megatonnen CO_2 nieder, damit kommt eine einzige Bitcoin-Transaktion auf 346,56 Kilogramm CO_2, dafür kann man knapp 58.000 Stunden YouTube schauen.

Nächste Herausforderung: Datensicherheit. Eigentlich sollte DLT absolute Sicherheit gewähren, doch wie alles vernetzte Digitale, wie jeder Code, ist auch die Blockchain hackbar. Es ist nur eine Frage des Aufwandes. Je kleiner das DLT-Netzwerk, desto leichter kann das Konsenssystem von Hackern übernommen werden, die mit einem Mehrheitsanteil entscheiden können, welche Information in die Blockchain aufgenommen wird (51-Prozent-Attacke). Die Entwicklung von Quantencomputern lässt erwarten, dass auch große Netzwerke in Zukunft unsicherer werden und sich die Computer durch ihre pure Rechenkraft zum Beispiel in Autorisierungscodes für Transaktionen mit Kryptowährungen einhacken können. Auch ist der zugrunde liegende Code einer Blockchain nicht unfehlbar, wie ein Hacker 2016 feststellte und 50 Millionen US-Dollar aus einer Ethereum-basierten Blockchain klaute.[82]

Das größte Problem ist jedoch der Link der gespeicherten Information zur Realität. Das Versprechen der Blockchain, unveränderliche Daten zu verwalten, ist schön, nur, wer garantiert, dass die ursprünglich eingespeiste Information tatsächlich wahr ist? Nehmen wir den Herkunftsnachweis von Diamanten als Beispiel: Durch die Blockchain mag ich die Überzeugung bekommen, fair produzierte Diamanten zu kaufen, aber es können genauso Blutdiamanten sein. Denn am Anfang steht kein unumstößlicher Nachweis einer fairen Herstellung, sondern lediglich die in die Blockchain eingespeiste Behauptung dessen. Die digitale Akte beansprucht also nur die Wahrheit, sie repräsentiert sie nicht zwangsweise.

DLT ist also weder absolut sicher noch wahrhaftig, noch löst sie nach dem Sparsamkeitsprinzip vorhandene Probleme auf die einfachste Weise. Und jetzt? Es ist zu früh, die Technologie abzuschreiben, gut möglich, dass wir uns in der allerersten Phase der Entwicklung befinden, vergleichbar mit dem Internet der 70er- und 80er-Jahre. Derzeit aber bieten sich nur eine Handvoll Nischenanwendungen an, zum Beispiel solche, die eine relativ niedrige Transaktionsfrequenz haben und etwa Besitzansprüche verwalten.

Neue Wirtschaft: Kreislauf rund gedacht

Wollen wir jedoch die Probleme unserer Konsumgesellschaft bei der Wurzel packen, müssen wir uns etwas anderes als DLT einfallen lassen. Unsere lineare Wirtschaft funktioniert nicht mehr, wir müssen umstellen auf eine tatsächlich zirkuläre Wirtschaft, die ernsthaft daran arbeitet, Produkte wiederzuverwerten. Die lineare Wirtschaft folgt einem simplen, letzten Endes wertevernichtenden Produktlebenszyklus: produzieren, benutzen, wegwerfen. Eine Kreislaufwirtschaft misst den

Produkten dagegen einen Wert zu, der am Lebensende eines Produktes nicht verloren geht, sondern wiedergewonnen werden kann. Das Marktforschungsunternehmen Gartner erwartet, dass bis Ende des Jahrzehnts die lineare durch die Kreislaufwirtschaft abgelöst wird.[83]

Recycling ist keine neue Idee, doch die bisherige Umsetzung ist höchstens mäßig und die Gründe dafür vielfältig. Hersteller sehen oft keinen Nutzen darin, ihre Produkte zu recyceln, sie setzen vielmehr auf kurze Lebenszeiten, um bald ein Folgeprodukt an denselben Kunden verkaufen zu können. Kunden bekommen permanent neue Produkte vorgesetzt, die durch geschicktes Marketing und gesellschaftlichen Druck als Must-haves wahrgenommen werden. Viele Materialien, gerade Verbundstoffe, lassen sich nur schwer und meist unter enormem Energieaufwand recyceln. Firmen wie Apple machen es einem absichtlich schwer, ihre Elektrogeräte aufzuschrauben und zu reparieren, womit wir wieder bei den Herstellern wären. Die Liste der Gründe für mangelhafte Wiederverwertung lässt sich noch länger fortsetzen, doch das ist müßig.

Interessanter ist, dass langsam ein Wandel im Denken einsetzt. Zum einen entsteht in der Gesellschaft eine neue Erwartungshaltung, die ethische Werte wie Nachhaltigkeit und soziale Verantwortung auf eine Stufe hebt mit materiellen Werten und Konsumentenbequemlichkeit. Diese neuen Anforderungen beantworteten viele Firmen zunächst mit *Greenwashing*, der aufwendigen Erzählung von angeblich ökologischen, nachhaltigen Produkten und Lieferketten, die die Menschenrechte bis in die letzte Produktionsstätte in Myanmar garantieren sollten. Viele dieser Erzählungen sind mittlerweile als das enttarnt, was sie sind, nämlich Märchen. Also steigt der soziale Druck auf die Firmen, den Worten Taten folgen zu lassen.

Einige wenige Firmen aber haben zusätzlich noch etwas verstanden, was letztendlich den Ausschlag für eine wahre, nachhaltige Kreislaufwirtschaft geben wird: dass all unsere Wegwerfprodukte am Lebensende immer noch einen beträchtlichen Wert haben und dass es ökonomisch äußerst lohnend ist, diesen Schatz zu heben. Die Ressourcen auf diesem Planeten sind endlich, und über kurz oder lang werden Hersteller mit der Knappheit konfrontiert werden. Schon jetzt kämpfen viele mit einer enormen Preisvolatilität, Öl, Gold, Kupfer und viele andere Rohstoffe haben in den letzten Jahren heftige Achterbahnfahrten hinter sich. Gleichzeitig gehen Unmengen an Rohstoffen auf Müllhalden und durch Verbrennung verloren. Hersteller, die ihre Produkte am Lebensende zurücknehmen und wiederverwerten, schützen nicht nur knappe Ressourcen, sondern wappnen sich gegen Preisschwankungen und reduzieren ihre Abhängigkeit von Rohstofflieferanten. Sie stärken eine langfristige Wertschöpfung ihres Unternehmens, indem sie eine verlässliche Einnahmequelle etablieren. Eine Firma, die weiß, welcher Wert sich aus einem Produkt zu einem bestimmten Zeitpunkt wieder generieren lässt, kann mit diesem Wert genauer kalkulieren als mit dem Verkauf neuer Produkte, die Trends, Verfügbarkeit und Nachfrage unterworfen sind. Diese Verlässlichkeit findet auch Anklang bei langfristig denkenden Investoren, die kalkulierbare Umsatzströme schätzen. Für William McDonough, Stanford-Professor für Bau- und Umweltingenieurwesen, ist ein zirkuläres Geschäftsmodell daher eine Innovationsmaschine und die größte Business-Chance überhaupt.[84]

Ein tragfähiges zirkuläres Geschäftsmodell basiert darauf, dass die Firma über den gesamten Lebenszyklus hinweg virtueller Besitzer des Produktes bleibt, es also vielmehr vermietet oder verleiht als verkauft. *Everything-as-a-Service*, alles als Dienstleistung, heißt die Zauberformel. Als Hersteller kann ich durch eine langfristige Service-Beziehung mit meinen Kunden deren Loyalität und damit unsere Geschäftsverbindung stärken. Für mich als Kunden hat das den großen Vorteil, dass ich mich weder um Instandhaltung noch um Entsorgung kümmern muss, nachhaltige Firmen unterstütze und am besten noch regelmäßig ein wertvolleres Produkt erhalte, da ein Smartphone als Service etwa alle paar Jahre ausgetauscht und wiederverwertet wird. Letztendlich interessiert mich als Konsument weniger das Produkt als der Nutzen, den es mir bringt.

Folgerichtig fragt sich Frans van Houten, CEO von Royal Philips, warum eine Firma, die das erkannt hat, überhaupt noch Produkte an Kunden verkauft, wenn diese nur ein Interesse am Nutzen haben.[85] Philips hat den Kreislaufgedanken wie wenige Firmen verinnerlicht. Die frühere Lichtsparte, heute die eigenständige Firma Signify, bietet Licht-als-Service an. Die Firma stattete einen ganzen Terminal am Amsterdamer Flughafen Schiphol mit Lichttechnik aus, wobei sie Besitzer des physischen Produktes bleibt. Signify hat dadurch einen Anreiz, langlebige Glühbirnen und Technik zu produzieren, die bei Bedarf leicht zu reparieren bzw. zu recyceln ist. Für den Flughafen senkt sich so die Adaptionshürde für energieeffiziente Beleuchtung, die in der Anschaffung deutlich teurer als traditionelle Beleuchtung ist. Langfristig spart das dem Flughafen bis zu 50 Prozent der Kosten, während Signify von der dauerhaften Kundenbeziehung profitiert. Philips' Medizintechniksparte wiederum designt ihre medizinischen Scanner von Beginn an so, dass man sie problemlos wieder auseinandernehmen und recyceln kann.

Klassisches Recycling ist nach wie vor die häufigste Art der Wiederverwertung alter Produkte, wobei auch hier ein Wandel stattfindet. Produkte werden zunehmend von Anfang an so designt, dass man sie am Ende wirklich wieder recyceln kann, der Zyklus wird also vom Ende her gedacht. Adidas brachte beispielsweise mit dem *Futurecraft Loop* eines der ersten für einen zirkulären Lebenszyklus designten Konsumprodukte auf den Markt. Die Firma nimmt den Schuh zurück, extrahiert die Materialien und verbaut sie in neuen Schuhen. Bisher werden die alten Treter zwar zu 100 Prozent recycelt, aber nur 10 Prozent davon schaffen den Weg in neue Laufschuhe. Adidas ist zuversichtlich, dass es bis 2024 fast ausschließlich recycelte Materialien verwenden wird.

Los Angeles experimentiert derweil in Zusammenarbeit mit der Firma TechniSoil Industrial mit recycelbaren Straßen. Statt des Erdöl-

Produktes Bitumen wird wiederverwertetes PET aus Plastikflaschen als Bindemittel für den Asphalt genutzt. Dadurch lässt sich die Oberfläche von reparaturbedürftigen Straßen abtragen, zerkleinern und direkt wieder als neuer Belag verwenden.[86]

Eine andere Methode der Wiederverwertung ist die Wiederaufbereitung (Upcycling) des alten Produktes. Das Wiener Unternehmen Refurbed bietet beispielsweise auf seiner Plattform Secondhand-Elektroartikel an, die in Zusammenarbeit mit über 70 Firmen wieder gereinigt, repariert oder in Teilen ersetzt wurden. Laut Refurbed sparen ihre Kunden im Vergleich zu einem Neukauf dabei nicht nur bis zu 40 Prozent des Originalpreises, sondern auch rund 70 Prozent CO_2 in der Herstellung. Das bedient exakt die Kundenwünsche nach Bequemlichkeit, gutem Preis-Leistungs-Verhältnis und gutem Gewissen. Der Erfolg gibt dem jungen Start-up recht, allein 2020 hat sich der Umsatz auf über 100 Millionen Euro verdreifacht.[87]

Der erste Schritt hin zu einer wahren Kreislaufwirtschaft ist, potenzielle Kreisläufe in einer Firma, ihren Prozessen und Produkten zu identifizieren und bestmöglich zu nutzen. Im nächsten Schritt wird der Designprozess für Produkte neu gedacht: Was schätzen die Kunden wirklich an den Produkten, worin sehen sie den wahren Wert? Wie können die Produkte so gestaltet werden, dass sie leicht zerlegt und wiederverwertet werden können? Als was könnten die Produkte wiederverwertet werden, kann aus Kleidung beispielsweise Baumaterial für Isolierung oder ein Teppich für Flugzeuge und Züge werden? Weiter geht es im Lebenszyklus. Wie können die virtuellen Werte der sich im Umlauf befindenden Produkte planbar getrackt werden, sodass man weiß, wann die Materialien wieder verfügbar sind? Wie kann eine Rücknahmelogistik aufgebaut werden? Das alles funktioniert nur, wenn die Firma sämtliche Abteilungen einbezieht und einen systemischen Wandel durchläuft, der nicht nur die Prozesse betrifft, sondern auch das Werteverständnis der Firma. Und vor allem funktioniert es nur, wenn die Kunden im Zentrum stehen, wenn sie einen persönlichen Nutzen für sich sehen, sei es im Wertversprechen des Produktes, im Service oder im Preis.

Was und wie wir konsumieren, hat eine direkte Auswirkung auf alle Lebensbereiche, es beeinflusst unsere Gesundheit, unser Miteinander und unseren Lebensraum. Der Überfluss, in dem die reichen Länder derzeit noch schwimmen, überdeckt die lauernde Ressourcenknappheit, die uns nicht länger erlaubt, sinn- und gedankenlos zu »verbrauchen«, zu konsumieren eben. Vielleicht hilft es uns ja, eine neue Einstellung zum Konsum zu finden, wenn wir das Wort Konsum durch einen neuen Begriff ersetzen. Wie wäre es zum Beispiel mit »Nutzung« statt »Verbrauch«?

Teil IV
Wie wollen wir unsere Zeit verbringen?

Zeit ist das Luxusgut schlechthin. Die Mär, Zeit sei der große Gleichmacher, da sie für uns alle begrenzt ist, stimmte noch nie. Geld kann Zeit kaufen, indem wir Arbeiten wie Putzen auslagern oder eine bessere Gesundheitsversorgung bezahlen. Neue Anti-Aging-Ansätze in der Biotechnologie könnten eines Tages sogar unser Leben verlängern, sofern wir das Geld besitzen, um die Therapien zu finanzieren. Die gute Nachricht ist, dass neue Technologien das Potenzial haben, uns viel mehr Zeit zur freien Verfügung zu schenken. Die schlechte Nachricht ist, dass dies ein mühsamer, teils schmerzhafter Prozess wird.

Während uns die Medizin ein zunehmend längeres, fitteres Leben ermöglicht, stellt die Digitalisierung unsere Arbeitswelt auf den Kopf. Es ist noch nicht klar, ob sie wie die früheren industriellen Revolutionen unterm Strich mehr Arbeitsplätze schaffen als abschaffen wird. Wir oszillieren zwischen völliger Arbeitsüberlastung einerseits und der Angst, irrelevant zu werden. Der Druck in der Arbeitswelt führt bereits zu starker Belastung der Gesundheit, und wie viele Menschen es mental durchhalten, sich ein Leben lang immer wieder neu zu erfinden, ist fraglich. Lebenslange Bildung wird einen neuen Stellenwert erlangen und sich dabei selbst fundamental ändern müssen, weg vom stupiden Auswendiglernen hin zur Befähigung, selbst zu denken. Ohne einen grundlegenden Umbau unserer Arbeitswelt und vor allem unserer sozialen Absicherung werden wir diese Disruption nicht meistern. Schauen wir uns also neue Ansätze wie ein bedingungsloses Grundeinkommen und flexibles Arbeiten an und überlegen uns, wie Technologien nicht nur Ursache des Problems, sondern Teil der Lösung sein können.

Vor allem aber wollen wir uns damit beschäftigen, was wir am Ende mit unserer gewonnenen Zeit anstellen. Werden wir noch mehr Zeit an Bildschirmen oder in künstlichen Welten verdaddeln, oder kehren wir wieder mehr zu uns selbst zurück? Werden wir unsere Zeit für mehr Engagement nutzen und zu einer neuen Form der Solidarität finden, oder versinken wir zunehmend in unseren singulären Existenzen? Wie entwickeln sich Kultur und Kunst?

Kapitel 10
Sinn und Unsinn von Arbeit

»Man sollte nie so viel zu tun haben,
dass man zum Nachdenken keine Zeit mehr hat.«
Georg Christoph Lichtenberg

Arbeit – gehasst, geliebt, gebraucht, gesucht. Arbeit hat einen großen, häufig ambivalenten, Stellenwert in unserem Leben. Wir brauchen sie als Broterwerb, aber auch als Quelle der Anerkennung. Im Idealfall ist sie erfüllend und sinnstiftend, macht Spaß und bereichert unser Leben. Immerhin 77 Prozent der Teilnehmer einer Umfrage in Deutschland gaben an, dass ihnen ihre Arbeit tendenziell Spaß macht.[1] 15 Prozent aller Arbeiter weltweit sind jedoch nicht engagiert bei ihrem Job.[2] Im schlechtesten Fall macht Arbeit (oder auch ihre Abwesenheit) uns krank. Eine 2021 veröffentlichte Studie der UN schätzt, dass 2016 global rund 745.000 Todesfälle und 23,3 Millionen DALYs durch koronare Herzerkrankungen und Schlaganfall auf das Konto von überlangen Arbeitszeiten (mehr als 55 Stunden/Woche) gehen.[3]

In vielen Gesellschaften, so auch in Deutschland, wird das Leben in erster Linie um den Job herum organisiert. Wenig erstaunlich, dass sich viele daher primär über ihren Job definieren. Der digitale Wandel wird in unserer Arbeitswelt zu heftigen Turbulenzen führen, und vielen macht die damit verbundene Unsicherheit schwer zu schaffen.

Doch vielleicht sollten wir diesen Wandel nicht als Bedrohung sehen, sondern als Chance. Was, wenn wir die neuen technischen

Möglichkeiten nutzten, uns von unliebsamen, langweiligen oder auch gefährlichen Arbeiten zu befreien? Was, wenn wir unsere Arbeitsplätze ganz neu definierten und nicht nur Profit und Wachstum den Erfolg eines Landes ausmachten, sondern auch die Lebensqualität?

Jobs

Die rasche Digitalisierung führt bei vielen Arbeitenden zu großer Verunsicherung. Gerade KI und Robotik sollen immer mehr Aufgaben kostengünstiger und effizienter erledigen und drohen viele Arbeitsplätze zu vernichten. Aber ist das das wahrscheinlichste Szenario?

Keine Frage, KI kann bereits viele Routineaufgaben übernehmen, in Sekundenschnelle Unmengen an strukturierten Daten durchforsten oder als Chatbot einfache Kundengespräche führen. Doch ihre derzeit großen Defizite, allen voran das mangelnde Urteilsvermögen und limitierte soziale Interaktion, stellen massive Barrieren für den breiten Einsatz in der Arbeitswelt dar. Mit ihren aktuellen Fähigkeiten wird KI daher zunächst nur einzelne Aufgaben erledigen und kaum ganze Jobprofile ausfüllen können. In dieser frühen Phase der Implementierung – die Berater von PwC nennen sie die erste Welle der Automatisierung bis in die frühen 2020er – wird KI sich erst einmal um einfache Computeraufgaben kümmern und gut strukturierte Daten prozessieren und analysieren.[4] Die zweite Welle der Augmentation wird demnach bis Ende des Jahrzehnts dynamischere Interaktionen zwischen Mensch und KI und den Einsatz von Robotern in halbwegs kontrollierter Umgebung wie Warenlagern erlauben. Erst die dritte, die autonome Welle wird eine echte Alternative für physische Arbeit, Problemlösung und Reaktionsfähigkeit unter realen Bedingungen ermöglichen.

Die Weiterentwicklung von Robotern ist für eine umfassende Automatisierung entscheidend. Als klassisch programmierte Helfer in der

Produktion seit Langem eingesetzt, werden Roboter ihr volles Potenzial erst in Verbindung mit KI ausschöpfen. Und die Versprechen über ihre Fähigkeiten sind mächtig. Firmen wie Boston Dynamics produzieren regelmäßig Schlagzeilen mit Videos ihrer angeblich lernfähigen Roboter, die ohne größere Probleme über Stock und Stein stelzen oder in perfekter Choreografie tanzen. Doch meist bleiben die Entwickler der Öffentlichkeit den Quellcode ihrer Roboter schuldig, weshalb niemand nachprüfen kann, ob die Maschinen tatsächlich selbstständig auf ihre Umwelt reagieren oder ob alles nur eine gut programmierte Show ist. Tatsache ist jedenfalls, dass »intelligente« Roboter nicht nur mit den üblichen KI-Limitationen zu kämpfen haben, sondern obendrein noch mit einer mangelhaften physischen Geschicklichkeit. So werden auch sie in absehbarer Zeit nicht eigenständig ganze Jobs erledigen können, sondern vielmehr Seite an Seite mit Menschen arbeiten. Man nennt diese Roboter auch Cobots, kollaborative Roboter. Indem sie menschliche Fähigkeiten ergänzen, unterstützen sie Arbeitende eher, als dass sie sie ersetzen.[5] Eine solche Zusammenarbeit eröffnet uns die Möglichkeit, langweilige oder gefährliche Tätigkeiten an unsere künstlichen Kollegen zu delegieren und die so gewonnene Zeit für Aufgaben zu verwenden, die erfüllender sind oder von einer menschlichen Interaktion profitieren, zum Beispiel Patientenkontakte.

Zudem ist es meist noch deutlich günstiger, Menschen zu beschäftigen, als teure Roboter zu entwickeln, die Menschen nachahmen. Selbst wenn man sich vermeintlich einfache Jobs wie Essens-Auslieferer anschaut, ist das nicht so simpel: Der Roboter müsste die Bestellung verarbeiten, sich sicher im Straßenverkehr und auch in Häusern bewegen und zu einem gewissen Grad mit Menschen kommunizieren können, sowohl mit der Essensausgabe als auch mit Kunden. Bisher können Roboter in kontrollierten Umgebungen dank spezialisierter KI zwar einzelne dieser Aufgaben bewältigen, nicht aber alle zusammen und erst recht nicht in einem chaotischen, dynamischen Umfeld wie unserer Welt.

Ende 2020 konnten Forscher zeigen, dass sie mehrere KIs und *Reinforcement Learning* kombinieren und so einem vierbeinigen Roboter die Fähigkeit zur Improvisation und schnellen Adaption an neue Herausforderungen geben konnten.[6] Die Autoren vergleichen den Lernprozess mit einem Fußballtraining: Erst übt man sich in einzelnen Fertigkeiten wie Dribbling und Passen, und wenn man das beherrscht, kann man diese Fertigkeiten in einem dynamischen Spiel einsetzen. Je komplexer und vielgestaltiger die Aufgaben, die es zu kombinieren gilt, desto aufwendiger ist das Training, was einen flächendeckenden, kommerziellen Einsatz noch in weite Ferne rückt. Vorerst werden Roboter uns nur bei ausgewählten Aufgaben zur Hand gehen, sei es als Transporteure in Warenlagern oder als hochpräzise chirurgische Maschinen im OP.

Dennoch werden digitale Technologien unseren Arbeitsmarkt aufmischen. Zwei Szenarien: Entweder killt die Automatisierung mehr Jobs, als sie neu erschafft, oder es entstehen mehr Jobs als wegfallen. Das WEF sieht 85 Millionen Jobs bis 2025 gefährdet, geht aber davon aus, dass 97 Millionen neu geschaffen werden. 43,2 Prozent von 120 der größten globalen Firmen erwarten, dass sich ihre Belegschaft aufgrund technologischer Integration oder Automatisierung bis 2025 reduzieren wird, gleichzeitig planen mit 41,8 Prozent fast ebenso viele einen verstärkten Einsatz von externen Zeitarbeitern.[7]

Die Sorge vor einer Arbeitslosenwelle kennen wir von früheren industriellen Revolutionen, doch bisher stellte sie sich jedes Mal als unbegründet heraus. Zwar gingen eine Vielzahl an Jobs verloren, doch nach einer Übergangsphase, die jedes Mal eine Neuorientierung der betroffenen Arbeitenden und eine Weiterqualifizierung erforderte, entstanden mehr und vor allem bessere Jobs. Wird es wieder nach dem gleichen Muster laufen, oder sind die Vorzeichen diesmal so grundlegend anders, dass die Stabilität unserer Gesellschaft in Gefahr ist?

Die digitale Revolution gefährdet in erster Linie Jobs, die ein hohes Maß an Routine prägt, etwa unterstützende Büroarbeiten, systematische Recherchen oder Auswertungen. Die Adoption digitaler Werkzeuge durch Firmen und der folgende Wegfall von Routinearbeiten wurde durch die Pandemie verstärkt. Sollte es in deren Folge zu einer Rezession kommen, könnte dies den Trend weiter beschleunigen, wie die Geschichte zeigt.[8] Gleichzeitig wird der Bedarf an Arbeitenden in anderen Bereichen zunehmen, etwa im Gesundheitssektor und in den MINT-Professionen, aber auch in der Kreativszene und der Logistik. Vor allem aber werden Jobs entstehen, die noch in den Anfängen stecken oder die wir uns noch gar nicht vorstellen können. Auch das hat historische Parallelen: 1940 gab es gut 60 Prozent der 2018 ausgeübten Jobs noch gar nicht.[9] Welche neuen Möglichkeiten wird es also geben? Vielleicht Windfarmer und *Virtual Reality Immersion Counselor, Chief Climate Response Officers* und *Smart Home Designer, Personal Data Broker*, Wettermacher und *Genetic Optimization Engineer* – wer weiß.

Auch der demografische Wandel mag zu einem Überangebot an Jobs führen. Immer mehr Länder haben eine negative Geburtenrate, sie altern zunehmend, was soziale Herausforderungen mit sich bringt sowie einen teils dramatischen Fachkräftemangel. Wir reden hier nicht nur von relativ kleinen Ländern wie Deutschland, wir reden auch von China, das immerhin knapp ein Fünftel der Weltbevölkerung stellt. Während die Altersgruppe der über 50-Jährigen 2010 nur 24,4 Prozent der Bevölkerung ausmachte, werden es nach UN-Prognose 2050 bereits 47,2 Prozent sein.[10] Selbst global gesehen wächst diese Altersgruppe bereits seit den späten 1970er-Jahren und lässt eher einen Arbeitskräftemangel statt einer hohen Arbeitslosigkeit erwarten. Einen Teil des Mangels wird man durch längere Lebensarbeitszeit abfangen können. Neue Technologien können auch hierbei unterstützen, Exoskelette ermöglichen etwa eine längere Ausübung körperlicher Tätigkeiten, und Neurodoping mag unserem Geist auf die Sprünge helfen.[11] Nur, wollen wir das, immer länger arbeiten?

Die Vorhersagen, ob die Automatisierung per Saldo Jobs kosten wird, gehen jedenfalls weit auseinander. Die *MIT Technology Review* hat sich mehrere Studien angeschaut und festgestellt, dass selbst die Zahlen zu nur einer Branche um Größenordnungen auseinanderliegen. Sie kommen zu dem Schluss, dass wir schlicht nicht wissen, was passieren wird.[12] Letztendlich werden wir einen differenzierten Blick auf den Jobmarkt werfen müssen. Einigen Sektoren wie auch sozioökonomischen Gruppen steht eine schwere Zeit bevor, während andere sich besser anpassen werden. Die Qualität gerade der Arbeitsstellen mit mittlerem oder niedrigem Lohn zu verbessern und somit den Wohlstand besser zu verteilen wird eine zentrale Aufgabe sein, wie die *MIT Future of Work Taskforce* feststellt.[13]

Sie macht einen Verfall der gesellschaftlichen Institutionen und der Arbeitsmarktpolitik als neuralgischen Punkt aus und sieht den Schlüssel in einer politischen parallel zur technischen Innovation. Über mehrere Jahre untersuchte das Taskforce-Team verschiedenste Kriterien von sozialen bis zu ökonomischen Faktoren, um einen nuancierten Blick auf das Zwischenspiel von Technologie und Arbeit zu entwickeln. Statt einer Revolution der Arbeitswelt durch Roboter und KI sehen sie eher eine graduelle Evolution, die zwar in Umfang und Herausforderung enorm, aber auch durchaus handhabbar ist. Um diese Herausforderungen zu bewältigen, sollten Forschungsmittel aufgestockt, kleine und mittlere Unternehmen bei der technologischen Transition gezielt unterstützt und Richtlinien erstellt werden, die einen Fokus auf Investitionen in Arbeitnehmer und nicht nur in Kapital setzen, etwa einer steuerlichen Begünstigung von Arbeitgeberschulungen. Derartige Schulungen werden ein wichtiger Baustein sein, wenn es um die Weiterqualifizierung von Arbeitenden geht, denn heutzutage wird eine geradlinige lebenslange Karriere immer unwahrscheinlicher, die Notwendigkeit, sich kontinuierlich neue Fähigkeiten anzueignen, dagegen immer größer. Doch was genau sollen wir eigentlich lernen und wie?

Skills

Bei kaum einem Zukunftsthema tritt die Diskrepanz zwischen dem, was angeblich gewollt und gefördert wird, und dem, was tatsächlich passiert, so deutlich zutage wie bei dem Thema Bildung. Digitale Schulen und eigenständiges Lernen und Entdecken werden beschworen, doch die meisten Schulen sehen aus wie vor 50 Jahren. Personaler schwärmen von einem neuen Fokus auf individuelle Kompetenzen und Fähigkeiten, wählen Bewerber aber strikt nach begrenzt aussagefähigen Abschlüssen aus. Wirtschaft wie Politik betonen die Dringlichkeit von Um- und Weiterbildung der Arbeitnehmer und investieren doch erstaunlich wenig in diese so wichtige Angelegenheit. Sie nehmen Qualifikationslücken und Fachkräftemangel zwar als größte Barrieren in der Adoption von neuen Technologien wahr und glauben dennoch nicht, dass sich das Investment in die Weiterqualifizierung ihrer Belegschaft lohnt.[14] Dabei gibt es durchaus interessante Ideen und Ansätze, den Wert von Arbeitenden und ihrer Ausbildung für Firmen zu messen und den Fokus darauf auszurichten. Das WEF legte 2020 einen Vorschlag vor, wie man »Humankapital als Vermögenswert« betrachten kann.[15] Es empfiehlt Unternehmen, die Fähigkeiten ihrer Beschäftigten als wesentlichen immateriellen Vermögenswert in ihre Bilanz aufzunehmen, um ein besseres Verständnis zu bekommen und sich auf zukünftige Anforderungen einstellen zu können, sprich: die Arbeitenden gezielt weiterzuqualifizieren.

Lebenslanges Lernen ist nun keine neue Idee, in vielen Berufen muss man sich ohnehin regelmäßig weiterbilden. Doch was Lernumfang, Tempo und Themenvielfalt angeht, kommt eine andere Dimension auf uns zu. Neue Technologien verändern dieses Umfeld in dreierlei Hinsicht: zunächst in der Kompetenz, die wir brauchen, um mit Technologien umgehen zu können, zudem in der Art und Weise, wie wir zusammenarbeiten, und schließlich in den Möglichkeiten der Wissensvermittlung.

Was wir dafür in Zukunft können müssen, wurde in unzähligen Studien analysiert. Die meisten kommen zu dem Schluss, dass analytisches und kritisches Denken, Problemlösungskompetenz, Kreativität und Flexibilität, Selbstmanagement, aber auch Resilienz zu den Kernkompetenzen gehören, weiterhin höhere kognitive sowie emotionale und technische Fähigkeiten.[16, 17, 18] So weit, so nachvollziehbar … doch erstaunlich ist, wie häufig insinuiert wird, dass Wissen an sich an Bedeutung abnehmen wird, da ja alle Informationen jederzeit im Internet abrufbar seien. Das ist allerdings zu eindimensional gedacht. Zunächst ist Information nicht gleich Wissen. Letzteres umfasst neben der Information an sich auch ihr Verständnis und die Fähigkeit, die Information sinnvoll nutzen und anwenden zu können. Zudem ist Wissen unerlässlich für Kreativität, gerade im technischen Bereich. Um neue Ideen zu entwickeln und innovative Verbindungen zu knüpfen, ist tiefes Wissen und entsprechendes Verständnis unverzichtbar. Wer will, kann sich natürlich darauf verlassen, dass künftig nur noch KIs neue Therapien ausbrüten und auch sich selbst weiterentwickeln. Doch werden wir hier auf absehbare Zeit immer wieder an die Grenzen der KI-Fähigkeiten stoßen. Wir müssen also einen guten Mix aus *Hard* und *Soft Skills* erlernen, aus Fachwissen und sozialen und emotionalen Kompetenzen. Und das beginnt in der Schule.

Wenn ich an meine Schulzeit in den 1990ern zurückdenke, kommt zunächst die Erinnerung an eine große Langeweile hoch, eine Langeweile, die ich im selbstbestimmten Teil meines Lebens nicht kannte und bis heute nicht kenne. Endloses Auswendiglernen von Jahreszahlen statt der Entwicklung eines themenübergreifenden Verständnisses geschichtlicher Epochen. Abstumpfender Frontalunterricht statt offener und gemeinschaftlicher Projektarbeit, die Selbstwirksamkeit und Teamfähigkeit fördert. Das höchste der Gefühle waren Experimente in Chemie und Physik. Schaut man sich die heutigen Lehrpläne an, etwa für Gymnasien in Bayern, einem Bundesland, das viel auf seine Technologiefreundlichkeit und Zukunftsfähigkeit hält, so scheint sich wenig verändert zu haben. Informatik taucht ab der neunten Klasse auf, Sprache im Sinne von Programmieren ab der zwölften – als Zusatzangebot! Ernsthaft? Python sollte heutzutage eher die zweite Fremdsprache sein. Neue Technologien, Medienkompetenz – Fehlanzeige. Ebenso wie mentale Gesundheit. In Zeiten von digitalen Shitstorms und Hatespeech ist es unverzeihlich, Kindern nicht zu lehren, wie sie mit diesen Belastungen umgehen können.

2020 legte das Gottlieb Duttweiler Institut eine Studie vor, die zunächst vier Szenarien für unsere zukünftige Lebens- und Arbeitsweise entwirft, vom Kollaps unserer Gesellschaften über ein Gig-Economy-Prekariat und einem Netto-null-Zustand (CO2-Emissionsreduktion auf Kosten einschneidender persönlicher Einschränkungen) bis zu einer vollautomatisierten KI-Luxus-Welt.[19] Für jedes Szenario werden die Fähigkeiten analysiert, die man benötigt, um darin zu bestehen. Anschließend befragte das Institut 169 Schweizer Lehrende, inwieweit diese Fähigkeiten heutzutage bereits an ihren Schulen unterrichtet werden. Das Ergebnis ist ernüchternd. Während Teamfähigkeit und Wirksamkeit mit 4,4 bzw. rund 4 von 6 Punkten noch einigermaßen akzeptabel abschneiden, landen Computerkompetenz bei 3,7 und Programmierfähigkeit sowie das Vermögen, komplexe und im Überfluss vorhandene Informationen verarbeiten zu können, bei 3,4. Auch Statistiken verstehen, Risiken einschätzen und wissenschaftliches Denken (jeweils 3,3) sowie die Fähigkeit, in längeren Zeitperspektiven zu denken (3,4), scheinen keine besonders wichtigen Punkte im Lehrplan zu sein.

Das Schulsystem vertut nicht nur die Chance, Kindern und Jugendlichen essenzielle Kompetenzen zu vermitteln, sondern auch die Eigenschaft zu fördern, die lebenslanges Lernen am besten unterstützt: Neugier. Neugier will wissen, Neugier motiviert und begreift Lernen als etwas Aktives und Positives. Neugier ist die beste Voraussetzung, sich in unserer Welt zurechtzufinden. Wie können wir sie fördern? Indem wir unseren Kindern früh Anreize bieten und sie gleichzeitig selbst entdecken lassen, indem wir Raum für Experimente und unkonventionelles Denken lassen.

Dennoch gibt es auch positive Entwicklungen. In der Architektur von Schulen findet ein Umdenken statt, dem Erziehungswissenschaftler Loris Malaguzzi folgend, der den Raum neben Lehrenden und Lernenden als dritten Pädagogen sah. Die klassischen Zimmer werden durchbrochen, modulare Elemente, Licht und unterschiedliche Lernlandschaften sollen ein kindgerechteres Umfeld schaffen und zum selbst organisierten Lernen anregen. Auch digitale Tools finden langsam Einzug in die Klassenzimmer, so lernen Kinder mit Scratch auf einfache und spielerische Weise das Programmieren. Software wie Bookcreator ermuntern zur kreativen Gestaltung, und Apps wie Aula bringen digitale Demokratie in die Klassenräume. Doch all das steht nicht im Lehrplan, es bleibt den Lehrenden frei, die Tools zu nutzen oder eben nicht. Mit immer größerem Zeitdruck und weniger Lehrenden für mehr Schüler wird das schwierig.

Ähnlichen Herausforderungen sehen sich die Hochschulen gegenüber. Festgefahrene Prozesse, überkommene Hierarchien und mangelnde Flexibilität und Adaptionsfähigkeit bieten kaum den Nährboden für Zukunftskompetenzen. Die viel beschworene Interdisziplinarität findet in erster Linie auf dem Papier statt, dabei wäre gerade die Verknüpfung unterschiedlicher Fachgebiete wertvoll, um fächerübergreifendes Verständnis sowie Kreativität und Innovation zu fördern. Wollen wir unsere Gesellschaft zukunftsfähig machen, müssen wir unsere Ausbildungssysteme radikal neu denken.

Und nicht nur die, denn das Lernen hört eben nicht mit einem Berufsabschluss auf. Firmen werden sich ebenfalls Neues einfallen lassen müssen. Schließlich ist es für sie in den meisten Fällen weit günstiger, ihre Arbeitnehmer weiterzubilden, als neue Leute einzustellen.[20] Viele Firmen verlassen sich dabei in erster Linie auf interne Trainingskapazitäten.[21] Walmart betreibt etwa interne Akademien, um Mitarbeitende weiterzuqualifizieren und für die Digitalisierung fit zu machen, IBM und Bosch setzen auf begleitende Lehrausbildungen, und Roche bringt in einem Mentorenprogramm Mitarbeitende verschiedenen Alters zusammen, damit diese sich Kompetenzen voneinander abschauen können.

Ergänzt werden derartige Programme zunehmend durch Lernplattformen wie Udacity, edX und Coursera, auf denen Top-Universitäten Kurse und Trainings online zur Verfügung stellen. Die meisten kann man kostenlos nutzen, nur wer ein Zertifikat möchte, zahlt. Auch den Trend dieser Online-Lehrveranstaltungen hat die Coronavirus-Pandemie stark beschleunigt. Die Eigeninitiative von Lernwilligen stieg um das Vierfache, das Angebot an Online-Kursen über den Arbeitgeber um das Fünffache und über Regierungsprogramme sogar um das Neunfache.[22] Die Plattformen arbeiten dabei immer stärker mit Firmen und auch Regierungen zusammen. Udacity setzte etwa mit AT&T ein Programm für sogenannte Nano-Abschlüsse rund um *Data Science* und *Machine-Learning* auf, in das die Firma über 200 Millionen US-Dollar im Jahr investiert.[23] Coursera wiederum kooperiert mit über 100 Regierungen, um Arbeitssuchende über ihre Kurse zu qualifizieren und direkt mit lokalen Firmen in Verbindung zu bringen. In Ägypten unterstützt die Plattform die *Next-Technology Leader*-Initiative des Staates, und in der Mongolei arbeitet Coursera eng mit den lokalen Universitäten zusammen. Die Kollaboration zwischen Ausbildern, Unternehmen und Regierung ist ein wichtiger Erfolgsfaktor, um auf dem Arbeitsmarkt wettbewerbsfähig zu bleiben.

Arbeitsplatz

Am Strand im Schatten einer Palme sitzen, ein kühler Drink in der einen und den Laptop in der anderen Hand – so oder so ähnlich haben sich viele Büromenschen den zukünftigen Arbeitsplatz vorgestellt. *Anytime, anywhere.* Im Zeitalter von 5G (außerhalb Deutschlands), der alles umwabernden Cloud und in der Erwartung eines längst überfälligen Mentalitätswechsels in *Human Resources* (HR), so die Hoffnung, sollte man selbstbestimmt von jedem Ort aus arbeiten können, Hauptsache, man erledigt seinen Job. In der Corona-Pandemie ist das von Zukunfts- zu Gegenwartsmusik geworden, allerdings nicht mit einem Strand im Hintergrund, sondern mit dem ewig gleichen Küchentisch und der gesamten Familie vor der Nase. Wir haben uns in dieser Zeit an Dutzende neue Programme von Slack bis Zoom gewöhnt, haben über den miserablen Zustand des Netzausbaus geschimpft und festgestellt, dass Kollegen analog und nicht nur digital zu begegnen auch seine schönen Seiten hat.

Ein Upgrade von Remote Work verspricht *Mixed Reality* (MR). MR legt über ein spezielles Headset ein virtuelles Bild über die wirkliche Welt vor uns. Man kann auf diese Weise zum Beispiel ein Faultier auf seine Couch projizieren oder seinen Kollegen neben sich an den Tisch, um gemeinsam Daten anzuschauen, oder den technischen Experten in eine Werkshalle, um in einer kaputten Maschine nach Fehlern zu suchen. Ziemlich weit ist hier Microsoft. 2021 stellte die Firma ihr neues System Mesh vor. Es sitzt in der firmeneigenen Cloud und beamt mit der verbundenen MR-Brille HoloLens2 Menschen, Modelle, eigentlich, was man will, in die Wohnung oder das Büro.[24] Sehr bequem, sehr faszinierend, sehr teuer und daher wohl noch ein paar Jahre in der Ferne für die meisten von uns.

Remote, oder auch Hybrid Work, sprich: die Kombination von Büro- und Heimarbeit ist längst für einige Arbeitende Realität, für andere bleibt das Wunschdenken, und zwar für alle, die physisch arbeiten. Oder vielleicht auch nicht? In einem kleinen Gemischtwarenladen in Tokio steht eine mittelgroße, schwarze Gestalt mit breiten Schultern im Lager und räumt Regale ein. Es ist ein Model-T-Roboter der Firma Telexistence, der gemütlich eine Flasche nach der anderen ins Regal stellt.[25] Eilig scheint er es nicht zu haben, er braucht etwa achtmal so lange wie ein Mensch. Nichtsdestotrotz ist es ein erstaunlicher

Erfolg, denn Model T ist die kommerzielle Umsetzung der Idee, jeden denkbaren Job von jedem Ort der Welt aus erledigen zu können. Der Roboter handelt nicht autonom, er wird vielmehr wie eine Marionette von einem Menschen über *Virtual-Reality*-Brille und Bedienelemente gesteuert. Um ihn allerdings in großen Stückzahlen einsetzen zu können, muss Model T noch günstiger werden und auch eigenständiger. Eines Tages soll er so viel wissen, dass er einfache Tätigkeiten selbstständig ausführen kann, zumal es auf Dauer zu kostspielig ist, einen Roboter und einen Menschen gleichzeitig für denselben Job zu bezahlen.

Einige hoch spezialisierte Jobs können bereits heute per Roboter ausgeführt werden. Es gibt etwa hochpräzise chirurgische Roboter, die allerdings meist noch aus unmittelbarer Umgebung gesteuert werden. Doch denkbar ist, dass man sich eines Tages von einer Herzspezialistin operieren lassen kann, auch wenn sie sich gerade in Jakarta aufhält. Das würde den Zugang zu erstklassiger Medizin erleichtern, Kosten senken und womöglich eine neue Art von medizinischem Tourismus entstehen lassen. Warum in eine hässliche Stadt reisen, nur weil die medizinische Koryphäe dort praktiziert, wenn man sich auch in schöner Umgebung unters Messer legen und danach erholen kann?

Nicht nur heilen können wir aus der Ferne, auch das Töten wird immer mehr von seiner unmittelbaren Komponente entkoppelt. Soldaten sitzen in Arizona im sicheren Sessel, während die von ihnen gesteuerte Drohne über den Nahen Osten oder Pakistan sirrt und gezielt Menschen ausschaltet. Wobei das mit dem Zielen so eine Sache ist. Militärische Daten und Recherchen mehrerer Organisationen deuten darauf hin, dass Drohnen bei Tötungen deutlich ungenauer als bemannte Flugzeuge arbeiten und höhere Kollateralschäden verursachen.[26] Das viel zitierte Argument, militärische Drohnen machten die Kriegsführung präziser, setzten die eigenen Soldaten nicht der direkten Gefahr aus und seien somit humaner, ist also höchst fraglich. Dazu kommt die psychologische Komponente bei den steuernden Soldaten, die sich vor ihren Konsolen womöglich eher in einem Ego-Shooter-Spiel wähnen als in der Realität. Die ethischen Implikationen militärischer Drohnen sind gewaltig und ihr Einsatz auf internationaler Ebene längst nicht geklärt.

Zurück zu unseren »normaleren« Jobs. Neben den neuen Möglichkeiten, sich in beliebige Räume zu beamen oder Roboter auf der anderen Seite der Erdkugel zu steuern, gibt es einen weiteren Trend, der eine stark disruptive Wirkung haben wird. Er verbirgt sich hinter dem harmlosen Ausdruck *People Analytics* und ist eine Spielart der prädiktiven Analytik. In der Arbeitswelt finden wir sie quer durch den gesamten HR-Bereich, sie hilft, die Humanressourcen rundum zu vermessen, angefangen bei den Jobbewerbern.

Dass KI immer häufiger zum Screening von Bewerbungen verwendet wird und dabei alles andere als fehlerfrei funktioniert, ist bekannt. Amazon gab vor einigen Jahren die Entwicklung einer Rekrutierungs-KI wieder auf, als sich herausstellte, dass sie männliche Bewerber für Tech-Jobs bevorzugte – kein Wunder, sie war mit Bewerbungsdaten von über zehn Jahren, die, wie so häufig im Tech-Bereich, vornehmlich von Männern kamen, trainiert worden und hatte dadurch ein starkes Vorurteil entwickelt. Baidu-Mitarbeiter publizierten 2018 Daten zu ihrem *Person-Job-Fit-Neural-Network.*[27] Diese KI lernt über Wörter und Phrasen in Stellenanzeigen, welche Fähigkeiten und Kompetenzen gesucht werden, und durchforstet Bewerbungen nach Übereinstimmung. Das funktionierte teils gut, so konnte der Algorithmus von Anforderungen in Produktentwicklungsprozessen und Dokumentierung auf einen Bedarf an Programmmanagementerfahrung schließen. Doch in anderen Bereichen zeigte sich auch hier die Problematik des inhärenten Vorurteils. Derartige Geschichten häufen sich, verunsichern Bewerber und säen Misstrauen. Dabei lässt sich mit der Technologie durchaus etwas anfangen. Denkt man Baidus Ansatz im Sinne von Arbeitnehmern weiter, ließen sich mit einer derartigen KI womöglich neue Karrierepfade entdecken und nebenbei die Kompetenzen identifizieren, die für einen erfolgreichen Weg noch erworben werden müssen. Arbeitgeber wiederum könnten auf diese Weise ihre Mitarbeitenden gezielt weiterqualifizieren und die Transformation besser steuern.

Man kann unerkannte Fähigkeiten bei Mitarbeitenden oder die besten Bewerber allerdings auch spielerischer entdecken. Bewirbt man sich bei der Boston Consulting Group oder McDonald's, kann es sein, dass man erst einmal virtuelle Ballons aufpumpen muss. Für jeden Pumpstoß gibt es einen Geldbetrag, der allerdings verschwindet, wenn der Ballon platzt. Nach einigen Dutzenden Ballons hat die KI hinter dem Spiel analysiert, welche Strategie man in Risikosituationen wählt, und verglichen, ob diese Strategie in dem Job, auf den man sich beworben hat, Erfolg versprechend ist. Hat man ein paar Dutzend Ballons aufgeblasen, folgen eine Reihe weiterer Spielchen, die Aufmerksamkeit und Fokus, Fairness und einiges mehr messen sollen. Entwickelt hat die HR-Spiele Pymetrics, eine Firma, die anstrebt, ethische KI anzubieten, die den Menschen im Bewerbungsprozess in den Mittelpunkt stellt, niemanden benachteiligt und den Bewerbern hilft, ihr Potenzial zu realisieren. Auch Pymetrics sah sich mit der Vorurteils-Problematik konfrontiert und beauftragte daraufhin IT-Experten der Northeastern University, ihren Algorithmus zu prüfen. Das ist zunächst einmal ein großer Fortschritt, zumal die Firma damit neue Standards setzte und zudem den Audit-Code für jeden frei verfügbar machte. Doch jedes Audit hat seine Grenzen. Im besten Fall kann es einen Ausschnitt solide prüfen, jedoch nicht das ganze Bild ausleuchten. Im schlechtesten Fall liefert ein Audit ein Zertifikat, hinter dem eine Firma unsaubere Praktiken und mangelhafte Compliance verbergen kann. Im Falle von Pymetrics befanden die Wissenschaftler, dass die Firma einen recht guten Job machte. Dennoch kann aus der Analyse weder gefolgert werden, dass ihr Algorithmus völlig vorurteilsfrei sei, wie Pymetrics es sich auf die Fahne schreibt, noch, dass er die besten Jobkandidaten identifizierte. Erst wenn Prüfungen durch unabhängige Institutionen und Transparenz gegenüber den Kandidaten obligatorisch werden, etwa wenn eine KI das Verhalten der Bewerber in Video-Interviews analysiert, wird das nötige Vertrauen geschaffen.

People Analytics krempeln nicht nur den Bewerbungsprozess um, sie finden auch zunehmend in der Arbeitswelt Anwendung. Die Software von Hubstaff analysiert das Verhalten der Mitarbeitenden, basierend auf Mausbewegungen, Internetnutzung und Tastaturanschlägen; Time Doctor zeichnet auf, was sich auf dem Bildschirm tut, und fotografiert alle zehn Sekunden per Webcam, um festzustellen, ob man tatsächlich vor dem Computer sitzt; Enaible verfolgt, wie schnell man welche Aufgabe erledigt, und verpasst einem einen Produktivitäts-Score, ebenso Microsoft; Saberr und Humanyze wissen angeblich um die Teamdynamik sowie Engagement Bescheid. Letztere verteilen *Wearables*, die unter anderem Tonfall und Volumen von Gesprächen aufnehmen; Receptivity verpackt sein Mitarbeiterüberwachungstool mit den euphemistischen Worten *corporate mindfulness*.[28] Die positive Auswirkung derartiger Überwachung am Arbeitsplatz ist höchst fraglich. Die Aussagekraft der Analysen ist umstritten, das Vertrauen der Angestellten zu ihrer Firma wird untergraben, und die Ergebnisse können auch dazu verwendet werden, um unliebsame Mitarbeitende herauszufiltern und letztendlich loszuwerden. Hinter dem Versprechen scheinbarer Objektivität, verbesserter Mitarbeitererfahrungen und gezielter Förderung verbirgt sich ein dystopisches Kontrollinstrument, dass bestenfalls demotiviert und schlimmstenfalls das Arbeitsverhältnis nachhaltig zerrüttet.[29] Fatalerweise nahm die Anwendung derartiger Software bereits vor der Pandemie deutlich zu, eine Umfrage unter 7300 HR-Managern weltweit ergab, dass 2016 nur zehn Prozent, 2020 bereits 39 Prozent der Abteilungen prädikative Analytik nutzten.[30]

Die Notwendigkeit einer Neugestaltung der Arbeit ist vielen Entscheidungsträgern mittlerweile bewusst, der Begriff *New Work* ist schwer in Mode. Neu ist er allerdings nicht, die Idee dazu hatte der Sozialphilosoph Frithjof Bergmann bereits vor rund 50 Jahren. Bergmann beobachtete zum einen, dass sich die Arbeitswelt durch technische Neuerungen grundlegend änderte und reihenweise Jobs gefährdete, zum anderen erkannte er, dass viele Arbeitende in ihren Jobs ohnehin nicht zufrieden waren und ihre kreative und soziale Energie unnötig gebunden wurde. Verteilung und Organisation von Arbeit mussten also neu gedacht werden. Bergmann fand, dass »der Zweck der Technologie sein sollte, die bedrückende, geistesbrechende, wahnsinnig machende Kraft der Arbeit zu reduzieren – Maschinen zu verwenden, um die Arbeit zu erledigen, die langweilig und sich wiederholend ist. Dann können die Menschen die kreative, fantasievolle, erhebende Arbeit verrichten.«[31] Sein Ansatz dreht sich um persönliche Freiheit, Unabhängigkeit und den Gemeinschaftsgedanken, kurz: um sinnvolle Beschäftigung.

Diese Grundideen wurden inzwischen von Bergmanns geistigen Ziehkindern zu einer *New Work Charta* weiterentwickelt, im Zentrum stehen Freiheit, Selbstverantwortung, Sinn, Entwicklung und soziale Verantwortung. Auch die Leitlinien, die das WEF auf dem Weg zum »Humankapital als Vermögenswert« vorgibt, gehen in diese Richtung. Sie beschreiben einen Wandel von Profit zu Sinn, von reiner Firmenpolitik zu umfassender sozialer Verantwortung, von rückwärtsgewandten Quartalszahlen zu langfristiger Wertschöpfung.[32]

Der Übergang zu *New Work* ist nicht nur im Kontext Arbeitgeberinnen und -nehmer zu sehen, der Umbruch ist viel größer. Es ist im Grunde ein Wandel des Wirtschaftssystems, vom *Shareholder-* zum *Stakeholder*-Kapitalismus, von der Fokussierung auf kurzfristige Erhöhung der Aktionärsgewinne hin zu einer strategischen Ausrichtung auf eine Wertschöpfung für alle Beteiligten. Dass der

Unternehmenswert als einzige Erfolgskennzahl nichts taugt, ist ebenfalls seit Jahrzehnten bekannt. Von Milton Friedman in den 1970ern als Wirtschaftsideologie etabliert, wurde bereits in den 1990ern erste Kritik laut. Der Firmenwert als Messlatte fördere die Gier, schaffe Ungleichheit und Unsicherheit, gerade in den unteren Hierarchiestufen, und missachte soziale und ökologische Verantwortung. Vor allem aber wurde schnell deutlich, dass diese Strategie langfristige Werte zerstörte und somit nicht einmal ökonomisch Sinn machte. Das hinderte den einflussreichen amerikanischen *Business Roundtable*, einen Zusammenschluss von rund 200 CEOs der größten US-Firmen, allerdings nicht daran, 1997 eine Grundsatzerklärung herauszugeben, in der die Wertmaximierung für Aktionäre als alleiniger Zweck einer Kapitalgesellschaft dargestellt wurde.[33] Gut 20 Jahre später, 2019, erklärte derselbe *Roundtable*, dass dies wohl doch nicht die beste Idee war und es ebenso wichtig sei, einen Mehrwert für Kunden zu schaffen, Lieferanten fair zu behandeln, in Mitarbeitende zu investieren, die Gemeinschaft zu unterstützen und die Umwelt zu schützen.[34] Hehre Sache, nur erstaunlich, dass unter anderem auch Jeff Bezos und Tim Cook Mitglieder dieses Zirkels sind, deren Unternehmen Amazon und Apple nicht gerade für Arbeitnehmerschutz und -mitbestimmung, faire Lieferketten oder ökologisches Bewusstsein stehen. So positiv das Bekenntnis des CEO-Clubs zum *Stakeholder*-Kapitalismus ist, weitaus wichtiger ist, dass die Umsetzung nun über ein Lippenbekenntnis hinausgeht.

Um diese Umsetzung datenbasiert messen zu können, hat das WEF eine Reihe an Kennzahlen vorgeschlagen, darunter die Repräsentation verschiedener Alters-, Geschlechts- und ethnischer Gruppen in einer Arbeiterschaft, deren faire Bezahlung und das Verhältnis des CEO-Salärs zum durchschnittlichen Gehalt, die Investition der Firma in Fortbildungen und die absolvierten Trainingsstunden, weiterhin Gesundheits- und Sicherheitsmaßnahmen sowie soziale und ökologische Kennzahlen.[35]

Nicht nur die Unternehmen sind gefordert, denn im *Stakeholder*-Wirtschaftssystem hat jeder Beteiligte Gestaltungsmacht. Schauen wir uns also einige Optionen und Ideen an, wie drei der wichtigsten Interessengruppen, Angestellte, Unternehmen und Staat, das System und damit *New Work* formen können.

Mit Interesse, Neugier und Engagement als Voraussetzung lässt sich schon einiges anfangen. Noch nehmen viel zu wenige Arbeitnehmer die Weiterbildungsangebote wahr. Das wird sich mit dem Generationenwechsel wohl ändern, denn 79 Prozent der Gen-Zers möchten (Aus-) Bildung in ihre Arbeit integrieren.[36] Auch die Erwartungshaltung an die Arbeitgeber wandelt sich, 62 Prozent der *Millennials* wollen einen Berufsweg mit gesellschaftlicher Wirkung.[37] Diese neue Haltung dürfte dazu führen, dass sich die jungen Mitarbeitenden stärker in ihrer Firma einbringen, ihr Mitbestimmungsrecht einfordern und somit die Demokratisierung der Arbeitswelt vorantreiben werden. Ein Beispiel ist die Schweizer Firma Haufe-Umantis. Hier führen die Mitarbeiter die Firma über alle Ebenen. Angefangen hatte es mit einer sehr schwierigen Situation. 2008 geriet das Unternehmen in eine Krise und stand vor der Wahl, Mitarbeiter zu entlassen oder Gehälter zu kürzen. Der damalige CEO Hermann Arnold beschloss, den Mitarbeitern selbst die Entscheidung zu überlassen – fast alle stimmten für die Gehaltskürzungen. Ab dann wurden immer mehr Entscheidungen, auch strategische, demokratisch getroffen. Mit welchem Wettbewerber sollte die Firma fusionieren? Welche Bewerber sollten eingestellt werden? Seit 2012 wird sogar der Posten des CEO jährlich aus der Mitarbeiterschaft gewählt, zur großen Zufriedenheit der absoluten Mehrheit.

Leider ist ein derartig demokratisches Unternehmen die Ausnahme, noch werden vor allem große Konzerne autokratisch regiert, womit ihnen die größte Gestaltungsmacht zukommt. Die Sozialphilosophin Elizabeth Anderson nennt moderne Firmen gar Diktaturen, private Regierungen, geführt von einigen wenigen, die nicht gewählt sind, über viele, die kaum Mitspracherecht haben.[38] Das mag eine extreme

Ansicht sein und eher für amerikanische als für europäische Firmen gelten, ganz falsch ist es indes nicht.

Immerhin experimentieren bereits einige mit progressiven Ideen wie dem Fünf-Stunden-Tag oder der Vier-Tage-Woche – bei gleichbleibender Bezahlung. 2019 schloss Microsoft in Japan im August jeden Freitag die Büros und stellte erstaunt fest, dass die Produktivität gegenüber August 2018 nicht abfiel, sondern sogar um 40 Prozent stieg. Auch der Stresslevel der Mitarbeiter sank um sieben Prozent, obendrein sparte der Konzern 23 Prozent der Elektrizitätskosten und sparte rund 59 Prozent Druckerpapier.[39] Die neuseeländische Firma Perpetual Garden kam zu ähnlichen Resultaten und etablierte die Vier-Tage-Woche dauerhaft.

2019 untersuchte die Henley Business School der University of Reading die Effekte der Arbeitszeitreduktion auf britische Firmen: Zwei Drittel konnten ihre Produktivität steigern, insgesamt wurden 92 Milliarden Pfund eingespart, Mitarbeiter waren glücklicher (78 Prozent), weniger gestresst (70 Prozent) und hatten weniger Krankentage (62 Prozent).[40] Außerdem half das Angebot einer Vier-Tage-Woche den Firmen, neue Talente zu gewinnen (63 Prozent). Zu guter Letzt schätzten die Mitarbeiter, dass sie durch die verkürzte Woche rund 550 Millionen Meilen weniger je Woche mit dem Auto fuhren. Eine Arbeitszeitverkürzung bringt folglich ökologische, gesundheitliche und vor allem auch wirtschaftliche Vorteile. Ohnehin arbeiten die meisten keine vollen acht Stunden am Tag. Einer Umfrage des Workforce Institute unter knapp 3000 Angestellten aus acht Ländern zufolge fand fast die Hälfte, dass sie ihren Job ohne Weiteres in maximal fünf Stunden am Tag erledigen könnten.[41]

Auch bei der Firmenkultur herrscht Verbesserungsbedarf. Diversität, Mitbestimmung und authentische und gelebte Werte sind gefragt. Wie schon bei der Vier-Tage-Woche, so zahlt sich auch eine werteorientierte Kultur finanziell aus. Das wissen wir nicht erst seit gestern. Schon 1992 publizierten die Harvard-Professoren James Heskett und

John P. Kotter eine Studie, in der sie die jeweilige Firmenkultur mit der langfristigen Wirtschaftsleistung verglichen. Unternehmen, die ihre *Stakeholder* wertschätzten, die Führungsqualitäten förderten und flexibel auf Bedürfnisse reagierten, übertrafen Wettbewerber ohne eine derartige Firmenkultur bei Weitem. Der Umsatz war rund vier Mal so hoch, die Firmen wuchsen, gemessen an der Mitarbeiterzahl, fast acht Mal so stark, der Aktienkurs stieg bis um das Zwölffache und der Profit teils gar um das 756-Fache.[42]

Firmen könnten also viel tun, wenn sie wollten. Häufig genug braucht es jedoch Anreize und klare Regeln von staatlicher Seite, um dem Fortschritt auf die Sprünge zu helfen. Frankreich führte bereits 2000 eine 35-Stunden-Woche ein. Spanien beschloss Anfang 2021 ein dreijähriges Pilotprojekt zur Vier-Tage-Woche nach dem Vorbild der Kurzarbeit in Deutschland, nur dass die Spanier ihre »Kurzarbeit« dauerhaft aufbauen und staatlich unterstützen wollen, nicht nur in Krisenzeiten.

Nicht überall läuft es so progressiv, zu häufig werden die Chancen nicht genutzt, die Weiterbildung sowie Arbeitsplatz- und Zeitgestaltung bieten. Wenn gleichzeitig eine Arbeitslosenschwemme und ein Fachkräftemangel befürchtet werden, läuft etwas grundsätzlich schief. Ineffiziente und teure Programme zur Verwaltung von Arbeitslosigkeit müssten durch bedarfsorientierte Angebote ersetzt werden, die Menschen bestmöglich fördern und in sinnvolle Jobs bringen. Was spricht dagegen, die digitalen Talentmanagementprogramme auch in Arbeitsämtern einzusetzen, den Menschen zu helfen, ihre wahren Stärken zu entdecken und zu nutzen?

Neben der Weiterqualifizierung und der generellen Ausbildung werden Bürger von staatlicher Seite zunehmend auch eine Absicherung ihrer Gesundheitsversorgung und vor allem ihrer finanziellen Lebensgrundlage erwarten. In seinem Buch *Utopie für Realisten* beschreibt der Historiker Rutger Bregman anhand einer Vielzahl von Beispielen, dass nicht nur eine 15-Stunden-Arbeitswoche eine zukunftsfähige Option ist, sondern auch ein universelles Grundeinkommen (UGE), das den Menschen ein würdevolles Dasein ermöglicht, auch wenn die Automatisierung ihre Jobs fressen sollte. Befürworter erwarten, dass ein UGE die Menschen davor bewahrt, in Armut abzurutschen, ihnen ein Gefühl von Sicherheit gibt und gesellschaftliche Stabilität gewährleistet, auch indem es Menschen die Möglichkeit gibt, sich sozial zu engagieren. In kleinen Pilotprojekten konnten ermutigende Ergebnisse erzielt werden, so sank in einem namibischen Dorf die Mangelernährung von Kindern von 42 Prozent auf zehn Prozent, während die Anwesenheit am Schulunterricht um ganze 92 Prozent zunahm.[43] In Kanada verlängerte ein Grundeinkommen für bedürftige Familien den Schulbesuch um ein Jahr, zudem zeigte sich eine verbesserte mentale Gesundheit bei den Empfängern.

Weltweit liefen und laufen diverse Projekte zum UGE, die meisten jedoch in sehr kleinem Rahmen, was ihre Aussagekraft begrenzt. Spanien startete allerdings im Mai 2020 mit rund 850.000 Teilnehmern das bisher größte Projekt, um die Folgen der Pandemie abzufangen.[44] Auch hier beschränkt sich die Auszahlung auf Menschen mit besonders niedrigem Einkommen, ist also streng genommen kein UGE. Die gesamtgesellschaftliche Auswirkung lässt sich so folglich nicht untersuchen. Dennoch ist es ein beachtliches Unterfangen, auf dessen erste Ergebnisse sich Wissenschaftler wie Aktivisten freuen.

So verlockend eine Gesellschaft abgesichert durch universelle Gesundheitsversorgung und Grundeinkommen ist, es will bezahlt werden. Das spanische Projekt wird rund drei Milliarden Euro im Jahr kosten, umfasst aber nur einen Bruchteil der Bevölkerung.[45] Befürworter halten es für möglich, die Kosten durch Transfersysteme oder den Abbau der aufwendigen Sozialsysteme zu finanzieren, die infolge des UGE nicht mehr gebraucht würden; Kritiker sehen das als unrealistisch. Selbst wenn ein Großteil der Kosten dadurch gegenfinanziert werden könnte, auch dieses Budget müsste erst einmal bereitstehen.

Damit sind wir beim sensiblen Thema Steuerpolitik. Diverse klassische Umverteilungsmodelle werden bereits diskutiert, doch ein Thema, das ebenfalls direkt mit der Automatisierung zu tun hat, findet noch zu wenig Gehör. Denn mit fortschreitender Automatisierung auf Kosten von Arbeitsplätzen, gehen immense Steuereinnahmen verloren. KI zahlt keine Lohnsteuern, und da Lohn- und Einkommensteuer 2020 in Deutschland rund 36 Prozent des Steueraufkommens ausmachten, hat das enorme Auswirkungen auf den staatlichen Haushalt.[46] KI kauft auch nicht ein oder besitzt Häuser, zahlt also auch keine Mehrwert- oder Grundsteuer. Sollte sich die Automatisierung beschleunigen, ginge dem Staat massiv Einkommen verloren. Gleichzeitig wird KI für Unternehmen enorme Profite generieren, die jedoch eklatant ungleich verteilt werden, schließlich fließen die Gewinne bei geringerer Angestelltenzahl nur zu einem Bruchteil in Form von Löhnen in die breite Gesellschaft. Sofern die Arbeitenden, deren Jobs durch die Automatisierung verloren gehen, nicht weiterqualifiziert und in neuen Jobs untergebracht werden können, müsste eine vollkommen neue Steuerstruktur geschaffen werden.

Die Diskussion, ob Roboter gesondert besteuert werden müssten, entbrannte 2017. Südkorea führte einen negativen Anreiz über die Kapitalsteuern für Firmen ein, die in Automatisierung investierten. Auf der anderen Seite der Erdkugel beschloss das EU-Parlament zwar eine Strategie, wie mit dem zunehmenden Einsatz von Robotern regulatorisch umgegangen werden sollte, lehnte jedoch gleichzeitig eine Besteuerung von KI und Robotern ab. Daraufhin meldete sich Bill Gates zu Wort und befürwortete eine Steuer, die entsprechend dem Gehalt der Arbeiter, die durch einen Roboter ersetzt werden, erhoben würde. Die Vision hinter einer solchen Steuer ist, dass eines Tages Maschinen so viel besteuerbaren Mehrwert erarbeiten, dass wir Menschen uns gemütlich zurücklehnen können und auf Basis dieser Steuern ein staatliches Einkommen haben. Weniger utopische Geister sehen die Robotersteuern zumindest als Möglichkeit, die rasante Entwicklung etwas zu entschleunigen und so den Arbeitenden Zeit zu geben, sich der neuen Realität anzupassen, etwa durch

Weiterqualifizierung. Außerdem ließe sich die Steuerflucht internationaler Firmen durch Gewinnverschiebung in Steuerparadiese bekämpfen, denn wo ein Roboter steht und arbeitet, lässt sich viel eindeutiger feststellen und somit besteuern als der Gewinn. Schwierig wird es in der Umsetzung der Steuer allerdings mit der Definition von Roboter. Zählt schon ein Verkaufsautomat oder erst ein Greif- und Schraubarm am VW-Fließband?

Die Abgabe sollte nicht als Abschreckung gestaltet werden, sondern gleichwertig zur bisherigen Lohn- und Einkommenssteuer. Erhält man das Steuergleichgewicht zwischen menschlichem und maschinellem Arbeiter, werden Firmen Roboter nur dann einsetzen, wenn sie tatsächlich einen Produktivitätsgewinn bringen, und nicht nur, um Steuervorteile abzugreifen. Andere Vorschläge zielen auf eine Erhöhung der Kapital- oder Gewerbesteuer ab. Noah Smith von Bloomberg empfiehlt, einen Fonds einzurichten, über den sich der Staat Firmenanteile sichert und den Gewinn an die Bevölkerung verteilt.[47] Alternativ könnten Gewerbesteuern ganz abgeschafft und durch staatliche Firmenanteile ersetzt werden.

Eine Debatte über UGE und innovative Steuermodelle gehört neben Gesundheitsversorgung, Bildung und Ökologie ganz oben auf die politische Agenda. Denn ein Staat wird sich künftig auch daran messen lassen müssen, wie er grundlegende Bedürfnisse jenseits von materiellem Wohlstand erfüllt. Ähnlich wie der *Shareholder-Value* hat auch das Bruttoinlandsprodukt (BIP) als einzig maßgebende Kennzahl für den Wohlstand eines Landes ausgedient, denn es fokussiert sich allein auf materielle Werte gemessen an bezahlten Dienstleistungen und Produkten. Schon Simon Kuznets, der in den 1930er-Jahren das nationale Einkommen der USA berechnen sollte und damit eine frühe Version des BIP lieferte, wies auf die Limitationen dieses Indikators hin. Wichtige wertschöpfende Faktoren wie unbezahlte Hausarbeit finden sich darin ebenso wenig wie ökologische Auswirkungen, die häufig genug Werte vernichten und so einen negativen Effekt auf den Wohlstand haben. Heutzutage fallen diese Faktoren noch stärker ins Gewicht, da in der digitalen Welt unzählige Dienste wie E-Mail, Kalender und sogar Nachrichten kostenlos im Netz verfügbar sind und der Wert, der durch sie generiert wird, somit nicht im BIP abgebildet wird. Vor allem aber werden nach wie vor Werte wie Lebenserwartung, Schulbesuch und Biodiversität ignoriert. Dabei gibt es genügend Ansätze, die Wohlstandsmessung sinnvoll zu erweitern, wie den UN-Index der menschlichen Entwicklung, der neben Einkommen auch Bildung und Lebenserwartung einbezieht. Bhutan misst neben dem BIP noch das Bruttosozialglück der Bürger und der *Social Progress Index* vereint elementare menschliche Bedürfnisse (Ernährung, Sicherheit etc.) mit Grundlagen des Wohlbefindens (Information, Gesundheit, Umwelt etc.) und Chancen (Rechte, Freiheit etc.). Das »BIP-B« von Stanford-Ökonom Erik Brynjolfsson versucht, die digitalen Dienste abzubilden, indem die tatsächlich generierten Werte eingerechnet werden, nicht nur die Preise, die für etwas gezahlt werden. Laut Brynjolfssons Studien kreierte allein Facebook zwischen 2004 und 2009 einen Wert von über 225 Milliarden US-Dollar für seine Nutzer, der nicht im BIP abgebildet ist.[48] Wollen wir also den Erfolg eines Landes tatsächlich erfassen, müssen wir uns ein umfassenderes Bild machen – inklusive Zufriedenheit der Bürger und Zustand des Ökosystems.

Es erstaunt, wie viel wir seit geraumer Zeit wissen und dieses Wissen dennoch nur langsam nutzen. Wir wissen seit Langem, dass BIP allein nicht funktioniert, ebenso wenig wie *Shareholder-Value*. Wir wissen, dass diverse Teams besser abschneiden als männliche Monokulturen. Wir wissen, dass sich die Kultur einer Firma auch in der psychischen Gesundheit und Zufriedenheit der Mitarbeitenden bzw. Bürger spiegelt, was wiederum in direktem Zusammenhang mit der finanziellen Performance zusammenhängt. Und trotzdem halten wir an überkommenen Vorstellungen fest – Bilderbuchbeispiel für meine Definition von Dummheit: vorsätzliches Nicht-lernen-Wollen.

Dabei würde eine konsequente Umsetzung des *Stakeholder*-Systems zusammen mit einem klugen Einsatz neuer Technologien uns nicht nur mehr Zeit, sondern auch mehr Lebensqualität geben und nicht zuletzt den sozialen Zusammenhalt stärken.

Kapitel 11
Kunst, Kultur und Engagement

»Die Glückseligkeit scheint in der Muße zu bestehen.«
Aristoteles

Viele Menschen werden also sehr wahrscheinlich mehr Zeit haben, entweder weil fortschreitende Automatisierung ihre Jobs überflüssig macht oder weil sie ihre Arbeitszeit reduzieren können. Letzteres hat gute Chancen, da Firmen zunehmend erkennen, dass weniger oftmals mehr ist und außerdem gut ausgebildete Arbeitnehmerinnen durch den Fachkräftemangel eine stärkere Verhandlungsmacht erhalten und so mehr Freizeit fordern können. Was also werden wir mit dieser Zeit anfangen? Werden wir uns mehr in der Gemeinschaft engagieren? Oder intensivere Erlebnisse suchen? Oder einfach entspannen?

Das hängt stark von individuellen Vorlieben ab und lässt sich pauschal nicht beantworten. Wie eine zukünftige Woche aussehen könnte, wollen wir uns daher beispielhaft an meinem Alter Ego anschauen. Sie lebt mit Partner und Kind in der Stadt, übt einen Bürojob aus, interessiert sich für Kunst und Musik und versucht, Arbeit mit Familie und Engagement zu verbinden. Es ist dank neuer Technologien eine mögliche Zukunft, aber keine Utopie.

Montag

Meine Woche fängt nicht mit einem klassischen Arbeitstag an, sondern mit einem Tag für mich und für meine lokale Gemeinschaft. Die 32-Stunden-Woche ist Realität, und mit meinem 80-Prozent-Job arbeite ich gut 25 Stunden auf vier Tage verteilt. Der Montagvormittag gehört mir. Nachdem ich mein Kind zur Kita ins Gemeinschaftszentrum gebracht habe, gehe ich erst einmal eine Stunde im nahen Wald joggen. Ich könnte mir auch über einen smarten Spiegel meinen persönlichen Fitnesstrainer ins Wohnzimmer holen, aber ich ziehe die Natur und die frische Luft vor. Ich lebe im Luxus. Nicht im materiellen, mein Luxus ist ein anderer. Obwohl ich in einer Stadt lebe, bin ich in drei Minuten am Fluss und springe in sauberes Wasser. Gehe ich in die andere Richtung, bin ich in fünf Minuten in einem Wald, in dem ich regelmäßig Füchse, Rehe und Schwarzspechte treffe.

Danach genieße ich die Ruhe auf meinem Balkon und lese. Leider habe ich bereits alle Bücher meiner Lieblingsautorin gelesen, und da sie nicht mehr unter uns weilt, werden auch keine mehr nachkommen. Also, keine, die tatsächlich von ihr geschrieben wurden. Zum Glück kann ich zum Preis eines normalen Buches bei einer KI einen Roman im Stil der Autorin bestellen, eine Stunde später habe ich ihn auf meinem E-Reader.

Gegen Mittag mache ich mich auf ins Gemeinschaftszentrum, dem Herz unseres Stadtviertels. In diesem Gebäudekomplex, der sich rund um einen gemütlichen, schattigen Platz gruppiert, sind unter anderem Seniorenheim, Kita, Schulen, Event-Räume und Restaurants untergebracht. Professionelle Kern-Teams aus Lehrerinnen, Pflegern, Köchen und Technikerinnen kümmern sich darum, dass der Laden läuft. Doch ein guter Teil der Arbeit wird von Freiwilligen erledigt. Sie helfen in der Küche, verbringen Zeit mit den Senioren, betreuen Kinder und organisieren Aktivitäten und Events. Senioren und Schüler tragen ebenfalls ihren Teil bei, Erstere helfen zum Beispiel bei den

Hausaufgaben, Letztere kümmern sich darum, dass Erstere nicht vom technologischen Fortschritt abgehängt werden. Entgegen der weitverbreiteten Befürchtung, dass ein UGE Faulheit und Sozialschmarotzertum fördern könnte, zeigen die Menschen ein stärkeres Interesse, sich zu engagieren, sie haben jetzt Zeit und Muße dazu und genießen die Anerkennung ihres Einsatzes. Die wenigsten sind stolz darauf, nicht zu arbeiten oder mit Ende 30 Rentner zu sein und der Gemeinschaft für ihre Unterstützung nichts zurückzugeben. Stattdessen hat das UGE der finanziellen Grundsicherung das Stigma genommen, denn jeder bezieht es. Ob soziales, politisches oder ökologisches Engagement, es wird wichtiger, weil wir es wollen und weil wir es brauchen, weil die technologische Entwicklung es notwendiger macht, aber auch neue Möglichkeiten schafft.

Finanziert wird das Zentrum durch staatliche Unterstützung, Einnahmen aus Restaurant und Events und auch von einem Verein der effektiven Altruisten. Auch dessen Mitglieder wollen sich sozial einbringen, allerdings lieber durch finanzielle als zeitliche Unterstützung. Sie finden, dass sie einen größeren Einfluss auf die Verbesserung der allgemeinen Lebensumstände nehmen können, indem sie ihre Talente für hoch bezahlte Jobs einsetzen und dann einen guten Teil ihres Einkommens gezielt spenden, als wenn sie ihre Zeit für soziale oder ökologische Projekte einsetzen. Vollkommen in Ordnung, denn eine Finanzierung all der progressiven Projekte braucht es eben auch. Warum sollte nicht jeder einen Beitrag entsprechend seiner Prioritäten leisten. Eine weitere Einnahmequelle ist ein Gemeinschaftsfonds internationaler, aber auch lokaler Mittelständler. Freiwillig, wohlgemerkt, nicht über eine zusätzliche Steuer, denn das verringert den Widerstand und schafft zusätzlichen Anreiz. Wer schreibt sich nicht gern auf die Fahne, was er alles großzügig unterstützt? Es hat zwar eine Weile gedauert, aber inzwischen haben die meisten Unternehmen gemerkt, welchen Wettbewerbsvorteil es auf dem umkämpften Fachkräftemarkt bringt, wenn man sich als Teil der Gesellschaft versteht und nicht nur als Profitmaximierer. Daher unterstützen immer mehr Firmen soziale Initiativen, indem sie in den Fonds einzahlen oder ihren Mitarbeitern ein Kontingent an Stunden freistellen, in denen sie sich in den Projekten einbringen können.

Ich komme gerade richtig zum Mittagessen. Morgens noch hatte mein Partner uns per App zum Essen angemeldet, zur Auswahl stehen drei Gerichte zu angemessenen Preisen. Die App gleicht die Essenswünsche mit der Produktion der Gemeinschaftsdachgärten ab und bestellt die fehlenden Zutaten direkt bei benachbarten vertikalen Farmen, Biohöfen aus dem Umland und dem Großmarkt.

Apropos Dachgarten. Hier habe ich am Nachmittag meinen Einsatz. Beim Wühlen und Graben in der Erde, Beetewässern und Gemüseernten finde ich einen wunderbaren Ausgleich zu meinem Bürojob.

Dienstag

Heute habe ich sieben Stunden Homeoffice eingeplant. Normalerweise stückle ich einen so langen Arbeitstag mit zwei längeren Pausen, doch heute Abend habe ich noch etwas vor und will daher früh fertig werden. Um dennoch nicht zu übermüden und effizient zu bleiben, verlasse ich mich auf die *People-Analytics*-Plattform meiner Firma. Richtig gelesen, auch wir setzen die Analyse-Tools ein, allerdings zum Vorteil der Mitarbeitenden, jeder kann nur seine eigenen Daten und Ergebnisse einsehen. Durch die *Wearables* und unser Verhalten am Computer wissen wir genau, wann unser individuelles Hoch ist, und können die komplexesten Aufgaben genau dann erledigen. Die Tools erinnern uns auch regelmäßig daran, dass wir uns zwischendurch bewegen sollten und verordnen uns eine kurze Pause, wenn die Konzentration sinkt. Für heute habe ich meinen Helfer so eingestellt, dass ich jede Stunde eine kurze Bewegungseinheit per Coach eingespielt bekomme. Sollte ich da gerade hochfokussiert arbeiten, kann ich für eine halbe Stunde *snoozen*, doch spätestens dann wird mein Bildschirm schwarz und zeigt lediglich den Coach.

Rechtzeitig um 18 Uhr bin ich daheim und wähle mich über meine VR-Brille in die Vernissage eines Künstlerkollektivs in Nairobi ein. Dort treffe ich einen alten Freund, der mittlerweile in Tiflis wohnt, doch dank der Technologie können wir zusammen durch die Galerie streifen, die Kunst betrachten und mit anderen Besuchern diskutieren. Nicht nur das, wir können in die Bilderwelt eintauchen und die Werke sogar ersteigern. Derartige virtuelle Ausstellungen sind mehr als ein Transfer traditioneller Events in den digitalen Raum. Sie sind eine Demokratisierung der Kunstwelt. Zum einen kann jeder von jedem Ort und zu jeder Zeit teilnehmen. Ich muss nicht in Nairobi sein, um diese wundervollen Bilder und Skulpturen zu sehen. Ich muss auch kein Kunstkenner sein, sondern kann einfach auf Erkundungstour gehen und mich von meiner Neugier leiten lassen. Den Künstlern eröffnet sich so eine ganz neue, größere Bühne, um ihr Werk bekannt zu machen, und uns Bewunderern wiederum die Chance, unbekannte Talente zu entdecken, bevor der Kunstklüngel sich auf neue Hype-Artisten geeinigt und deren Werke in unbezahlbare Sphären gehoben hat.

Wir stehen vor einem faszinierenden digitalen Bild von R2D3. R2D3 ist eine KI und »Schüler« von

$$\min_G \max_D \mathbb{E}_x[\log(D(x))] + \mathbb{E}_z[\log(1 - D(G(z)))]$$

die wiederum die erste KI war, deren Gemälde »Portrait des Edmond Belamy« bei Christie's versteigert wurde, für sagenhafte 432.500 US-Dollar.[49] Die KI war mit rund 15.000 Porträts aus dem 13. bis 19. Jahrhundert gefüttert worden, aus diesem Datenschatz produzierte sie dann Herrn Belamy.

KI hat bereits in den 2010er-Jahren angefangen, selbst Kunst zu produzieren. Wobei – selbst? Wenn KI ein Gemälde erschafft, wer ist dann der Urheber, die KI, die Programmierer, *die Data-Scientists*, die die Bilder der Trainings-Datensätze auswählten, oder gar die Maler dieser

Bilder? Das hängt wohl in erster Linie davon ab, wie man Kunst definiert. Geht es um die Produktion des Werkes, dann wäre die KI der Urheber, geht es um die Vision, um die Intention, die hinter dem Bild steht, wären diejenigen die Urheber, die die KI mit den Daten gefüttert haben, wie J. K. Eshraghian in einem Artikel für *Nature* erörtert.[50] Man könnte die Antwort auch an der Frage der Kreativität festmachen. Viele behaupten nach wie vor, dass Kreativität etwas zutiefst Menschliches sei, für KI unerreichbar. Doch so klar sind die Grenzen nicht mehr. KI zeigt beim hochkomplexen Spiel Go äußerst originelle Züge, und Roboter finden kreative Lösungen, sich trotz Beschädigungen weiterzubewegen.[51] In der Kunst kann man KIs vorgeben, in einem speziellen zeitlichen Stil zu »malen« oder einen Künstler zu imitieren. Die Ergebnisse sind so überzeugend, dass viele Betrachter nicht klar sagen können, ob ein Werk menschlichen Ursprungs ist, wie das *Art and Artificial Intelligence Lab* der Rutgers University untersucht hat.[52]

Nicht nur KIs, auch Menschen erschaffen immer mehr digitale Kunst, seien es Bilder, Musik, Spiele oder Videos. Diese unterscheidet sich insofern von klassischer Kunst, als dass es sie nicht in greifbarer Form gibt wie ein Gemälde von Munch und damit auch nicht *ein* Original. Das ist einerseits das wunderbare an ihr, denn sie lässt sich unendlich vervielfältigen und teilen, andererseits stellt es die Künstler vor das Problem des Urheberschutzes und damit vor die Frage, wie sie ihr digitales Werk gewinnbringend verkaufen können. Die Lösung, die 2021 zu einem Hype ansetzte, schienen *non-fungible Tokens* (NFTs, oder Niftys), nicht ersetzbare kryptografische Tokens in einer Blockchain, zu sein. NFTs sind quasi digitale Währungen wie Bitcoin, nur dass sie nicht wie diese beliebig austauschbar sind. Ein NFT ist immer von einem anderen NFT unterscheidbar und enthält Metadaten, die man eindeutig einer digitalen Datei zuordnen kann. Die Idee war, über diese NFTs digitale Eigentumsrechte zu klären und somit handelbar zu machen. Außerdem wird über NFTs eine künstliche Knappheit eines potenziell unendlich oft verfügbaren Gutes, nämlich einer digitalen

Datei, hergestellt. 2017 wurden die ersten Krypto-Sammlerstücke gehandelt, teils recht primitive Bilder von *CryptoKitties* und *CryptoPunks*, die mitunter Millionensummen einbrachten. Schlagzeilen machte die Technologie, als am 11. März 2021 das Werk *Everydays: the First 5000 Days* des Künstlers Beeple bei Christie's für über 69 Millionen US-Dollar versteigert wurde.[53] Daraufhin brach eine Welle an NFT-Auktionen los, nicht nur auf dem Kunstmarkt. Tim Berners-Lee verkaufte seinen World-Wide-Web-Quellcode von 1989 für 5,4 Millionen US-Dollar bei Sotheby's,[54] Twitter-Gründer Jack Dorsey seinen ersten Tweet für 2,9 Millionen US-Dollar.[55] Inzwischen kommen sogar Klopapierfirmen auf die Idee, NFT-Kunst mit dem wunderbaren Satz »Manchmal geht ein besseres Badezimmererlebnis über den Sitz hinaus, deshalb haben wir die allererste NFT-Kunst einer Toilettenpapiermarke auf den Markt gebracht!« an den Kunden zu bringen.[56]

Sieht also so aus, als hätten Künstler endlich mehr Kontrolle und Verdienstmöglichkeiten auf dem digitalen Markt. Wären da nicht ein paar heftige Haken. Zunächst einmal bringen sie naturgemäß sämtliche Mankos der Blockchain mit sich, inklusive einer horrenden Klimabilanz. Der KI-Experte und Digitalkünstler Memo Akten errechnet etwa für ein NFT mit mehrfacher Ausgabe einen ökologischen Fußabdruck von rund 260 MWh Energieverbrauch und 160 Tonnen CO_2 an Emissionen innerhalb eines halben Jahres, dafür könnte man 1500 Stunden fliegen oder 838.000 Kilometer Auto fahren.[57] Damit nicht genug. Eine Künstlerin muss finanziell erst einmal in Vorleistung gehen, um ein NFT auf ihr Kunstwerk zu prägen, die Gebühren bewegen sich bei den meisten Plattformen zwischen 40 und 1000 US-Dollar. Damit geht allerdings keinerlei Garantie einher, dass das Werk auch tatsächlich verkauft wird. Gleichzeitig kann jeder NFTs auf digitale Dateien aus dem Netz prägen, auch wenn er nicht der Urheber ist, was dazu führt, dass Kunstschaffende immer wieder ihre eigenen Werke als NFTs auf irgendeiner Plattform zum Verkauf finden, ohne dass sie ihre Zustimmung gegeben hätten. Der angebliche Schutz ihrer

Urheberschaft ist somit nicht gewährleistet. Die smarten Verträge regeln zwar die Verhältnisse in der Blockchain, doch in der realen Welt sind NFTs mitnichten rechtlich bindend. Das System, das eine Vertrauensbasis überflüssig machen und die Verhältnisse über die Blockchain eindeutig regeln sollte, wird also ad absurdum geführt. Nicht nur für die Künstler, auch für die Käufer. Denn die Kunstwerke sind viel zu groß, um sie direkt in der Blockchain zu lagern. Ein NFT enthält daher nur einen Link zu dem Ort im Internet, an dem man das Werk finden kann. Man kauft nicht das Werk selbst, sondern nur einen Link. Doch Links können sehr leicht brechen, sei es, weil das Werk – wie häufig der Fall – auf der Website eines Start-ups liegt, das pleitegehen kann, sei es, weil der Domain-Besitzer vergisst, seine Gebühren für die Domain zu bezahlen. Die Wahrscheinlichkeit ist also recht hoch, dass man in ein paar Jahren einen kaputten Link besitzt und nicht mehr, denn die Besitzverhältnisse können somit nicht mehr nachgewiesen werden.

Mittwoch

Mein Arbeitsplan für diesen Mittwoch sieht so aus, dass ich morgens drei Stunden im Homeoffice verbringe und abends noch mal zwei Stunden Meetings mit Kollegen in Südamerika abhalte. Mittags treffe ich meine Familie zum Essen im Zentrum und habe dann den Nachmittag über Zeit, mich um mein Kind zu kümmern. Da das Wetter schön ist, verbinde ich das mit einer meiner Leidenschaften, den *Citizen-Science*-Projekten. Angefangen hatte ich damit bereits Anfang der 2000er-Jahre mit Folding@home. Dabei kann man seinen Computer zur Verfügung stellen, der die gerade nicht genutzte Rechenkapazität dafür einsetzt, Proteine zu falten. Das klingt komisch, ist aber ausgesprochen hilfreich für Wissenschaftler, denn Proteinfaltung ist ein hochkomplexes Thema, das unter anderem bei Entstehung wie auch Behandlung von vielen Krankheiten wie Alzheimer und Krebs eine wichtige Rolle spielt. Mögliche Faltungen zu simulieren verbraucht enorm viel Rechenpower, und so kam Vijay Pande von der Stanford University 2000 auf die Idee, ein riesiges, freiwilliges Rechennetzwerk zu schaffen. Während der Corona-Pandemie im April 2020 erreichte das Netzwerk mit über elf Millionen Computern eine Rechenleistung von 2,24 ExaFLOPS und übertraf damit die vereinte Leistung der 500 rechenstärksten Supercomputer der Welt.[58]

Ein anderes meiner Projekte dreht sich um die Insektenvielfalt. Ich habe die Patenschaft über einige Wiesen in unserer Nähe übernommen, auf denen ich regelmäßig die sechsbeinigen Bewohner katalogisiere. Zusammen mit meinem Kind hüpfe ich durchs Gras und fotografiere die Viecher. Die App, die uns vom Projekt zur Verfügung gestellt wurde, identifiziert die meisten Insekten sofort, alle unklaren Bilder werden an Wissenschaftler geschickt. Einmal im Monat gibt es eine Videokonferenz mit den Forschern, in denen sie uns Laien die neuesten Erkenntnisse erklären. Ein separater Call ist speziell auf Kinder zugeschnitten, hier lernen sie spielerisch mehr über das Projekt und ihre Umwelt. Grandios.

Je nach verfügbarer Zeit und Expertise muss man sich nicht mit der Rolle des Datensammlers zufriedengeben, man kann selbst Projekte anregen oder mitdesignen und -leiten. CitieS Health, ein Projekt im Rahmen des EU-Forschungsförderungsprogrammes Horizon 2020, gab Bürgern aus fünf Städten die Möglichkeit, sich bei der Erforschung städtischer Faktoren und deren Auswirkung auf unsere Gesundheit einzubringen. Sie untersuchten den Einfluss von Luftverschmutzung (Barcelona), Lärmbelastung (Ljubljana) oder öffentlichen Plätzen (Kaunas) auf die Gesundheit und entwickelten zudem einen Werkzeugkasten, der anderen Bürgen bei Design und Durchführung von *Citizen-Science*-Projekten helfen soll.

Citizen Science ist eigentlich eine alte Geschichte. Einige der bedeutendsten Entdeckungen der Wissenschaften wurden durch Laien getätigt. Antoni van Leeuwenhoek etwa, der im 17. Jahrhundert die ersten

Mikroorganismen durch seine selbst entwickelten Mikroskope beobachtete, war in seinem normalen Leben Tuchhändler und städtischer Beamter. Insofern kehren wir durch unser neues Interesse an der Laienforschung zu unseren wissenschaftlichen Wurzeln zurück, und das bringt uns gleich eine ganze Reihe an Vorteilen. Es fördert die Neugier und das Vertrauen in Wissenschaft, beschleunigt die Forschung und hebt den Schatz an Wissen und Kreativität, der in unserer Gesellschaft schlummert. Durch die Reduktion der generellen Arbeitszeit, das UGE und eine bessere Finanzierung seitens des Staates und von Stiftungen hat *Citizen Science* einen starken Schub bekommen. Beteiligten sich in Deutschland 2019 lediglich gut 63.000 Bürger über die zentrale Plattform *Bürger schaffen Wissen*,[59] sind es einige Jahre später schon eine knappe Million.

Weil wir gerade bei der Wissenschaft sind: Auch die ist flott auf den NFT-Zug aufgesprungen. George Church plant sein Genom per NFT zu versteigern und damit den Weg zu ebnen für alle, die ihre genetische Information Pharmafirmen zugänglich machen und davon auch finanziell profitieren wollen. Befürworter sehen die NFTs auch als Möglichkeit, Wissenschaft unter die Leute zu bringen und Gelder für Forschung einzuwerben. Kritiker sehen nicht mehr als einen PR-Gag hinter der Sache. Die Berkeley University will jedenfalls ein »Kunstwerk« mit Bezug zu Jennifer Doudnas CRISPR-Entdeckung versteigern – sofern das laufende Patent nicht beeinträchtigt wird, denn das wäre ja tatsächlich ein wertvolles NFT.[60]

Donnerstag

Heute bin ich den ganzen Tag im Büro. Das Büro als Ort und auch als Funktion hat sich grundlegend verändert. Nachdem wir die meiste Zeit flexibel von irgendwo arbeiten, gehen wir nicht mehr ins Büro, um dort weiter still und allein unseren Job zu machen, sondern um unsere Kollegen zu sehen, um gemeinsam Ideen zu entwickeln, um Inspiration zu bekommen, um Energie, Loyalität und Teamspirit zu »laden«, wie es der Architekt Thomas Heatherwick beschreibt.[61] Der physische Ort des Büros, die Architektur, soll dies möglich machen. Mein Büro löst dies, indem es alle Sinne anspricht und verschiedene Räume geschaffen hat, die je nach Art der Arbeit entsprechende Anreize liefern. Kaltes oder warmes Licht lässt uns fokussieren oder den Geist für kreative Ideen schweben, Moos an einzelnen Wänden filtert die Luft, schafft ein frisches Raumklima und entspannt beim Anfassen ungemein. Leise Musik passt sich automatisch der Stimmung in einem Raum an, die KI dahinter rechnet mit unseren Herzschlägen oder Stimmen. Ich nutze den Tag, um halbstündige, intensive Meetings mit meinen Kollegen abzuhalten, mit ihnen Aufgaben zu planen und zu verteilen und bei ein paar Kaffees den Flurfunk abzuhören.

Abends diskutieren wir im Bürgerrat eines der großen Themen unserer Zeit: Wer wollen wir sein? Wie weit wollen wir mit *Human Enhancement* gehen? Es ist einer der ersten gesamteuropäischen Bürgerräte, das Thema ist zu groß für ein Land. Mehr als zwei Jahre haben wir nun Experten zugehört, Daten gesichtet und debattiert, auch das Für und Wider des Transhumanismus abgewogen, der fortschreitenden Transformation des Menschen mittels Technologie, um seine natürlichen Limitationen zu überwinden. Bioliberale sehen die Chancen und Vorteile, die neue Technologien bringen, während für Biokonservative die Risiken schwerer wiegen. In der Diskussion um HE spiegeln sich viele grundlegende Fragen zum Umgang mit Technologie, zu sozioökonomischen Aspekten und zur Würde wider.

Zunächst einmal ist da die Sorge, dass wir mehr Schaden als Gutes anrichten. Unbestritten haben die derzeit verfügbaren Technologien Unzulänglichkeiten, zum Beispiel die riskanten hochinvasiven Operationen, um Elektrodenarrays in die Hirnrinde zu implantieren. Auch ist das momentane Wissen bei vielen Anwendungen noch nicht umfangreich genug, um die Folgen eines Technologieeinsatzes abzuschätzen. Viele dieser Herausforderungen werden wir wohl in naher Zukunft meistern. Problematisch wird unter anderem bleiben, inwieweit wir uns »hackbar« machen, wenn wir uns zunehmend miteinander kommunizierende Geräte implantieren. Selbst wenn wir Grundlagen finden, auf denen wir die Sicherung und Analyse der Daten regeln, lässt sich das nicht immer gewährleisten. Obwohl Alexa und Siri nur durch genau definierte Kommandos in Aktion treten, hören sie mehr mit, als uns lieb ist. Wenn wir nach zuckerbergscher Vision allein durch unsere Gedanken Fernseher oder Laptop kontrollieren und diese nur auf bestimmte Befehle reagieren – wer garantiert uns, dass Facebook nicht mehr aus dem Gedankenstrom abzapft?

Geneditierung der Keimbahn stellt uns vor ein anderes Problem: Können wir die langfristigen Folgen einschätzen? Und was ist mit Autonomie und Entscheidungsfreiheit kommender Generationen – verletzen wir nicht ihr Recht auf eine »offene Zukunft«? Melinda Hall argumentiert im Buch *The Bioethics of Enhancement*, dass wir die von Transhumanisten wie Nick Bostrom und Julian Savulescu oft beschworene Verbesserung des Menschen gar nicht garantieren können. Woher wollen wir wissen, wie es in einer posthumanen Welt sein wird, in der wir erst durch neue Fähigkeiten neue Erkenntnisse gewinnen werden?[62] Savulescu hält dagegen, dass dies ein Bilderbuchbeispiel der Status-quo-Verzerrung sei: Wir wissen nicht, was besser ist, bleiben, wo wir sind, um nichts zu riskieren.[63]

Einige potenziell weitreichende Risiken sind nicht zu leugnen. Dazu gehört die Gefahr einer wachsenden Ungleichheit und Polarisierung der Gesellschaft. Sicher, neue Technologien wurden immer schon zuerst von wenigen, meist wohlhabenderen Menschen genutzt, bevor sie sich durchsetzten, seien es Autos oder Handys. Doch mit der rasant zunehmenden technologischen Entwicklung stellt sich die Frage, ob den Nachzüglern genug Zeit bleibt, bevor die Pioniere uneinholbar geworden sind. Und wer sagt, dass sich alle Menschen eines Tages mit Technologie verbinden und erweitern wollen – wie gehen wir mit den Menschen um, die einfach Mensch bleiben wollen?

HE-Kritiker sehen die Würde des Menschen und seine essenzielle Natur bedroht. Beides wird als Kern des Menschseins gesehen, von manchen sogar als gottgegeben. Wenn wir uns vorstellen, dass es in Zukunft zwei Arten von Menschen gibt, die »verbesserten«, erweiterten Menschen und diejenigen, die sich dem widersetzen, gibt es berechtigte Zweifel, ob beide gut miteinander auskommen werden. Kritiker des Transhumanismus sehen die Gefahr einer Wiederauferstehung der Eugenik und einer verstärkten Stigmatisierung von Invaliden und nicht verbesserten Menschen. Der Begriff einer Zweiklassengesellschaft bekäme eine ganz neue Dimension. Die Frage, was *Human Enhancement* mit der Würde des Menschen macht, ist also durchaus angebracht. Viele sehen auch die menschliche Natur an sich als besonderen Wert, als sakrosankt; wir sollen, nein, wir dürfen uns nicht in den natürlichen Lauf der Dinge einmischen.

Moment, wenden da die Bioliberalen ein, warum nicht? Das Natürliche ist fluide, dank der Evolution verändern wir uns unentwegt. Liegt es nicht auch tief in der menschlichen Natur, nach Besserem zu streben?[64] Vor allem aber mischen wir uns ohnehin in den natürlichen Lauf der Dinge ein, wir kreuzen Pflanzen, domestizieren Tiere, ändern unsere DNA, indem wir uns einer Vielzahl an unnatürlichen Chemikalien aussetzen, und wählen bei IVF-Behandlungen Embryonen aus, die sich zum Menschen entwickeln dürfen. Juan Enriquez und Steve Gullans beschreiben in ihrem Buch *Evolving Ourselves* ausführlich, wie wir schon seit Langem unserer Entwicklung durch Selektion und durch nicht zufällige Mutationen eine andere Richtung geben.[65] Wollten wir uns aus den natürlichen Prozessen so weit wie möglich heraushalten, würden wir wieder in der Steinzeit leben. Zumal die natürliche Evolution nicht unbedingt in unserem Sinne positiv verlaufen muss, sie passiert einfach. »Der Mensch ist allzu deutlich eine unvollkommene, fehlerhafte Kreatur. In Anbetracht seiner Entwicklung ist es kaum wahrscheinlich, dass er anders sein könnte.... Wir sehen jetzt einen anderen Weg – die Chance, die inneren Belastungen zu lindern und die inneren Fehler direkt zu heilen –, um dieses bemerkenswerte Produkt aus zwei Milliarden Jahren Evolution weit über unsere gegenwärtige Vision hinaus weiter zu perfektionieren«, beschrieb es schon 1969 Robert Sinsheimer, damals Biophysik-Professor am Caltech.[66] Nachdem wir so viele Fehler haben, was wäre denn so schlimm, wenn wir nicht mehr Homo sapiens wären, sondern eine verbesserte Art? Von der anderen Seite her gefragt: Haben wir nicht eine moralische Verpflichtung, uns zu verbessern?[67] Liegt darin nicht die Chance, nicht nur unsere Gesundheit, sondern auch unsere Fitness zu erhöhen, unsere Resilienz zu stärken und uns vorzubereiten auf die großen Herausforderungen der Welt?[68] Eine wichtige Frage ist also, ob die natürliche Evolution für uns Menschen überhaupt noch die maßgebende Kraft ist, jetzt, da wir die natürliche Auslese weitgehend abgeschafft und Wege gefunden haben, die Entwicklung bewusst (und auch unbewusst) zu steuern. Transhumanisten sehen in der gerichteten Evolution weit mehr Chancen als Risiken, einige halten sie sogar für absolut notwendig, um unser Überleben zu sichern. Auch bei der Frage der sozialen Ungleichheit sehen sie eher positive Perspektiven, sie sehen die Möglichkeit, allen Menschen dieselben Voraussetzungen zu geben, Unzulänglichkeiten auszubessern und damit die Teilhabe aller zu stärken. Zu guter Letzt: Wer hofft, dass wir Menschen eines Tages den Mars besiedeln, freundet sich lieber mit *Human Enhancement* an, denn wir sind ansonsten ungeeignet, jahrzehntelang durch den Weltraum zu reisen.[69]

Diese Kurzfassung der Debatte kratzt natürlich nur an der Spitze des Eisberges. Was aber deutlich wird: Beide Seiten haben gute Argumente. Pragmatisch gesehen wird sich die Geschichte nicht aufhalten halten lassen, die Technologien sind bereits in der Welt und entwickeln sich schnell weiter. Daher sollten wir die positiven Visionen der Befürworter umsetzen, die Bedenken der Kritiker ernst nehmen und gemeinsam Lösungen suchen, wie wir beides adressieren können. Schon Nobelpreisträger Marshall Nirenberg war überzeugt, dass Menschen ihre eigene Biologie verändern können, und dies könne für Gut oder Schlecht genutzt werden. Die »Entscheidung über die Anwendung von derartigem Wissen muss letztendlich von der Gesellschaft getroffen werden, und nur eine informierte Gesellschaft kann derlei Entscheidungen weise treffen.«[70] Wir sollten uns also damit auseinandersetzen, wie wir dieses Wissen anwenden. Das fängt unweigerlich mit der Überlegung an, in welche Richtung wir uns verbessern wollen. Es gibt keinen Prototypen des Menschen. Die häufig angeführte Norm ist der Durchschnitt, und der ist weder eine Verbesserung noch in den meisten Fällen erstrebenswert. Der durchschnittliche US-Amerikaner hat einen BMI von 29, die Norm wäre also Übergewicht und sicherlich nicht das, was wir wollen. Häufig wird HE auch mit leistungsfähiger gleichgesetzt, mit intelligenter, stärker, ausdauernder. Doch ist eine reine Steigerung unserer Leistungsfähigkeit wirklich unser Ziel? Schon heute nehmen psychische Krankheiten aufgrund des Leistungsdrucks massiv zu, wir fühlen uns überfordert und gefangen im Hamsterrad. Kaum vorstellbar, dass unsere Work-Life-Balance sich verbessern wird, wenn wir noch mehr arbeiten können. Was also ist »besser«?

Vielleicht sollten wir uns ein wenig vom Ideal einer Leistungsgesellschaft entfernen. Vielleicht sollten wir versuchen, nicht ständig ein quantitatives »Mehr« mit einem qualitativen »Besser« zu verwechseln. Wie wäre es stattdessen mit Wohlbefinden und Zufriedenheit als Ziel? Vielleicht wachen wir eines Tages auf, zufrieden und glücklich, und merken, dass dieser Strategiewechsel unserer Leistung keinen Abbruch getan hat. Nun ist natürlich die Frage, wie man ein gesamtheitliches Wohlbefinden erreicht.[71] Daphne Bavelier und ihre Kollegen überlegen in einem Aufsatz, wie sich HE-Technologien auf die Grundbedürfnisse Kompetenz, Autonomie und soziale Eingebundenheit auswirken, und zwar nicht nur auf einen individuellen Menschen, sondern auch auf unsere kollektive Gemeinschaft.[72] Sie legen dar, wie einzelne Technologien eine positive Auswirkung auf ein Individuum haben können, während die Gemeinschaft dadurch negative Erfahrungen macht. Viele Ansätze drehen sich etwa darum, den Einzelnen stärker oder intelligenter zu machen, was seine Selbstwirksamkeit stärkt. Gleichzeitig mag diese Entwicklung jedoch das soziale Gefüge seiner Gemeinschaft stören und die Autonomie seiner Gruppe zersetzen. Wir müssen uns also immer die Frage stellen, wie wir als Gemeinschaft durch den Einsatz der Technologien Lebensqualität erhöhen können, und zwar nicht nur für Einzelne. Bjørn Hofmann regt an, nicht einfach darauflos zu »verbessern«, sondern vor jedem neuen technologischen Einsatz genau zu untersuchen und darzulegen, inwiefern diese Anwendung unser Leben tatsächlich besser macht.[73] Eine gute Handlungsmaxime, doch die Schwierigkeit, wie man all die individuellen Vorlieben und Vorstellungen eines guten Lebens sowie die gemeinschaftlichen Interessen unter einen Hut bringt, bleibt bestehen. Wahrscheinlich wird die Menschheit so bunt werden wie noch nie. Es wird Menschen geben, die neue Sinne haben, stärkere Menschen, Menschen, die sich untereinander per Gedanken verbinden, Menschen, die sich nahtlos mit Maschinen verbinden, und Menschen, die einfach geblieben sind, wie sie waren. Es wird nicht einfach, dass eine solche Gesellschaft funktioniert, dass jeder seine uneingeschränkten Rechte wahrnehmen kann und in seiner Individualität respektiert und geschätzt wird. Wie unsere Geschichte zeigt, ist der Mensch kein leuchtendes Vorbild, wenn es darum geht, Diversität zu schätzen und zu schützen. Um diesen gesellschaftlichen Prozess zu unterstützen, ist eine vorausschauende, intelligente Führung erforderlich. Es sind einheitliche Regulierungen – auch auf internationaler Ebene – nötig, um unbedachte Vorstöße abzufangen, die nicht nur den beteiligten Menschen schaden, sondern auch die sinnvolle Weiterentwicklung der HE-Technologien gefährden. Es wird eine Mammutaufgabe, doch die Vorstellung einer Gesellschaft, so bunt wie Picassos Bilder, so reich an Fähigkeiten, dass wir die vor uns liegenden Herausforderungen so kreativ wie nie zuvor angehen können, ist es wert, als Leitstern hochgehalten zu werden.

Auf diesen Leitstern können wir uns in der Bürgerdiskussion schon mal einigen, um einen einvernehmlichen und gangbaren Weg dorthin zu entwickeln, stehen uns allerdings noch viele lange Debatten bevor.

Freitag

Beinahe Wochenende! Nach einer Runde im Wald erledige ich hoch konzentriert drei Stunden Arbeit und bin mittags entspannt bereit, mein Kind von der Schule abzuholen und mit ihm daheim zu kochen. Meine restlichen zwei Stunden Arbeit sind für Weiterbildung vorgesehen. Während mein Kind neben mir als Hausaufgabe mit Scratch ein kleines Computerspiel programmiert, nehme ich an einem Berkeley-Kurs zu fortgeschrittener Datenanalyse teil. Danach haben wir ein paar Stunden als Familie zum Spielen, bevor wir zu einem Konzert ins Zentrum gehen.

Eine lokale Band tritt auf. Der Schlagzeuger, der bei einem unglücklichen Zusammentreffen mit einer Drohne einen Arm verloren hat und jetzt mit einer Hightech-Prothese trommelt, produziert mit dieser einen Rhythmus in verblüffender Geschwindigkeit. Die Musik wird via *Sound-Beaming* direkt in unsere Ohren projiziert. Ultraschallwellen schaffen kleine Klangtaschen exakt dort, wo ein 3-D-Sensor das Ohr lokalisiert, und lassen die Musik wahlweise in Stereo oder 3-D ertönen.[74] Sogar die Lautstärke kann man individuell regeln, Kinder können daher mit zum Konzert, ohne der lauten Musik ausgesetzt zu sein. Gleichzeitig sind wir nicht durch Kopfhörer abgeschottet und können uns unterhalten. Damit die Oldies des Viertels nicht sitzen bleiben müssen, hat der Veranstalter Exoskelette mitgebracht, die sie nicht nur bei ihren eigenen Bewegungen unterstützen, sondern ihnen auf Wunsch auch neue Moves beibringen.

Musik hat sich wie auch andere Künste stark unter dem Einfluss von Technologie gewandelt. Schon 2019 hat eine KI Beethovens unvollendete zehnte Symphonie fertig komponiert und eine weitere 2021 den Nirvana-Song *Drowned in the Sun* geschrieben. Das neuronale Netz Google Magenta holte nicht nur Kurt Cobain wieder zurück ins Leben, sondern kreierte gleich ein ganzes Album *Lost Tapes of the 27 Club*, featuring Jimi Hendrix, Amy Winehouse und andere Künstler, die im Alter von 27 Jahren starben.

Auch Instrumente werden mittlerweile von KI designt. Basierend auf geometrischen Parametern und der Beschaffenheit des Holzes, kann sie prognostizieren, wie eine Violine klingen wird, oder gleich ein verbessertes Instrument entwerfen.[75] Die Möglichkeiten, die sich daraus für Instrumentenbauer ergeben, sind phänomenal. Materialien, Formen und deren Zusammenspiel lassen sich zu völlig neuen, perfekten Klangkörpern zusammenfügen.

Andere Musiker nutzen Signale aus der Umwelt, die wir Menschen nicht wahrnehmen, aber durch Technologie hörbar gemacht werden. Schon 2021 übersetzten Wissenschaftler Spinnennetze in Töne, um besser verständlich zu machen, wie die hochsensiblen Spinnenbeine feinste Vibrationen wahrnehmen. Je nach Länge und Spannung schwingen die einzelnen Fäden in unterschiedlichen Frequenzen. Heraus kommt ein sphärisches Klangerlebnis.[76] Spannend wird die Geschichte, wenn man nicht nur Unhörbares für menschliche Ohren hörbar macht, sondern wenn die Menschen ihre Sinne erweitern oder gleich einen neuen Sinn dazugewinnen. Moon Ribas, eine Kollegin von Cyborg Neil Harbisson, implantierte sich in ihre Füße seismische Sensoren. Seitdem nimmt sie selbst kleine Erschütterungen der Erde wahr.[77] Und nicht nur das: Über ein weiteres Implantat kann sie sich mit einem Seismografen auf dem Mond verbinden und nun auch Mondbeben spüren. Ribas verbindet diese neuen Empfindungen ebenso wie Harbisson mit künstlerischem Ausdruck. In ihrer Tanzperfomance *Waiting for the Earthquake* verharrt sie so lange regungslos, bis sie eine Erschütterung wahrnimmt, die sie dann tänzerisch umsetzt. Für viele mag das seltsam anmuten und eine Entfremdung von der Natur des Menschen darstellen. Ribas sieht das genau andersherum. Sie sieht in der Erweiterung der Sinne die Möglichkeit, mit der Natur wieder mehr in Kontakt zu treten, indem sie sie nuancierter wahrnimmt. In ihrem TED-Talk *Design yourself: how to connect with nature through technology* entwirft sie eine Vision, in der wir aufhören, den Planeten nach unseren Bedürfnissen zu verändern, und anfangen, uns selbst den Bedürfnissen unserer Umwelt anzupassen.[78] Was wäre zum Beispiel, wenn wir in der Nacht sehen könnten, so wie viele Tiere? Könnten wir dann nicht viele Lichter ausschalten, dadurch eine Menge Energie sparen und die Lichtverschmutzung reduzieren?

Wochenende

Samstag ist unserer *Digital-Detox*-Tag. Handys, Smartwatches und Laptops kommen in den Schrank und wir raus in die Natur. Es geht zum Zelten in die Berge. Statt Google Maps haben wir eine herkömmliche Papierkarte dabei und suchen uns unseren Weg *oldstyle*. Wenn wir uns verirren – egal. Eigentlich ist das sogar das Aufregende. In einer Welt, in der alles bis aufs Kleinste vermessen und in Daten gepackt wird, in der Risiken maximal minimiert werden, in der man sich jederzeit auf den Meter genau verorten kann, kann einem nichts Besseres passieren, als sich kurz zu verlieren. Statt einer App, die uns sofort ausspuckt, welche Blume vor uns wächst, blättern wir in einem Bestimmungsbüchlein und betrachten so die Pflanze viel genauer. Die analoge Welt ist und bleibt haptischer, im wahrsten Sinne des Wortes begreifbarer, und liefert den nötigen Ausgleich zu unserer digitalen Alltagswelt.

Sonntag Nachmittag, zurück vom Campen, hat sich eine Diskussion rund um die Entstehung der Berge entwickelt. Um unserem Kind Tektonik und die Faltung der Alpen näherzubringen, setzen wir unsere VR-Brillen auf und besuchen das Naturkundemuseum.

Nun sind uns all die neuen erweiterten Realitäten, von *Augmented* zu *Virtual*, schon mehrfach begegnet, höchste Zeit, sich die Technik ein wenig genauer anzuschauen. Denken wir uns den Übergang von einer realen zu einer virtuellen Umgebung (*Virtual Reality*, VR) als eine Linie, erhalten wir das sogenannte Realitäts-Virtualitäts-Kontinuum. Alles, was über die reale Welt hinausgeht, nennt man erweiterte Realität (*Extended Reality*, XR), alles, was zwischen den beiden Extremen liegt, nämlich *Augmented Reality* (AR) und *Augmented Virtuality* (AV), heißt *Mixed Reality* (MR). Alles klar? Wenn wir also von unserer wirklichen Welt aus den ersten Schritt machen, kommen wir zur AR, in dem eine virtuelle Ebene über das reale Bild gelegt wird. Beispiele hierfür sind das Heads-up-Display im Auto, das uns Daten und Wegführung auf die Windschutzscheibe projiziert, und natürlich Pokémon Go. 2016 jagten die Leute über Plätze und Straßen, ihr Handy vor der Nase, Euphorie im Gesicht. Hinter dem Zauber stand das neue Spiel Pokémon Go. Digitale Comicfiguren werden auf dem Handydisplay direkt in die reale Umwelt, die die Handykamera aufnimmt, hineingesetzt. Der Spieler muss sie nun aufspüren und erjagen, ein Riesenspaß und der öffentliche Durchbruch für AR.

Werden bei AR virtuelle Objekte in die reale Welt gesetzt, erweitern bei AV reale Objekte eine virtuelle Welt. Einen Schritt weiter sind wir dann bei einer vollständig virtuellen Umwelt angelangt, der VR, die das Ziel hat, den Nutzer vollkommen eintauchen zu lassen. »VR wird uns nicht nur Zugang zu Erlebnissen und Erfahrungen gewähren, an die man sonst nur schwer herankäme. Sie wird uns auch erlauben, Unmögliches und Fantastisches zu sehen«, sagt Jeremy Bailenson, Professor und Leiter des Virtual Human Interaction Lab der Stanford University.[79] »Das ist ein vollkommen neues Medium mit einzigartigen Merkmalen und Auswirkungen auf die Psyche, und es wird fundamental verändern, wie wir mit der echten Welt um uns herum und anderen Menschen umgehen.« Lange wurde VR als nächste heiße Sache gehandelt, der Durchbruch von VR lässt allerdings noch auf sich warten. Die

Investitionen in VR-Start-ups sanken drastisch Ende der 2010er-Jahre, und Google beerdigte sein VR-Projekt Daydream. Woran liegt's? In erster Linie an technischen und finanziellen Hürden. Im Prinzip kann man Computerspiele bereits zu VR zählen, ob Egoshooter oder Second Life, man begibt sich in künstliche Welten und versucht, die Wirklichkeit auszublenden. Doch um diese Desktop-VR soll es hier nicht gehen. Um mich wirklich in virtuellen Welten zu verlieren, will ich mittendrin sein, nicht nur dabei. Ich will rundum sehen, interagieren, am besten noch fühlen, hören und riechen. Dazu braucht es ein hervorragendes tragbares Display (Headset), Sensorik, die mich im Raum verortet und mittels der ich die VR manipulieren kann. Handschuhe, die mich tasten lassen, und eine realistische Geräuschkulisse. Das technisch umzusetzen ist bereits erstaunlich gut möglich. 360-Grad-Kameras erfassen den gesamten Raum um mich herum, Bewegungssensoren und Gyroskope lokalisieren mich in der virtuellen Welt, Soundsysteme erschaffen die passende Klangwelt, und sogar künstliche Häute sind in der Entwicklung, die einen tasten und fühlen lassen.[80] Um all diese Informationen zu verarbeiten, braucht es natürlich einen leistungsfähigen Computer und ein verlässliches 5G-Netz, sofern ich mit meinem Headset nicht permanent an einer Leine hängen will. Funktioniert die Verarbeitung nicht reibungslos, stört das die Immersion und erhöht die Chance, sich seekrank zu fühlen. Das alles kostet. Headsets, die vor einigen Jahren noch mehrere Tausend US-Dollar kosteten, sind inzwischen zwar mit ein paar Hundert US-Dollar erschwinglich, doch um sich auf dem Massenmarkt durchzusetzen, müssten komplette VR-Sets günstig angeboten werden.

Bevor künstliche Welten den Durchbruch schaffen, wird wohl erst AR wichtig werden, die Erweiterung der Realität um digitale Echtzeit-Information. AR braucht nicht so viel Technik, um ihren Zweck zu erfüllen, und konnte ihren Mehrwert gerade für Firmen bereits unter Beweis stellen. Tesla meldete ein Patent für *Augmented Reality Application for Manufacturing* an, und Microsoft will mit seiner HoloLens nicht weniger, als Büro, medizinische Ausbildung, Bauarbeiten und vieles mehr zu revolutionieren. Essenziell für den Erfolg ist die präzise Erstellung von digitalen Zwillingen, dreidimensionalen digitalen Abbildungen realer Objekte. Die Idee zu diesem Konzept hatte die NASA bereits in den 1960er-Jahren. Sie behielten Duplikate der Maschinen, die sie ins All sandten, um an ihnen bei Bedarf Reparaturmöglichkeiten zu testen. Computersimulationen transferierten die Idee in den digitalen Raum. In AR werden nun diese Zwillinge über die realen Objekte gelegt, so können Techniker über die Distanz bei Reparaturen angeleitet werden, und Chirurgen lassen sich Vitalparameter oder Problemlösungen einblenden.

Weitergedacht heißt das, dass jedes reale Objekt seinen digitalen Zwilling haben wird, also eine virtuelle Spiegelwelt entsteht. Diese Idee entwickelte Yale-Forscher David Gelernter bereits 1991. Die Spiegelwelt wird nicht nur ein bloßes Abbild der Realität sein, sondern auch Funktion und Kontext der Objekte reproduzieren und ein vollständiges System aller digitalen Zwillinge inklusive der Umwelt darstellen. Wer denkt, das liege in ferner Zukunft, irrt. Google Maps und StreetView ist bereits der Anfang, und viele von uns sind bereits dabei, diese digitale Realität herzustellen. All die Kameras in Handys, smarten Brillen und an der Straßenecke vermessen ständig unsere Umgebung. Kombiniert man dies mit einer KI, die den Bezug zum exakten Standpunkt herstellt, setzt sich Stück für Stück die Spiegelwelt zusammen. Die Technik gibt es, sie nennt sich SLAM, »gleichzeitige Lokalisierung und Kartierung«. Roboter und autonome Fahrzeuge bewegen sich bereits in dieser Spiegelwelt, überlagert mit der Realität, um auf Geschehnisse sofort reagieren zu können. Währenddessen nehmen auch sie immer mehr Details auf und übertragen sie wiederum in die Spiegelwelt.

Die Probleme, die dies mit sich bringt, liegen auf der Hand. Nicht nur unser Umfeld, auch wir selbst werden abgebildet, und je mehr wir vermessen werden, desto gläserner werden wir. Schon jetzt produziert ein VR-Spieler Millionen Datenpunkte, seine Physis und sein Verhalten werden abgespeichert und liefern einen Schatz für Werber, Versicherer und mögliche Arbeitgeber. Gleichzeitig zu dieser Datendurchlässigkeit besteht die Sorge, dass die großen Anbieter ihre Systeme gegenüber anderen abgrenzen und Nutzer an sich binden, wie etwa Facebook mit seiner VR-Plattform Oculus. Das steht einer sinnvollen umfassenden Entwicklung von VR und Spiegelwelt im Weg. *Open-Source*-Bündnisse wie OpenXR versuchen dem entgegenzuwirken, doch wie das Rennen ausgeht, ist noch offen. »Die erste große Technologieplattform war das Web, das Informationen digitalisierte und Wissen der Macht von Algorithmen unterwarf; es wurde von Google dominiert. Die zweite große Plattform waren soziale Medien, die hauptsächlich auf Mobiltelefonen liefen. Sie digitalisierten Menschen und unterwarfen menschliches Verhalten und Beziehungen der Macht von Algorithmen und werden von Facebook und WeChat regiert. Wir stehen jetzt am Beginn der dritten Plattform, die den Rest der Welt digitalisieren wird. Auf dieser Plattform werden alle Dinge und Orte maschinenlesbar sein, abhängig von der Macht von Algorithmen. Wer diese große dritte Plattform beherrscht, wird zu den reichsten und mächtigsten Menschen und Unternehmen der Geschichte …«, beschreibt es Kevin Kelly, Gründer und Chefredakteur des renommierten Tech-Magazins *Wired*.[81]

Den größten Nutzen für die Allgemeinheit wird die Spiegelwelt wohl nur haben, wenn sie als Grundversorgung für alle Bürger gegen Gebühr angeboten wird. So könnten Fälschungen und Manipulationen, Spam und Überwachung am transparentesten kontrolliert und die fantastischen Möglichkeiten der immersiven Technologien ausgeschöpft werden. Denn trotz aller Hürden und Bedenken ist das Potenzial riesig, angefangen bei einem demokratischeren Zugang etwa zu Ausbildung und Erlebnissen, die einem aus räumlichen oder anderen Gründen ansonsten verschlossen blieben. Noch stehen wir am Anfang der Entwicklung, etwa vergleichbar mit dem Internet der 1980er-Jahre, als sich noch niemand vorstellen konnte, zu welch umfassendem, einflussreichem Gebilde es sich eines Tages entfalten würde.

Zurück zu unserem zukünftigen Ausflug ins naturhistorische Museum. Wir haben uns mittlerweile die Alpenfaltung im Schnelldurchlauf angesehen, nach Fossilien gegraben und Pflanzen aus dem Karbon betrachtet. Zum Abschluss schlüpfen wir in den Körper des Flugsauriers Eudimorphodon und drehen eine Runde über das Gebirge bei Bergamo. *Virtual Body Ownership*, nennt sich das. Unser fantastisches Gehirn hat erstaunlicherweise kein Problem damit, uns vorzugaukeln, wir seien eine Fledermaus oder eben ein Flugsaurier.[82]

Während wir in virtuellen Welten reisen können, wohin wir wollen, haben wir in der realen Welt immer noch einen sehr realen Körper, und der will auch irgendwo sein. Aber wo? Und wie kommen wir dorthin?

Teil V
Wo wollen wir sein?

Die Corona-Pandemie hat uns in unsere Wohnungen verbannt und den Trend zur Stadtflucht katalysiert. Theoretisch müssen wir unsere Räume überhaupt nicht mehr verlassen. Die Hikikomori in Japan tun das tatsächlich nicht mehr, sie ziehen sich aus der Gesellschaft zurück, leben mit sich allein und dem anonymen Service der Lieferdienste. Auch der Bau von Privatbunkern, um sich für die Endzeit zu wappnen, boomt. Vor allem aber leben immer mehr Menschen mit ihrer Wohnung, nicht nur in ihr. Sprachgesteuerte Assistenten und vernetzte Geräte geben unserem Heim den Anschein eines Eigenlebens. Wo führt das hin, und wie verändert es unsere Privatsphäre?

Unser Lebensgefühl wird sich schleichend, aber wahrnehmbar auch dadurch verändern, wie wir Häuser, Städte und Dörfer bauen – nicht nur, weil wir Lust auf Neues haben, sondern, weil wir müssen. Gebäude müssen Fluten, Feuer und Stürmen standhalten, während zu Hitzezentren mutierte Städte sich verändern müssen, um bewohnbar zu bleiben. Innovative Ideen zu grünem Städtebau und nachhaltiger Architektur sind gefragt und bereits von Boston über Paris bis Hangzhou zu finden. Lebenswerter soll unser Biotop werden, ökologischer, smarter und sicherer. »City Brains« wie von Alibaba sollen den Verkehr optimal steuern und Simulationen Katastrophenszenarien durchspielen. Ist das den Preis der zunehmenden Überwachung wert?

Ob Stadt, Natur, ein anderer Kontinent oder gleich das Weltall, irgendwie müssen wir hinkommen, wo wir hinwollen. Die Zukunft der Mobilität wird in den schillerndsten Farben ausgemalt: Fliegende Autos, Reisen durch die Galaxien und sogar Teleportation geistern seit Langem durch Science-Fiction. Und die Realisierung? Während Elon Musk mit SpaceX auf dem Weg zu kommerziellen Weltraumtrips ist, liegt sein Hyperloop-Projekt zunächst auf Eis. Selbstfahrende Autos kurven allen Ankündigungen zum Trotz noch weiter in der Zukunft und werden dort auf absehbare Zeit auch bleiben, laut MIT noch mindestens zehn Jahre. Elektrische Fahrräder scheinen sich für die Mikromobilität in den Städten durchzusetzen, E-Scooter eher nicht. Der Luftraum wird sich mit Taxi- und Lieferdrohnen füllen, unser Orbit mit Satelliten und Schrott. Wie vermeiden wir es, die Fehler der Straße in der Luft zu wiederholen? Können wir uns immer mehr Mobilität leisten, energetisch, ökologisch und gesundheitlich? Und wie irre ist es eigentlich, eine Flucht zu einem lebensfeindlichen Planeten wie dem Mars zu planen, statt die noch nicht annähernd so unwirtliche Erde lebenswert zu halten?

Kapitel 12
Die eigenen vier Wände

*»Es müsste Allgemeingut werden, der Natur den Platz,
den man ihr durch die Grundfläche des Hauses entzieht,
auf dem Dach wiederzugeben.«*
Friedensreich Hundertwasser

Der Dreiklang aus Demografie, sozialer Ungleichheit und Klimawandel ist die Wurzel vieler Übel, so auch beim Wohnungsbau. Mehr Menschen auf dem Planeten, schrumpfender bewohnbarer Lebensraum, unbezahlbare Immobilienpreise und Mieten, Ressourcenknappheit, Naturkatastrophen. Schon haben wir ein formidables Problem an der Hand: Wie schaffen wir für möglichst viele Menschen ein erschwingliches Zuhause, das dem extremeren Wetter trotzt, dabei sparsam mit Rohstoffen umgeht und Menschen ermöglicht, mit, nicht gegen die Natur zu leben?

Gute Frage ohne einfache Antwort. Neue Technologien wie 3-D-Druck, innovative Materialien und IoT sind ein Teil der Lösung, aber auch die Rückbesinnung auf alte Techniken hilft. Modular, grün und vernetzt, so lässt sich der momentane Kurs zusammenfassen.

Beginnen wir mit dem disruptivsten Bautrend, der additiven Fertigung. Häuser aus dem 3-D-Drucker gibt es als *Tiny Homes* und luxuriöse Villen, mehrstöckige Apartmenthäuser und Bürogebäude, als Fertighaus oder vor Ort gedruckt, auf der Erde, auf dem Wasser oder sogar – im Entwurf – auf dem Mars. Dubai gab bekannt, dass es bis 2030 ein Viertel aller Gebäude drucken will.[1] 3-D-Druck am Bau verspricht weniger Kosten, weniger Materialverbrauch, geringeren ökologischen Impact und kürzere Bauzeiten sowie mehr Gestaltungsmöglichkeiten. Die Idee, der Kreativität freien Lauf zu lassen und den digitalen Plan dann nur noch auszudrucken, fasziniert. Mighty Buildings baut seine stylischen Häuser angeblich »zweimal so schnell mit 95 Prozent weniger Arbeitsstunden und zehnmal weniger Abfall« wie herkömmliche Firmen.[2] Der Preis geht allerdings in die Hunderttausende, ist also keine Option für Sozialbauten. ICON dagegen druckt Häuser für ein paar Tausend US-Dollar, die mit 60 Quadratmetern nicht gerade geräumig sind, aber ausreichend, solide und besser als Wellblechhütten. So hat sich ICON mit der Organisation New Story zusammengetan und baut nicht nur einzelne Häuser, sondern ganze Communities in Mexiko, Haiti oder Bolivien.

Doch aus dem Drucker kommt beileibe kein fertiges Haus. Fenster, sanitäre und elektrische Installationen müssen separat eingerichtet werden, wobei bereits damit experimentiert wird, diese in den Druck zu integrieren. Die Materialien basieren nach wie vor meist auf Beton, gemischt mit Fasern, Sand und den im Vergleich zu Zement relativ umweltverträglichen Geopolymeren als Bindemittel. 2021 entstand allerdings ein Haus in Norditalien, das an die Wurzeln menschlicher Behausungen erinnert. Architekt Mario Cucinella und die 3-D-Druck-Firma WASP kombinierten Hightech-Produktion mit Lowtech-Material. Sie fütterten den Drucker mit einem Gemisch aus Ton, Schluff, Sand, Reisfasern und Zementkalk. 7000 Anleitungen und 200 Stunden später stand TECLA in der Landschaft.[3] Der Name WASP ist dabei Programm, denn sowohl der Aufbau der Mauern mit unzähligen Luftkammern zur Isolation als auch das Gesamtdesign von TECLA erinnern an Wespenwaben. Auch andere Projekte orientieren sich an den Insekten. Die gemeinnützige Organisation Thinking Huts will mit günstigen 3-D-gedruckten Schulen im modularen Wabenaufbau für mehr Schulen sorgen. 2021 soll die erste in Madagaskar entstehen: Solarzellen, eine spezielle Betonmischung und ein Wanddesign, das sich an madagassischen Textilien anlehnt, machen den Bau nachhaltig und wohnlich.

Viele dieser Bauten zeigen ein organisches Design mit runden Wänden statt Ecken und Kanten, inspiriert von der Natur; Antoni Gaudí hätte seine Freude am 3-D-Druck gehabt. Auch normale Häuser werden der Natur in ihrem Aufbau nachempfunden (Biomimikry), in ihrem Design inspiriert (Biomorphismus) und mit dem Ziel gebaut, die Verbindung des Menschen mit der Natur zu stärken (biophiles Bauen). Fotosynthetisch aktive Grätzel-Solarzellen werden als Fenster eingesetzt, Wände sollen atmungsaktiv werden und Beton sich selbst heilen. Forscher entwickeln Mauersteine aus Pilzen, etwa *Trametes versicolor*, vermischt mit Reishülsen und Glassplittern. Das Ergebnis ist ein leichter, günstiger, feuerfester Baustoff, der Farm- und Industrieabfall verwertet und zudem Termiten nicht schmeckt.[4]

Auch Bambus und Holz feiern derzeit am Bau ein Comeback. Von Portland bis Tokio entstehen immer mehr Holzbauten. 2019 eröffnete das damals höchste Wohnhaus in Brumunddal, Norwegen auf über 85 Metern und 18 Stockwerken. Die Baukosten auch hoher Holzhäuser waren vor der Pandemie drastisch gesunken. Außerdem zeigen immer mehr Studien Vorteile wie ressourcenschonende Bauweise und die enorme Kapazität, atmosphärisches CO_2 zu binden. Beton ist nicht nur das meiste menschenproduzierte Material und damit ein gigantisches Abfallproblem, es ist neben Stahl in der Herstellung besonders energieintensiv. Bau und Betrieb von Gebäuden produzieren rund ein Drittel aller Treibhausgase, was sich durch zunehmenden Einsatz von Holz massiv reduzieren ließe. Allein in europäischen Städten könnten in den nächsten 20 Jahren bis zu 420 Millionen Tonnen CO_2 gespeichert werden, wenn 80 Prozent der neu gebauten Häuser aus oder mit einem großen Anteil an Holz gebaut würden.[5]

Der Künstler Friedensreich Hundertwasser wäre von der neuen Vorliebe zu biophilen Strukturen begeistert. Er stellte sich das Zusammenleben von Mensch und Baum in einem Haus vor, wobei der Baum weder Bauelement noch Dekoration, sondern Mieter wäre. Er sollte in eigenen Wohnräumen wurzeln und sich mit seiner Krone aus dem Fenster lehnen. Der Humus käme von den Toiletten der Menschenmieter, Regenwasser würde vom Dach geleitet, und der Baum zahlte selbstverständlich Miete »… mit Sauerstoff, durch seine Staubschluckkapazität, als Anti-Lärmmaschine durch Erzeugung von Ruhe, durch Giftvertilgung, durch Reinigung des verseuchten Regenwassers, als Produzent des Glücks und der Gesundheit, als Schmetterlingsbringer und durch Schönheit und mit vielen anderen Valuten. Dies lässt sich alles in Geld umwechseln und ist mehr, als ein Mensch-Mieter mit einem Scheck bezahlen kann.«[6] Es brauchte ein paar Jahrzehnte, doch nun ziehen immer mehr Bäume in Häuser ein.

Im Einklang mit der Natur zu wohnen bedeutet auch, sich Gedanken über eine nachhaltige Ökobilanz der Behausung zu machen. Solarzellen sind quasi ein Muss, und andere Energiequellen wie Geothermie werden häufiger integriert, dazu Licht- und Wärmeleitung innerhalb des Baus und die Optimierung der Wasserversorgung. Das Svart Hotel in Meløy, Norwegen, verbraucht rund 85 Prozent weniger Energie, indem es sich über Solarzellen fast selbst versorgt und clevere Einschnitte in der Konstruktion Licht und Wärme ins Innere lenken.[7]

Das Architekturbüro Snøhetta baute mit Brattørkaia ein Bürogebäude ins norwegische Trondheim, das über eine Lebenszeit von 60 Jahren durch seine Solarzellen und Bauweise per Saldo doppelt so viel Energie erzeugen als verbrauchen soll, und das selbst im hohen Norden.[8]

Nicht zuletzt muss man auch mit den Extremen der Natur leben. Katastrophensicheres Bauen wird in Zeiten zunehmender »Jahrhundertstürme«, Fluten und Waldbrände essenziell, ist aber kaum bezahlbar. Es braucht neue Lösungen. Eine Idee ist der geodätische Kuppelbau aus gleichmäßigen geometrischen Platten. Bereits 1923 baute Walther Bauersfeld die erste Kuppel als Planetarium auf das Dach der Firma Zeiss in Jena.[9] Zwei Jahrzehnte später übernahm Architekt und Philosoph Buckminster Fuller die Idee und ließ sich fälschlich als Erfinder des Konzepts feiern. Diese biomimetischen Kuppeln sind äußerst stabil, zum Beispiel bei Stürmen, Fluten oder Erdbeben. Die aerodynamische Form lässt außen den Wind abgleiten, während im Inneren die Luft optimal zirkuliert, das Verhältnis von Volumen zum Materialverbrauch und der Sonneneinfall ist günstig.

Im letzten Jahrhundert fasste die Idee nicht so richtig Fuß. Die Plattenverbindungen sind anfällig für Wasserlecks, die Gestaltung des Innenraums nicht ganz einfach, und die damals notwendigen Materialien waren teuer. Heute gehen mehrere Firmen diese Problematiken gezielt an, so etwa Geoship. Das Start-up entwickelte Kuppeln aus Biokeramik, die über 80 Prozent der Sonnenwärme reflektieren und bis zu 1480 °C feuerfest sind, interessant für waldbrandgeplagte Gebiete.[10] Ob die Kugeln allerdings wirklich 500 Jahre halten, wie Geoship sagt, bleibt abzuwarten. Problematisch ist jedenfalls, dass die Kuppeln viel Fläche je Wohnraumeinheit brauchen und Hochbauten schwierig sind.

Viele moderne Entwürfe gehen eher Richtung *Tiny Homes*, die nicht mehr als 45 Quadratmeter Fläche aufweisen und nicht nur Bau-, sondern auch Lebensstil sind. Als deutschen Prototyp könnte man Peter Lustigs Bauwagen in der Sendung »Löwenzahn« sehen. Bescheidenheit, Rückkehr zur Natur und Autarkie sind wichtig. Minimalistisch und kostengünstig werden die Bonsai-Bauten auch als Lösungen für Obdachlose, als Notbehausungen nach Naturkatastrophen oder für Studentenstädte gesehen. Die Architekturschule München entwickelte *micro compact homes*, die es bis ins New Yorker MoMA schafften. Das größte Problem der *Tiny Homes* ist, dass es für sie noch keine eindeutigen Bauvorschriften gibt.

Modularer Bau schafft notwendige Flexibilität, was auch in den Städten immer wichtiger wird. Wie schnell Büroraum leer stehen kann, hat die Pandemie gezeigt. Bürotürme kann man nicht mal eben schnell zu Wohnraum umfunktionieren. Auch demografische Faktoren beeinflussen die Gebäudenutzung, also wird wandelbarer Raum attraktiver. Der unTower vom Büro B+H Architects kombiniert Modularität mit Biophilie und einer »neutralen Nutzung«. Das Hochhaus ist nicht per se als Bürogebäude oder Wohnturm konzipiert, sondern lässt sich relativ einfach umgestalten. Nach Baukastenart lassen sich Wände einziehen oder entfernen, einzelne Module ersetzen, statt das Gebäude bei Renovierungsbedarf abzureißen. Ein großzügiger Innenhof bringt Tageslicht in alle Räume, statt wie bei einem herkömmlichen Büroturm einen fensterlosen und damit für Wohnungen uninteressanten Kern zu haben. Derartige Konzepte sollen die Lebenszeit eines Gebäudes verdoppeln und den CO_2-Fußabdruck halbieren.[11] Bisher gibt es noch wenig Erfahrung mit modularen Hochhäusern, wie praktikabel diese Lösung in der Realität ist, muss sich noch zeigen.

Die größte Herausforderung all dieser Innovationen ist, sie bezahlbar umzusetzen. Grünes, pflanzendurchwachsenes, katastrophensicheres Bauen, smarte Haustechnik – wer kann sich das leisten? Die Gestaltungsmacht des Einzelnen ist im Baubereich gering. Viele sind froh, überhaupt bezahlbare Wohnungen zu finden, speziell in Metropolen. Hier muss der Staat nötige Innovationen vorantreiben. Ein Mietendeckel scheint der falsche Weg zu sein. In Berlin führte er zu Leerstand und Investitionsstillstand, mitnichten zur Schaffung neuer Wohnungen. Andere Ideen sind erfolgreicher. In Zürich etwa florieren Wohnungsbaugenossenschaften, und Wien fährt gut mit städtischen, subventionierten Wohnungen. Entschlackt man dann noch die Bürokratie, unterstützt einkommensschwache Mieter durch Wohngeld und fördert skalierbare Konzepte, kommt man voran. Neue Technologien sind nicht alles, wir können uns auch an den Vorfahren orientieren. Der Verbund »Einfach Bauen« kombiniert unterstützende Technik wie Simulationen mit herkömmlichen Bauweisen mit Mauerwerk, Leichtbeton und Massivholz. Die Erkenntnis: Nicht umsonst sind Altbauten bei Bewohnern sehr beliebt, sie kommen dem Ideal für nachhaltiges Bauen sehr nahe.[12]

Wohnen

Modular, grün, vernetzt, diese Trends setzen sich auch beim Wohnen fort. Modulare Flexibilität hilft, unsere Wohnung an sich ändernde Bedürfnisse anzupassen oder Mini-Apartments in Städten optimal auszunutzen.

Grün kommt neben dem nachhaltigen Einsatz von Ressourcen auch tatsächlich mehr ins Haus, sei es in Form von Zierpflanzen oder app-gesteuerten Wohnungsgärten, die gleich noch Salat und Tomaten auf den Tisch bringen. Rise Gardens bietet etwa Rundum-sorglos-Pakete an, inklusive apartmentfreundlicher Hochbeete, Saat, Beleuchtung und Nährstoffmix. Allerdings kostet bereits die Saat so viel wie der Salatkopf auf dem lokalen Markt, zusammen mit den Paketkosten kommt man auf stolze Preise für das selbst gezogene Gemüse. Fragt sich zudem, ob die Sache energetisch Sinn macht. Die LED-Beleuchtung verbraucht für ein kleines System 96 W, und die Energiekonversion ist miserabel. So attraktiv solche *Indoor*-Gärten sind, nachhaltig und wirtschaftlich sinnvoll sind sie nur in größerem Maßstab.

Damit wären wir beim Stichwort *Smart Home*. Seit Jahrzehnten haben Sci-Fi-Autoren größte Freude daran, sich ein schlaues Heim vorzustellen, das uns jeden Wunsch von den Augen abliest und erfüllt, bevor wir selbst wissen, was wir wollen. Ein Kühlschrank, der automatisch nachbestellt, ein Sound- und Lichtsystem, das unsere Vorlieben kennt, ein Putzroboter, der die Wohnung ohne große Diskussion reinigt – traumhaft.

Smart Homes sprechen unser Bedürfnis nach Bequemlichkeit an, paktieren mit unserem *Instant-gratification*-Mephisto und stupsen den kleinen Diktator in uns, der gerne mal ein paar Befehle erteilt: »Alexa, mach!«

Hinter *Smart Homes* steckt das Internet der Dinge (IoT), die Vernetzung aller möglichen Dinge. Es gilt als eine der Technologien mit der gravierendsten Auswirkung auf den Alltag. Schauen wir uns bei *Smart Homes* genauer an, was das heißt und was es mit Wolken, Nebel und Bill Gates zu tun hat (oder auch nicht).

IoT ist die Übersetzung unserer analogen Welt in digitale Daten. Wie ein dienstbarer Geist schwebt das System im Hintergrund, tastet mit den Geräten wie mit seinen Armen die Umgebung ab und leitet die Informationen über das Internet an sein Gehirn weiter, das nach sorgfältiger Verarbeitung die entsprechenden Befehle wieder an die Arme zurückschickt. Durch Sensoren, seien es Kameras, Mikrofone, Thermometer oder Feuchtigkeitsmesser, werden die Dinge zu den Sinnen des Computers, zu seinen Augen und Ohren. Das System erkennt, wenn sich jemand im Raum befindet, es reagiert über Alexa oder Siri auf Sprachbefehle oder wenn die Milch auf dem Herd warm genug ist. Noch läuft das meiste über Smartphones oder andere gläserne Oberflächen, doch schon jetzt gibt es neue Schnittstellen, über die wir mit der Technik kommunizieren können, etwa Googles Jacquard, ein Stoff, der durch eingewebte Elektronik wie ein Touchdisplay funktioniert. Oder eine am MIT entwickelte leitfähige Sprühfarbe, die ebenfalls als Interface dient. Ein Handstreich übers Sofa, und der Browser im Smart TV blättert zur nächsten Seite, stehe ich auf, fährt der Bildschirm automatisch runter. Eines Tages werden wir womöglich keinen Laptop und kein Smartphone mehr brauchen und unsere Umgebung allein per Stimme, Augen- oder Handbewegung steuern.

Das erste tatsächliche vernetzte Gerät war ein Coca-Cola-Automat, den ein paar Tüftler an der Carnegie Melon University 1982 ans ARPANET, einen Vorläufer des Internet, anschlossen, um Inhalt und

Temperatur zu kontrollieren.[13] Motivation war schlichtweg Faulheit, sie wollten den Weg zum Automaten nicht umsonst machen, falls er leer sein sollte. Mittlerweile bilden mehrere Geräte ganze Netzwerke, die in Verbindung stehen. Ein »Guten Morgen« kann nicht nur die Fensterläden öffnen, sondern auch die Kaffeemaschine und das Licht anmachen oder den Tagesplan vorlesen.

Der Service hat allerdings seine Schwächen. Die Internetverbindung oder der Router kann ausfallen, und auf einmal steht man hilflos vor seiner smarten Tür. Oder man sitzt im Kalten, wenn Alexa die Heizung steuert und sich gerade im digitalen Winterschlaf befindet. Dazu ist die Vernetzung der Geräte eine Einladung für Hacker, die unwillkommenem Besuch die Tür öffnen können oder einen aussperren und erst gegen Zahlung eines Lösegelds (*ransom*) wieder ins Haus lassen. *Ransomware*, Software, die Computer oder Geräte sperrt und erst bei Zahlung wieder freigibt, ist eine zunehmende Bedrohung. IoT ist das perfekte Einfallstor für Kriminalität. Die Geräte sind oft schlecht gesichert und erhalten meist kein regelmäßiges Sicherheitsupdate. Ein weiterer beliebter Übergriff ist eine sogenannte DDoS-Attacke (*Distributed Denial of Service*). Dabei werden Server lahmgelegt, indem ein Netzwerk von Geräten (Computer oder eben IoT) eine Flut an Daten an den Server senden. Der Computerwurm Mirai infizierte 2016 durch eine solche IoT-DDoS-Attacke mehrere Hunderttausend Geräte, um den Server von Twitter und Netflix zu blocken.[14] Wirklich fatal wird es bei essenziellen Dienstleistungen wie der Stromversorgung. Cisco erwartet, dass sich die Angriffe zwischen 2018 und 2023 auf 15,4 Millionen pro Jahr verdoppeln werden.[15]

Arbeiten die Dinge bei Cyberattacken gut zusammen, sieht es im alltäglichen Leben anders aus. Technische Standards, um die Geräte vieler Anbieter zusammen nutzen zu können, fehlen. Das hemmt die Entstehung eines umfassenden IoTs – und ist für die Hersteller der beste Weg, Kunden an sich zu binden. Sitzt Alexa bei mir am Küchentisch, werde ich natürlich Geräte kaufen, die auf Alexa reagieren. Das erhöht wiederum meine Abhängigkeit von einem Hersteller. Sollte der entscheiden, das Produkt nicht mehr zu unterstützen, oder von der Konkurrenz aufgekauft werden, die die Produkte stoppt, entsteht eine Menge schwer recycelbarer Schrott.

Die massivste Schwachstelle aber ist gleichzeitig der Sinn der Geräte: Daten zu sammeln. Mit den smarten Geräten kommt eine Heerschar kleiner Spione ins Haus, die permanent zuschauen und zuhören, alle Sprachen verstehen und (potenziell) mit aller Welt kommunizieren. Eine Studie fand heraus, dass fast 90 Prozent der getesteten Geräte mit mindestens einer Drittpartei, also nicht nur dem Hersteller, kommunizierte.[16] Eine eher konservative Schätzung geht von über zehn Milliarden IoT-Geräten 2021 aus, in den nächsten sechs Jahren wird sich die Zahl wohl verdoppeln.[17] Jedes dieser Geräte sammelt unentwegt Informationen, was wir sagen, ob wir daheim sind, wie der Grundriss unserer Wohnung aussieht, und gibt sie weiter – das Ende der Privatsphäre, wie wir sie kannten.

Letztendlich haben die Dinge mehr Kontrolle über uns als wir über sie – und damit auch ihre Hersteller. Sie wissen nicht nur alles über uns, sie können auch direkt in unseren Alltag eingreifen. Wer will schon seinen Kühlschrank mit Lösegeld freikaufen müssen. Wer will, dass Google oder Amazon entscheidet, welches meiner Haushaltsgeräte er gerade nutzen kann und dass sein privates Leben rundum digitalisiert und in die Cloud geschickt wird. Warum also tun wir uns das an?

Nun, wenn wir über das Smart Home reden, kommen wir wieder zu dem verhängnisvollen Dreiklang aus Bequemlichkeit, *Instant-gratification*-Mephisto und kleinem Diktator. Es ist einfach zu schön, vom Bett aus die Kaffeemaschine zu bedienen, Alexa einen Befehl zuzurufen und per Smartphone Möbel zu bewegen. Im größeren Rahmen als unseren vier Wänden ist IoT die Voraussetzung für viele technische Entwicklungen. Ohne IoT keine smarte Stadt und keine smarte Produktion, keine Vernetzung im Gesundheitswesen oder autonome Autos. IoT kommt und wird bleiben, keine Frage. Momentan noch unterteilt in

Internet of Medical Things (IoMT), *Industrial Internet of Things* (IIoT) und viele mehr, ist die Vision, dass eines Tages daraus das *Internet of Everything* wird, ein rundum wahrnehmendes, uns abtastendes und auf uns reagierendes digitales Etwas. Wir sollten genau überlegen, wie wir dieses Etwas gestalten.

Zwei Technologien sind für IoT essenziell: die Cloud und 5G. Denn seinen Kopf trägt der dienstbare Geist wortwörtlich in den Wolken. Die wenigsten IoT-Dinge haben eine starke eigene Rechenleistung. Warum auch, wenn die allgegenwärtige Cloud um uns herumwabert. Dabei ist die Cloud genau genommen einfach ein Großrechner, der an einem physischen Ort steht. Die Cloud gibt es also schon länger als PCs. Zu Beginn des Computerzeitalters waren Rechner so unerhört teuer, dass sich die meisten Nutzer keine eigenen Computer anschafften, sondern Kapazität bei Großrechnern einkauften. Wir nutzen die Cloud ständig. Netflix, E-Mail-Server und Google Maps, alles liegt in der Cloud. Das Geschäft ist riesig. Amazons Cloud AWS lieferte mit 3,56 Milliarden US-Dollar und einer Wachstumsrate von 37 Prozent mehr als die Hälfte des Firmengewinns 2020.[18] Die Nachteile sind der enorme Datenverkehr zwischen den Endgeräten und dem Cloudserver sowie die damit einhergehenden Sicherheitsprobleme.

Das meiste, was im IoT passiert, passiert dennoch in der Cloud. Manche Netzwerke, vor allem autonome Autos und XR, verteilen die Rechenaufgaben an die Endgeräte, das nennt sich *Edge-Computing* (für »am Rand«). Die Vorteile sind eine schnellere Reaktionszeit und eine geringere Beanspruchung der Bandbreite durch weniger Datenverkehr.

Beim Datenverkehr kommt 5G ins Spiel. Um eines vorab klarzustellen: Nein, Bill Gates chipt uns nicht via 5G und auch das Coronavirus verbreitet sich nicht über die Funktechnik, das eine ist technisch, das andere biologisch schlicht nicht möglich. Es gibt also keinen Grund, weiter Sendemasten abzufackeln. Nachdem wir das geklärt haben, können wir uns ernsthaft mit 5G befassen. Die exponentiell steigende Datenmenge, die von all den vernetzten Geräten generiert wird, will drahtlos transportiert werden. 5G ist die fünfte Generation des Mobilfunkstandards und soll Datenverkehr mit 10 Gigabit pro Sekunde auf Smartphones liefern, etwa 600-mal schneller als 4G und zehnmal schneller als Glasfaserkabel. Die International Telecommunication Union sieht drei Hauptanwendungen für Mobilfunk ab 2020: verbessertes mobiles Breitband, ultrazuverlässige Kommunikation mit geringer Latenz und ein massiver Datenaustausch zwischen einer großen Anzahl vernetzter Geräte.[19]

Alle drei fließen im IoT zusammen, man könnte sagen, 5G ist das Rückgrat der Industrie 4.0. Längst wird über 6G nachgedacht und die notwendige Technik entwickelt. Etwa alle zehn Jahre kommt ein neuer Standard, 1G brachte uns in den 1980ern die ersten Mobiltelefone, 2G SMS und die ersten Sprachnachrichten, 3G das Internet und Videoanrufe, 4G Highspeed-Internet und 5G schließlich *Ultra-high-definition*-Daten in 3-D und Echtzeit. Mit 2G texteten wir übers Surfen, mit 3G sahen wir ein Surffoto, mit 4G einen Surffilm, und mit 5G können wir uns vorstellen, dass wir surfen. 6G soll nun nach der Vision der Forscher eine umfassende virtuelle Immersion bringen, es soll uns fühlen lassen, dass wir die Welle surfen.[20] Mit dem Ziel, holografische und taktile Kommunikation, eine bessere Integration vernetzter Geräte und neuartiger Kommunikationsoberflächen und vieles mehr zu ermöglichen, wird neben schnellerem Datenverkehr vor allem an Verbindungszuverlässigkeit, Übertragungslatenz und Sicherheit gearbeitet. Die Vision stellt hohe Anforderungen gerade an Datengeheimnis und Privatsphäre, der Mensch soll im Zentrum der Entwicklung stehen. Wird 5G das Internet der Dinge ermöglichen, so wird 6G das Rückgrat des *Internet of Everything*.

Kapitel 13
Stadt und Land

»Alles, was gegen die Natur ist, hat auf Dauer keinen Bestand.«
Charles Darwin

Seit 200 Jahren entwickeln sich Städte zum vorwiegenden Lebensraum für Menschen. 2008 hatten urbane Gegenden erstmals mehr Bewohner als ländliche, die UN schätzt, dass bis 2050 70 Prozent aller Menschen in Städten wohnen werden. In Europa sind es bereits jetzt rund 74 Prozent. Bis 2030 wird es wohl über 40 Megacitys mit mehr als zehn Millionen Einwohnern geben.[21] Doch statt für die Bewohner scheinen viele Städte eher für Autos, Büros und Geschäfte gebaut zu sein, statt eines lebenswerten Ambientes zeigt sich ein zunehmend lebensfeindliches Klima mit hoher Luftverschmutzung, extremer Hitze, Hektik, Entfremdung und Ungleichheit. Die UN betont im Nachhaltigkeitsziel 11, dass Städte und Siedlungen inklusiv, sicher, widerstandsfähig und nachhaltig zu gestalten sind. Leichter gesagt als getan. Städte lassen sich nicht einfach niederreißen und neu aufbauen. Vorhandene Strukturen sowie Bewohner müssen einbezogen werden. Wie also können wir rundum smarte – nicht nur digitale – Städte entwerfen?

Gleichzeitig haben viele wieder ein stärkeres Verlangen nach Natur. Doch längst haben wir dort krasse Spuren hinterlassen. Wie können wir den Schaden wieder gutmachen? Wie gestalten wir unseren Lebensraum wieder lebenswert? Wie können wir unsere Eingriffe und Aktionen besser planen und die Auswirkungen vorhersehen?

Modular, grün, vernetzt – das sind auch die Trends, die unsere Städte zunehmend gestalten. Das Modulare, das bei den Gebäuden beginnt, spiegelt sich in den Visionen für die Städte der Zukunft wider. Die Natur erhält mehr Raum, der Gesundheit, der Unabhängigkeit und auch der Biodiversität zuliebe. Das letzte Jahrzehnt war von der Begeisterung um digitale *Smart Cities* geprägt. 2010 rief IBM die *Smarter Cities Challenge* aus, und der Hype begann. Das Versprechen der Tech-Firmen, dass jedes Problem technisch lösbar ist (Solutionismus), scheint wie gemacht für die urbanen Baustellen. Eine rundum vernetzte Stadt, in der Sensoren Luftqualität, Verkehrsauslastung und Füllhöhe der Müllcontainer sowie Zustand der Infrastruktur erfassen, um dann entsprechende Aktionen zu initiieren, in der Bürger aber auch durch digitale Plattformen stärker einbezogen werden und das Gesundheitswesen besser gemanagt wird, scheint ebenso wünschenswert wie möglich. 5G, IoT, *Edge-Computing* und KI sollen die Lebensqualität auf ein ganz neues Level hieven. Die Sicherheit wird durch umfassende Überwachung und verbesserten Katastrophenschutz erhöht. Energie, Wasser und Abfall werden durch intelligente Systeme optimal gemanagt. Und eine kundenorientierte Mobilität steht ganz oben auf der Liste. McKinsey kommt in einer Studie von 50 smarten Städten weltweit zu dem Schluss, dass sich Schlüsselindikatoren einer hohen Lebensqualität, etwa Gesundheit, Bequemlichkeit, soziale Verbundenheit und Bürgerbeteiligung, durch smarte Technologien um bis zu 30 Prozent verbessern ließen.[22] Pendlerzeit ließe sich um 15 bis 20 Prozent verkürzen, die Reaktionszeit im Notfall sogar um bis zu 35 Prozent, der Wasserverbrauch um 20 bis 30 Prozent senken und die Emissionen um zehn bis 15 Prozent. Führende Städte dabei sind Singapur, Seoul, New York, Stockholm und Barcelona.

Wenige dieser Versprechen wurden bisher realisiert. Die Pilotprojekte orientierten sich mehr an den Zwecken der Tech-Firmen als an den

Bedürfnissen der Menschen. Mit der *Smart Cities Challenge* startete eine Serie an von Firmen gesponserten Wettbewerben, die die Kunden-Dienstleister-Beziehung umpolten. Nicht die Firmen bewarben sich um maßgeschneiderte Aufträge, sondern die Städte um private Investments, die häufig nicht zu ihren Bedürfnissen und ihren speziellen Voraussetzungen passten. Jennifer Clark, Professorin für Stadtplanung an der Ohio State University, beschreibt diese Städte als »Sandkästen, die der Tech-Sektor nutzt, um Prototypen von Produkten zu testen und Dienstleistungen zu vermarkten«.[23] Jetzt wird stärker darauf geachtet, die Bürger und ihre Lebensqualität ins Zentrum der Bemühungen zu stellen. Eine der Vordenkerinnen ist Francesca Bria, die als *Chief Digital Technology and Innovation Officer* maßgeblich daran beteiligt war, die digitale Agenda von Barcelona zu entwickeln, und als Gründerin des EU-Projektes Decode die Datensouveränität der Bürger propagiert. Datenhoheit und Bürgerengagement bilden daher Kernelemente der Strategie von Barcelona. Eigenmächtige Kontrolle über private Daten steht dabei ebenso im Zentrum wie die Beteiligung von Bürgern, Unternehmen und Universitäten an der Gestaltung der digitalen Stadt etwa durch Ideenwettbewerbe. Dort wird gefragt, wie sich das Stadtleben von Senioren durch Technologie verbessern oder wie sich die Erzeugung von erneuerbarer Energie in Gehsteige integrieren ließe.

Viele Städte halten auch sogenannte *Hackathons* ab, bei denen kreative Software-Lösungen für aktuelle Probleme gefunden werden sollen. Auch die Relevanz von branchenübergreifenden Daten wird immer mehr erkannt. Eine Park-App, die neben der Auslastung von Parkplätzen und historischen Verkehrsdaten auch Wetterdaten und Veranstaltungen in die Analyse einfließen lässt, bringt einen Mehrwert. Mit der Analyse städtischer Daten kommen natürlich die bekannten Probleme von Big Data – Sicherheit, Verwertungsrechte und Kompatibilität. Übergreifende Datennutzung, etwa von Mobilität, Energie oder Gesundheit, schafft bei solider Analyse den größten Nutzen, doch sensitive Daten werden ungern geteilt.

Voraussetzung für das Vertrauen der Bürger in Stadt und Staat, dass ihre Daten sorgfältig gehandhabt werden, ist Transparenz und Verlässlichkeit. Hier wird es bei *Smart Cities* schwierig, denn viele verlassen sich größtenteils auf private Firmen. Einige wollen gar Kernaufgaben öffentlicher Institutionen übernehmen, etwa die Alphabet-Tochter Sidewalk Labs. 2016 wurden Informationen geleakt, in denen die Vision der Firma beschrieben wird. Sie geht weit über das ohnehin extensive Zukunftsbild einer smarten Stadt hinaus und fordert Befugnisse bis hin zu Steuererhebung und Strafvollzug. Sidewalk erklärt, den »Zynismus gegenüber der Zukunft überwinden« zu wollen,[24] doch man kann sich fragen, ob die Firma mit ihrem Vorgehen den Zynismus nicht auf die Spitze treibt. In einem umstrittenen Projekt in Toronto plante die Firma die Entwicklung einer Community von 100.000 Einwohnern, in der Sidewalk de facto alles von Straßen über Schulen bis zu Steuern kontrollieren und natürlich auch Daten sammeln würde. Am Ende stünde eine Art Sozialkreditsystem, das sich nicht sehr von dem in China unterscheidet.

Shoshana Zuboff, die Autorin des Buches *Das Zeitalter des Überwachungskapitalismus*, beschreibt die Gesellschaft, die Sidewalk schaffen wollte, als »profitorientiertes China«, das »digitale Infrastruktur nutzen würde, um soziales und politisches Verhalten zu verändern und zu lenken«.[25] 2020 wurde das Projekt eingestellt, vorgeblich wegen der Corona-Krise.

So hilfreich Technik in der Gestaltung unserer Städte ist, unser Lebensraum wird nach wie vor stark geprägt von analoger Erfahrung, von Geräuschen und Gerüchen und vom Luftholen. Eine der größten Bedrohungen ist die Temperaturentwicklung. Wenn sogar kanadische Küstenstädte an der 50-Grad-Celsius-Grenze kratzen, ist höchste Alarmstufe. Eine Studie von 2020 fand, dass sich die Menschheit über Jahrtausende hauptsächlich in Regionen aufhielt, die eine mittlere Jahrestemperatur von rund 13 Grad Celsius bieten.[26] Diese Gebiete werden aber in etwa 50 Jahren eine mittlere Temperatur von rund 20 Grad aufweisen, vergleichbar mit den heutigen Temperaturen im Mittelmeergebiet. 3,5 Milliarden Menschen werden dann in Regionen leben, die auf mindestens 29 Grad kommen, Temperaturen, die derzeit auf lediglich 0,8 Prozent der Landoberfläche herrschen.

Städte sind besonders betroffen, denn durch die versiegelten Flächen und die Wärmekapazität von Asphalt und Gebäuden entwickelt sich ein Hitzeinseleffekt. Viele Städte haben das Problem erkannt und versuchen, der Entwicklung gegenzusteuern. Eine der wichtigsten Maßnahmen ist, die Betonwüsten zu begrünen. Grünflächen und Bäume spenden Schatten und kühlen die Umgebung. Nicht zuletzt entspannen sie uns und bieten Auszeiten vom hektischen Stadtleben. Melbourne möchte daher bis 2040 seinen Baumbestand verdoppeln, und Singapur schafft grüne Oasen und vertikale Gärten.

Streift man aufmerksam durch Städte, fällt einem auf, dass Grünflächen häufig monoton sind. Lokaler Charakter und Biodiversität fehlen. Ob in London oder Boston, die sauberen Parks ähneln sich oft. Man nennt das Phänomen *Blandscaping* (engl. *bland* = fad), es entsteht, wenn die Instandhaltung des Erholungsraums möglichst einfach sein soll. Das Resultat sind aufgeräumte Grünflächen, in denen Vielfältigkeit fehlt. Natur ist aber nicht aufgeräumt. Um den städtischen Erholungsraum sinnvoll zu gestalten, sollten wir lokale Gewächse pflanzen und Diversität fördern. Bestenfalls verknüpfen wir Wildwuchs mit urbanen Farmen und beziehen die Anwohner ein. Eine Princeton-Studie untersuchte die Auswirkung verschiedener Aktivitäten in der Stadt auf das seelische Wohlbefinden. Wie sich herausstellte, ist Gärtnern eine der besten Tätigkeiten für Zufriedenheit und Glück.[27]

Neben »analogen« Maßnahmen bedienen sich viele Städte technischer Möglichkeiten, mit Hitze umzugehen. Mailand etwa setzt die App Extrema ein, die Nutzern personalisierte Ratschläge gibt, wie sie der Hitze entkommen. Tokio und Los Angeles ersetzen schwarzen Asphalt durch hellere Beläge, in anderen Städten werden Dächer geweißelt, an hochreflektierenden Farben, um den Effekt zu verstärken, wird geforscht. Architekten verbauen Fenster, die sich in der kühlen Nacht öffnen und morgens wieder schließen, oder innovative Materialien zur Beschichtung der Außenwände, um die Temperaturen in den Griff zu bekommen.

Neben Hitze und fehlenden Grünflächen sind mangelnde physische Aktivität sowie Luftverschmutzung und Lärm die größten Gesundheitsrisiken in Städten. Geschätzt 20 Prozent aller Todesfälle könnten laut einer Studie vermieden werden, wenn internationale Richtlinien für physische Aktivität, Luft- und Lautverschmutzung, Hitze sowie Grünflächen eingehalten würden.[28] Durch Fitness-Apps, Präventionsprogramme und IoT lassen sich Menschen zu mehr Bewegung motivieren und Risiken besser bewerten. Doch ohne weitere analoge Maßnahmen lassen sich die Effekte nicht realisieren. In den Fokus rückt daher auch die räumliche Organisation einer Stadt, die ebenfalls direkte Auswirkungen auf unsere Lebensqualität und Gesundheit hat.[29] Modelle, die derzeit besondere Aufmerksamkeit finden, sind die kompakte, die 15-Minuten- und die Superblockstadt.

Die kompakte Stadt ist dicht besiedelt, hat einen hervorragenden ÖPNV und viel Grün. Sie ist ein Gegenmodell zur Zersiedelung, denn der Flächenverbrauch wächst mit einer Rate von 1,8 global schneller als die Einwohnerschaft mit 1,2.[30] Barcelona ist ein gutes Beispiel, sie hat mit 2,8 Millionen Einwohnern mehr als Atlanta, diese allerdings wohnen auf nur 3,8 Prozent der Fläche der US-Stadt. Außerdem soll in einer kompakten Stadt der Wandel von privaten Autos hin zu Fahrrad, Fußweg und ÖPNV angeschoben werden, was in Simulationen einen enormen gesundheitlichen Mehrwert bringt: Rund 826 DALYs je 100.000 Einwohner könnten so gewonnen werden.[31]

Die 15-Minuten-Stadt hat besonderen Charme, denn sie bringt das Dorf zurück in die Stadt. Ihre Bewohner sollen innerhalb von 15 Minuten zu Fuß oder per Fahrrad alles Wichtige erreichen können, seien es Geschäfte, Schulen oder Behörden. Das Konzept nennt sich »Chrono-Urbanismus« und geht davon aus, dass die Lebensqualität umgekehrt proportional zu der Zeit ist, die für Mobilität verwendet wird.[32] Gerade während der Pandemie, in der unsere Beweglichkeit eingeschränkt war, wurde die Idee populär, wie das Beispiel Paris zeigt.

In der Superblockstadt werden Blöcke durch Ausfallstraßen begrenzt, innerhalb derer Fußgänger und Radfahrer Vorrang haben und nur langsamer Anliegerverkehr erlaubt ist. Öffentlicher Raum soll für Anwohner zurückgewonnen und ein aktiver Lebensstil gefördert werden. In Barcelona könnte eine Organisation in 503 Superblocks jedes Jahr fast 700 vorzeitige Todesfälle durch Luftverschmutzung, Lärm und Hitze verhindern, die jährlichen wirtschaftlichen Auswirkungen beliefen sich auf rund 1,7 Milliarden Euro.[33] Auch den Entwurf des Guallart Architekturbüros für eine autarke Stadt in China könnte man exemplarisch für einen Superblock sehen. Jeweils vier Häuserblocks aus nachhaltigen Materialien formen eine modulare Einheit, in der Wohnungen, Büros, Schulen, Gewächshäuser und vieles mehr untergebracht sind. Sowohl Energie- also auch Wasser- und Nahrungsmittelversorgung sind völlig autark, die Architekten nennen ihr Konzept *Circular Bioeconomy*.[34] Versorgungsunabhängigkeit ist ein kommendes Thema. Manche prophezeien, dass Städte langfristig aus Sicherheits-, Kosten- und politischen Gründen Autarkie anstreben werden. Noch sind sie weit davon entfernt, wie die Situation während der Pandemie deutlich gezeigt hat.

Die Organisationsmodelle jedoch haben gute Chancen, zeitnah realisiert zu werden, allerdings nur in der westlichen Welt. Denn so verlockend nachhaltiger, grüner, autofreier, urbaner Lebensraum klingt, die meisten Städte der Welt haben andere Probleme. 95 Prozent des urbanen Wachstums wird in Entwicklungsländern stattfinden. Nur drei Länder, Indien, China und Nigeria, werden ein Drittel zu dem Wachstum beitragen.[35] In vielen Städten dieser Regionen steht noch nicht einmal die absolute Grundversorgung für die Bewohner, ganz zu schweigen von gesicherten Rechten und Partizipation. Die UN *Urban Agenda* versucht, mit Ausbildung und Wissenstransfer zumindest die dringendsten Probleme zu lösen.[36]

Land und Natur

Willkommen im Anthropozän. Der Mensch hat massive Spuren in Geologie und Ökosystem der Erde hinterlassen. Bauwerke, Abfall, Treibhausgase – all das hat tiefe Scharten in die planetare Gesundheit geschlagen, die Rechnung bekommen wir durch Klimawandel und rapide abnehmende Biodiversität. Damit schaden wir uns selbst, nehmen uns Lebensgrundlagen und zerstören unsere Kulturen. Und wir tun dies oft bewusst, wenn auch manchmal im Glauben, dass sich unsere Aktion unterm Strich für uns und die Natur lohnt.

Ende 2019 schlossen sich die Schleusen des Ilisu-Staudammes im südöstlichen Anatolien zum ersten Mal. Das Wasser, das zuvor den Tigris hinunterströmte, sammelt sich, bis sich 10.400 Millionen Kubikmeter Wasser aufgestaut haben. Ein See von der doppelten Fläche Liechtensteins entsteht. In den Fluten geht nicht nur die Landschaft unter, sondern es versinken auch rund 200 teils historische Siedlungen. Zusammen mit den mindestens 60.000 betroffenen Menschen der Region werden zwar einige der wichtigsten Stätten an höhergelegene Hänge verlagert, doch nicht alles lässt sich einfach »umtopfen«. Das alles für eine jährliche »nachhaltige« Stromproduktion von 3800 GWh.[37] Unzählige andere Orte, Tier- und Pflanzenarten weltweit sind bereits in Stauseen versunken. Der Drei-Schluchten-Damm in China, das größte Wasserkraftwerk weltweit, lieferte in den 1990er-Jahren massiv negative Schlagzeilen. Ist es das wert? Ist der energieintensive Bitcoin das wert? Unser Beharren auf unbegrenzte Mobilität? Das werden wir beantworten müssen, wenn wir nicht nur unsere Energieversorgung sinnvoll gestaltenwollen.

Langsam scheinen wir zu erkennen, wie tiefgreifend die menschengemachten Einschnitte sind, und beginnen, den Schaden zu beheben. Geoengineering und synthetische Biologie heißen die zwei großen Forschungstrends, mit denen wir zumindest einen Teil unseres desaströsen Werkes wieder gutmachen wollen. Doch tun wir das wirklich?

2019 publizierte die UN einen Report über den Status von Biodiversität und Ökosystem. Das harsche Resultat: Drei Viertel der landgebundenen Umwelt und etwa 66 Prozent der Meeresumwelt wurden durch Menschen erheblich verändert; rund eine Million Tier- und Pflanzenspezies sind vom Aussterben bedroht, also jede achte Spezies.[38] Organisationen wie die *Long Now Foundation* finden, dass wir eine moralische Obligation haben, eine Spezies, die wir ausgerottet haben, wiederzuerwecken, sobald wir das Werkzeug dazu haben. Und das haben wir: CRISPR/Cas9. Harvard-Forscher George Church findet das auch. Auf reviverestore.org kann man den Fortschritt verfolgen, Mammuts wieder auferstehen zu lassen. Aber ist das wirklich eine gute Idee? Passen Mammuts in unsere Welt? Sie wären nichts anderes als invasive Arten, die heute bereits als einer der fünf großen Treiber für den Wandel der Natur gesehen werden.[39]

Andere nutzen synthetische Biologie, um Schadstoffe zu entsorgen. In mehreren Laboren entstehen Bakterien, die CO_2 verspeisen. Und damit sind wir bei Geo- oder auch Klimaengineering. Das bedeutet, dass man versucht, den Klimawandel zurückzudrehen, entweder, indem man die Sonneneinstrahlung verringert (*Solar Radiation Management* SRM), oder, indem man Treibhausgase aus der Atmosphäre zieht (*Carbon Dioxide Removal* CDR). Es wird munter experimentiert, und die Ideen reichen bis zu Spiegeln im Weltall, die die Sonnenstrahlen reflektieren.[40] Ein der Erde näherer Ansatz: Nach dem Vorbild von Vulkaneruptionen, die dem Planeten bereits häufiger kühle Zeiten bescherten, überlegt man, Aerosole wie Schwefelverbindungen in die Stratosphäre zu pusten. Die Idee geht zurück auf den Atmosphärenchemiker und Nobelpreisträger Paul Crutzen, der auch den Begriff Anthropozän prägte. Das wäre machbar und bezahlbar, und wir wissen, dass es funktioniert. Nachteil: Obwohl wir wissen, dass es funktioniert, lässt sich schwer vorhersagen, wo und wie genau die Effekte eintreten. Es kann zu lokalen Starkregen genauso wie zu Trockenperioden führen, dadurch internationale Spannungen verstärken und außerdem als Ausrede herhalten, doch wieder mehr CO_2 in die Atmosphäre zu jagen. Nachhaltig ist es auch nicht, denn sobald sich die Aerosolverteilung in der Stratosphäre auflöst, würde die Temperatur wieder ansteigen. Eine für 2021 geplante Testreihe der Harvard University wurde auf Eis gelegt, da es doch noch einen größeren gesellschaftlichen Gesprächsbedarf gibt.[41]

Andere Vorschläge drehen sich ums Wolkensäen, der Steigerung der Reflexion von Meereswolken durch das Versprühen von Meerwasser oder das Ausdünnen von Cirruswolken, die die von der Erde abgestrahlte Wärme zurückhalten. Auf der Erde wollen Forscher kleine hohle Glasperlen in der Arktis verteilen[42] oder mit Polyethylen-Aluminium-Abdeckungen die Reflexionskraft der Wüste verstärken.[43] Wieder andere kippen Tonnen an Eisenstaub ins Meer, um Planktonwachstum anzuregen und damit die Fischpopulationen aufzubauen. Meeresdüngung nennt sich das und hätte gleich mehrere positive Aspekte. Die überfischten Gewässer könnten sich erholen, CO_2 aus der Atmosphäre würde gebunden werden und noch dazu die Wolkenbildung angeregt.

Die meisten Ansätze sind allerdings hochspekulativ. Nichtsdestotrotz erfährt Geoengineering gerade einen enormen Schub. Schon 2015 setzte China ein Forschungsprogramm auf, und auch die erste Riege der Top-Investoren ist mit dabei.

Aber auch sie können nicht die Sorge verdrängen, dass wir an einem hochkomplexen System herumfummeln, ohne die Auswirkungen auch nur ansatzweise zu verstehen. Wir wissen viel zu wenig von den großen Kreisläufen auf unserem Planeten und den Wechselwirkungen. Können wir es riskieren, mit unserem Klima weiterzuspielen, ohne sicher zu sein, dass es dem Planeten und damit uns allen nützt? Wie gehen wir lokal mit unterschiedlichen Auswirkungen um? Manche Modelle legen zwar nahe, dass sich durch gezielte SRM die Einkommensungleichheit zwischen Ländern verringern ließe,[44] doch die Gefahr von Extremwetter in manchen Regionen aufgrund künstlicher Intervention lässt vermuten, dass die Risiken überwiegen. Was also können wir verantworten?

Das Zürcher Start-up Climeworks geht einen anderen Weg als SRM. Climeworks arbeitet an einer Technologie, die nicht mit dem Klima spielt, indem etwas in die Atmosphäre gesprüht oder in die Meere geschüttet wird, sondern die etwas aus der Atmosphäre rausholt, was dort in größerer Konzentration nicht hingehört: CO_2. Die Firma stellt riesige Staubsauger her, die über einen Filter die Säure CO_2 aus unserer Umgebungsluft reinigen. Die Idee ist nicht neu, sie wird seit Jahrzehnten in U-Booten und Raumschiffen angewandt. Doch während die Geräte dort möglichst klein sein müssen, will Climeworks das Gegenteil, möglichst große, aber günstige Anlagen. Die derzeitigen Turbinen schaffen es, rund das Zehnfache an CO_2 aus der Luft zu holen, als sie über ihre Lebenszeit erzeugen. Das CO_2 wird an Coca-Cola verkauft, um Getränke zu sprudeln, oder in fester Form wieder unter die Erde gebracht, die weltgrößte Anlage dafür eröffnete 2021 in Island. Die ökologischen Risiken bei unterirdischer Lagerung, etwa durch Überdruck oder seismische Änderungen, sind laut Christopher Beuttler von Climeworks bei richtiger Anwendung der Mineralisierungsmethode von Partner Carbfix gering, man könne von den Erfahrungen aus der Geothermie lernen.[45] Außerdem müssten diese Risiken gegenüber dem Risiko abgewogen werden, die Pariser Klimaziele nicht zu erreichen. Weitere Projekte von Climeworks zielen darauf ab, Öl und Gas zu ersetzen, denn mit erneuerbaren Energien und CO_2 lässt sich ziemlich alles herstellen, was auch mit fossilen Stoffen machbar ist, sei es synthetischer Kraftstoff oder Plastik. Das Problem mit CDR: Die Sache ist ziemlich teuer. Beuttler vergleicht den Stand der Dinge mit der Solarzellenindustrie in den 1960ern. Der Trend der Kostenkurve nach unten habe gerade erst begonnen.

Unterm Strich werden wir einen Technologie-Mix brauchen und uns ansehen müssen, »was die geringsten Risiken eines Portfolios an Technologien sind, mit denen wir vorangehen können, denn uns rennt die Zeit weg«, so Beuttler.

Und was ist mit Bäumen? Warum nehmen wir nicht den natürlichen Weg und pflanzen mehr von diesen CO_2-Sammlern? Nun, einerseits machen wir das ja, es gibt eine ganze Reihe von Projekten, die sich eine großflächige Aufforstung zum Ziel gesetzt haben. Die Suchmaschine Ecosia, die ich nutze, etwa pflanzt Bäume für jede Anfrage. Stand 21. Juli 2021 waren es 130 Millionen.[46] Ein anderes vermeintliches Vorzeige-Projekt, *Plant for the Planet*, machte in letzter Zeit allerdings negative Schlagzeilen. Angebliche Pflanzungen konnten nicht gefunden werden, andere bestanden bereits vorher.[47] Zudem haben wir nicht genug Platz auf dem Planeten, um all das überschüssige CO_2 allein mit Bäumen wieder zu binden. CDR ist im Vergleich schätzungsweise rund 400-mal effizienter. Mit Aufforstungsprojekten lässt sich viel Aufmerksamkeit und Geld gewinnen, doch ob sie sinnvoll sind, wird zu selten kontrolliert. Christoph Beuttler findet jedoch, die Zeit für solche Fragen sei vorbei: »Wir haben nicht mehr den Luxus, uns aussuchen zu können, was wir machen, wir müssen Emissionen drastischer reduzieren und gleichzeitig alles versuchen CO_2 dauerhaft aus der Luft zu entfernen.«[48]

Bleibt die Frage, was die Geoengineering-Technologien tatsächlich bringen, sprich: Wie viel Strahlung können sie ableiten oder CO_2 binden, um unseren Planeten zu kühlen? Eine Studie von 2009 berechnete die Energiebilanz, dargestellt in Watt je Quadratmeter, der verschiedenen Ansätze. Als Referenzpunkte, die es mindestens zu erreichen gilt, wird entweder der sogenannte menschengemachte Strahlungsantrieb von rund 1,6 Wm^{-2} oder der Wert genommen, der durch eine Verdopplung der atmosphärischen CO_2-Konzentration resultiert, 3,7 Wm^{-2}. Kurzfristig schaffen es lediglich die Weltraumspiegel und stratosphärische Aerosole, einen Wert von über 3 Wm^{-2} zu konterkarieren, die Abstrahlung von Städten, Gras- oder Agrarflächen zu verstärken hilft wenig. In langfristigen Zeiträumen, von Jahr 2050 bis 3000, macht DAC (*direct air capture*, eine Möglichkeit für CDR) und unterirdische Lagerung das Rennen, weit vor Aufforstung und Eisendüngung.[49]

»Die Natur ist nicht klassisch, verdammt, und wenn man eine Simulation der Natur machen will, sollte man sie besser quantenmechanisch machen …«, sprach der große Richard Feynman, um gleich hinzuzufügen, dass dies ein wunderbares Problem sei, weil es nicht so einfach aussehe.[50] Ob Klimamodelle, der Einfluss von Geoengineering, urbane Verkehrsströme, Moleküle für neue Medikamente – Simulationen komplexer Sachverhalte werden wichtiger, kommen jedoch mit der derzeit verfügbaren Rechenpower an ihre Grenzen. Die Lösung sollen Quantencomputer (QC) sein, die zwar nicht alles besser können, aber viel besser und vor allem schneller mit einer Vielzahl an Variablen zurechtkommen und durch ihre quantenmechanische Funktionsweise eine Reihe von natürlichen Prozessen und Gegebenheiten akkurater abbilden können. Das ist allerdings in der Tat nicht einfach, und Feynman selbst bekannte: »… ich kann mit Sicherheit sagen, dass niemand die Quantenmechanik versteht.«[51]

Wir werden also gar nicht erst versuchen, in die Untiefen der Quantenmechanik einzutauchen. Aber wir wollen uns kurz ansehen, was QC besonders macht, wofür man sie brauchen kann und warum sie noch nicht in unseren Wohnzimmern stehen.

Klassische Computer bestehen im Kern aus Transistoren, die Information (Bits) in Form von Elektronen wie ein Schalter entweder durchlassen oder nicht. Mehrere Transistoren bilden Logikgatter, die sich wiederum zu Modulen zusammenschließen und dort simple Rechenaufgaben lösen, etwa Multiplikationen. Man kann sich die Module als Grundschulkinder vorstellen, die einfache Matheaufgaben lösen, ein Computer wäre dann eine ganze Klasse oder Schule, die mit einzelnen einfachen Aufgaben zusammen komplexe Rechenoperationen lösen können. Transistoren wurden mit der Zeit immer kleiner, inzwischen haben sie eine Größe von wenigen Atomen, und hier kommen Quanteneffekte zum Tragen, allen voran der Tunneleffekt. Dabei stehen

Elektronen in einem Transistor bei geschlossenem Schalter nicht mehr vor einem energetisch unüberwindbaren Hindernis, sondern wandern als Wellen durch die Barriere einfach hindurch, wie ein Wanderer, der, statt über einen Berg zu klettern, durch einen Tunnel geht. Damit ist die Funktion eines Transistors natürlich hinüber. Außer, man macht sich die Quanteneigenschaften zunutze.

Was QC außer dem Tunneleffekt so besonders macht, sind die Eigenschaften der Qubits, Superposition und Verschränkung. Qubits sind die Quanten-Äquivalente zu Bits, also die kleinste Informationseinheit in einem QC. Ein Qubit kann ein Photon, ein Spin in einem magnetischen Feld, ein Ion oder ein Elektron sein, eigentlich alles, was Quanteneffekte zeigt. Klassische Bits in einem Computer bilden Information ab, indem sie entweder den Zustand 0 oder den Zustand 1 haben. Qubits dagegen befinden sich irgendwo auf der Linie zwischen 0 und 1 in einem Zustand, der sich Superposition nennt. Wo genau auf der Linie ein Qubit sitzt, lässt sich nicht sagen. Ein Qubit in Superposition ist wie eine rotierende Münze, bei der man nicht sehen kann, ob sie gerade Kopf oder Zahl zeigt, es ist irgendwie beides zugleich. Schlägt man aber mit der Hand auf die Münze, liegt entweder Kopf oder Zahl obenauf. Während der QC rechnet, müssen die Qubits in ihrer Superposition bleiben, aber das ist ein unheimlich fragiler Zustand, und Qubits wollen absolut in Ruhe gelassen werden. Jede noch so kleine Störung, also jede Hand, die auf die Münze haut, kann dazu führen, dass die Superposition kollabiert und die Qubits zufallsmäßig auf 0 oder 1 fallen und Fehler generieren, das nennt sich Dekohärenz und ist das größte Problem bei QC. Um aber am Ende einer Rechenoperation das Ergebnis ablesen zu können, braucht man eine klare 0- oder 1-Aussage. Die Wahrscheinlichkeit, mit der sie auf 0 oder 1 fallen, lässt sich berechnen und ist die mathematische Grundlage hinter den Rechenoperationen. Die Münze hat quasi eine Schlagseite.

Durch die Superposition können Qubits viel mehr Informationszustände annehmen als klassische Bits. Vier Bits können 16

Kombinationen darstellen, also 0000, 0001, 0010, 0100 und so weiter. Von denen kann man aber nur eine Kombination auf einmal nutzen. Vier Qubits können alle 16 Kombinationen gleichzeitig abbilden, und mit jedem Qubit wächst diese Zahl exponentiell. 20 Qubits können bereits über eine Million Werte abbilden, 300 Qubits mehr, als es Atome im Universum gibt. Die magische Grenze, ab wann ein QC einem klassischen Computer an Rechenpower überlegen ist, liegt bei 50 Qubits, die muss man allerdings noch miteinander verschränken, um sie zusammen arbeiten zu lassen.

Die Verschränkung von Qubits bedeutet, dass man nur den Zustand von einem Qubit kennen muss, um auch den Zustand seines Partner-Qubits zu wissen. Hätten ich und meine Freundin zwei verschränkte Münzen, könnte ich meine Münze in Zürich und sie ihre in Feuerland drehen, und dennoch wüsste ich allein durch das Ergebnis meiner Münze, ob ihre auf Kopf oder Zahl fällt. Einstein bezeichnete diese Eigenschaft in einem Brief an Niels Bohr als »spukhafte Fernwirkung«, die ihm äußerst suspekt war.[52] In einem QC kann man nun ein Qubit verändern und damit die mit ihm verschränkten Qubits ebenfalls manipulieren. Während klassische Logikgatter simplen Input bekommen und 1 oder 0 ausspucken, schickt ein QC seine Qubits in Superposition und Verschränkung durch Quantengatter, die die Wahrscheinlichkeiten, in 0 oder 1 zu kollabieren, manipulieren und wiederum Qubits in Superposition ausgeben. Alles klar?

Wenn nicht, ist das auch nicht schlimm. Das große Versprechen von QC jedenfalls ist, dass sie erheblich schneller sind als klassische Computer. Dabei beschleunigen sie nicht die Geschwindigkeit einzelner Rechenoperationen, sondern die Geschwindigkeit der Gesamtheit aller Rechenoperationen. Noch gibt es keine funktionierende praktische Anwendung von QC, aber eine der ersten wird wohl die Simulation von chemischen Reaktionen sein. Diese sind stark beeinflusst von quantenmechanischem Verhalten von Atomen und Elektronen, und das wiederum lässt sich durch QC besser darstellen als durch klassische

Rechner. Die Pharma- und Autoindustrie interessieren sich stark für QC, um damit neue Moleküle zu finden und zu designen oder um optimale Batterien oder Therapien zu entwickeln, das geschätzte Potenzial geht in die Milliarden.[53] Volkswagen und das Start-up D-Wave testeten während der Web Summit Konferenz 2019 in Lissabon eine QC-basierte Verkehrsoptimierung, um Teilnehmer schneller durch die Stadt zu befördern.[54] Andere setzen ihre Hoffnung in bessere Vorhersage-Tools für bevorstehende Finanzcrashs oder Portfolio-Optimierung. Und natürlich soll die Technologie KI auf ein neues Level heben. Zwielichtige Akteure wollen QC nutzen, um Internet-Passwörter zu knacken.

Die Erwartungen sind gigantisch. Und so erhalten Start-ups riesige Summen, starten die Wirtschaftsmächte zahlreiche Programme und liefern sich die Tech-Konzerne erbitterte Rennen um die technologische Vorherrschaft. Als Ende September 2019 durch ein Leak auf der NASA-Website bekannt wurde, dass Google mit seinem 53-Qubit-Computer Sycamore eine Rechenoperation in drei Minuten und 20 Sekunden erledigte, für die der bis dato schnellste klassische Rechner Summit geschätzt 10.000 Jahre bräuchte, reagierte Rivale IBM umgehend. Noch bevor Google die Ergebnisse publizierte und die Quantenüberlegenheit für sich reklamierte,[55] berichtete IBM, dass ein anderer klassischer Rechenansatz Summit befähigen würde, die Ergebnisse in nur 2,5 Tagen zu liefern.[56] Immer noch langsamer als Sycamore, aber eine ganz andere Skala. Allerdings suchte Google die Rechenoperation gezielt so aus, dass ein QC damit besonders gut zurechtkommt, es war also ein nicht ganz faires Rennen. Dennoch plant Google einen kommerziellen, ausgereiften QC bis Ende des Jahrzehnts zu realisieren, wenig später zog IBM nach.[57] Beide, wie auch Microsoft, machen bereits Online-Tools zugänglich, damit die nächste Generation von Software-Spezialisten QC-Programmieren üben und bereits an QC-Prozessoren spielen können.

Andere Experten sind vorsichtiger mit Vorhersagen über die Marktreife von QC. Manche vermuten, dass die Entwicklung einen ähnlichen

Pfad wie KI nehmen wird.[58] Einem anfänglichen Hype um die Technologie und großen Investments folgte Ernüchterung, dass es Maschinen doch nicht so schnell mit der menschlichen Intelligenz aufnehmen konnten, ein längerer »KI-Winter« trat ein, bevor die Zeit für die ersten brauchbaren Anwendungen gekommen war.

QC »denken« vollkommen anders als klassische Computer und werden uns ohne Frage eines Tages interessante neue Erkenntnisse liefern. Sie sind dabei kein Ersatz für konventionelle Computer: durchs Internet surfen, Netflix schauen, eine PowerPoint-Präsentation erstellen, dafür sind QC nicht geeignet. Wir werden also nicht allzu bald unseren eigenen QC im Haus haben, denn wir können wenig damit anfangen. QC sind für die großen Fragen gemacht. Selbst die meisten Firmen werden sich keinen eigenen QC anschaffen, sondern den Service bei einem Tech-Konzern über die Cloud nutzen. Erstens sind die Rechner viel zu teuer und zweitens unglaublich heikel in der Bedienung.

Wenn Qubits in ihrer Superposition hängen, in diesem Ja-nein-vielleicht-jein-Stadium, sind sie die größten Diven. Die kleinste Störung, sei es Hitze, Vibrationen oder magnetische Felder, kann die rotierende Münze zum Umfallen und die Superposition zum Kollabieren bringen und damit Fehler erzeugen. Man muss die Qubits also hätscheln. Das heißt, bestmöglich abschirmen und extrem kühlen. Das ist äußerst aufwendig, und auch bei bester Behandlung entstehen noch zu viele Fehler, die sich ab einem Grenzwert durch die Verschränkung noch vermehren. Und je mehr Qubits zusammenhängen, desto schwieriger wird es, den fragilen Zustand während der Rechnerei zu halten. Die Störungen zu blockieren und die Fehler zu korrigieren, also die Verlässlichkeit der Rechner zu erhöhen, gerade bei einer immer größeren Zahl verschränkter Qubits, ist daher die größte Herausforderung.

Kapitel 14 …
und wie wir hinkommen, wo wir hinwollen

»Ich würde gerne auf dem Mars sterben.
Nur nicht beim Aufprall.«
Elon Musk

Wir selbst haben derweil noch ganz andere Reisen vor uns und eine immer größere Auswahl an Fortbewegungsmitteln. Schaut man sich unsere wichtigsten Vehikel an, stellt man fest, dass die großen Innovationen alle schon länger her sind. Auto, Zug, Fahrrad, Flugzeug, selbst Tretroller – alles 19. Jahrhundert. Was in letzter Zeit in Sachen Mobilität passiert, sind letztlich Variationen dieser Gefährte. Allerdings ist das nicht minder spannend, denn in der Mobilität lässt sich besonders gut beobachten, wie verschiedenste Technologien ineinanderfließen. Der große Trend geht zu elektrischen, autonomen, vernetzten und gemeinsam genutzten Fahrzeugen. Dafür braucht es grüne Energien, neue Energieträger wie Wasserstoff und effiziente Batterien, schnelles Internet, 5G, Plattformen für Sharing-Angebote, KI, Big Data, breite Technologien wie IoT und Spezialtechnologien wie Lidar (*light imaging, detecting and ranging*).

Kombiniert man diese auf kluge Weise, lassen sich einige vielversprechende Lösungen für Mobilität finden: Wie bringt man viele Menschen zuverlässig, sicher und bezahlbar an ihre Ziele?

Bleiben wir zunächst in der Stadt. Der Anforderungskatalog an urbane Mobilität ist hoch. Sie muss sich in bestehende Strukturen einfügen lassen, Park- und Lademöglichkeiten für elektrische Gefährte bieten und der Bequemlichkeit Rechnung tragen, etwa durch eine Integration verschiedener Fahrzeuge und hoher Flexibilität.

Transportation-as-a-Service. Stellt man sich in einer modernen Stadt an eine belebte Kreuzung, kann man bereits eine Vielzahl an Vehikeln beobachten: Autos, E-Scooter, Fahrräder mit oder ohne Motor, Lastenräder, Hoverboards, Mofas, Skates und vieles mehr. Die Auto-Monokultur, die unsere Städte und deren Gestaltung lange geprägt hat, diversifiziert sich immer mehr. Denn es macht schlicht wenig Sinn, unter großem Energieaufwand 1,5 Tonnen Blech zu bewegen, um 70 Kilo Mensch von A nach B zu bringen. Jede Deutsche legt am Tag drei Wege von je durchschnittlich zwölf Kilometer Länge zurück,[59] das sind Distanzen, für die man kein Auto braucht. Zumal diese mehr als 23 Stunden am Tag ohnehin nutzlos auf Parkplätzen herumstehen, die in Metropolen knapp die Hälfte des öffentlichen Raumes einnehmen.[60]

Es braucht sinnvollere Lösungen, falls wir unsere Ideen von neuen Städten realisieren wollen. Eine davon ist die Mikromobilität, also alles, was sich fortbewegt und kleiner als ein Auto ist. Der ÖPNV ist in allen Weltregionen das Rückgrat des städtischen Verkehrs und wird es bleiben, denn es ist mit Abstand die effizienteste und kostengünstigste Weise, um viele Menschen zu transportieren. Ausnahme ist Nordamerika, wo man unverbesserlich am Privatauto festhält,[61] aber dort hat man es auch jahrzehntelang versäumt, den Menschen einen ordentlichen ÖPNV zu bieten. Doch U-Bahn und Tram können nicht vor jeder Haustür halten, und so sind kleine, flexible »mikromobile« Lösungen sehr gut geeignet, um die Effizienz des Massentransports mit individuellen Zielen zu kombinieren. Das kann bedeuten, dass ich mit dem E-Bike zur Arbeit oder mit dem E-Scooter zur S-Bahn-Haltestelle kurve. Dafür braucht es weniger Parkplätze, es gibt weniger Stau und geringere Luftverschmutzung. Anfangs überschwemmten Firmen wie Lyft die Innenstädte mit E-Scootern, um im heiß umkämpften neuen Markt möglichst schnell Kunden zu gewinnen, doch das führte eher zu Protestaktionen. Mittlerweile ist die Akzeptanz deutlich gestiegen, und Mikromobilität wird als Lösung für die Verbindung zum ÖPNV gesehen, *last mile Delivery* für Menschen quasi.[62] Man kann das Konzept aber auch ganz anders denken: Vespa-Hersteller Piaggio kam auf die ursprüngliche menschliche Fortbewegung zurück: Laufen. Fragt sich nun, was man da mit Technik verbessern kann. Piaggios Lösung war nicht etwa ein Exoskelett, das den Menschen zum Superläufer macht, sondern Gita, ein elektrisches, autonomes Oma-Einkaufs-Wägelchen, das brav hinter einem herzuckelt und die Einkäufe trägt. Großartig.

Das Auto wird nicht verschwinden, aber es wird sich verändern. Andere Antriebe und größere Autonomie werden sowohl Design als auch Einsatz der Wägen beeinflussen. Elektroautos sind auf der Straße angekommen, allerdings mehr als Zweit- denn als Erstautos. Drei Viertel der Haushalte mit Elektroauto haben mindestens ein weiteres Auto in der Garage stehen.[63] Denn noch gibt es einigen Verbesserungsbedarf. Energiedichte und Ladegeschwindigkeit der Batterien sind kritisch. Derzeit schafft es nicht einmal Marktführer Tesla, seine Autos in weniger als einer halben Stunde auf 80 Prozent zu laden. Große Hoffnung wird in Feststoffakkus gesetzt, die statt Batterieflüssigkeit einen soliden Elektrolyten beinhalten. Das erhöht die Energiedichte und Ladegeschwindigkeit und verringert die Brandgefahr, allerdings zum Preis einer geringeren Leistung. VW kooperiert mit Vorreiter Quantumscape und hofft, so Tesla zu überholen. Andere Hersteller bauen auf Kobalt- und Nickel- statt auf die meist verwendeten Lithium-Ionen-Akkus, doch das macht die Akkus teurer, giftiger und leichter entflammbar. Anfang 2021 fanden Forscher einen simplen Trick, der Lithium-Ionen-Akkus schneller laden lässt, ohne sie substanziell zu verändern. Hierbei wird das System angewärmt, was die chemischen

Reaktionen beim (Ent-)Laden beschleunigt.[64] Obendrein soll dies die Lebensdauer der Akkus auf über zwei Millionen Fahrmeilen deutlich verlängern. Doch damit sind E-Autos noch längst nicht »grün«. Denn noch ist nichts in der Herstellung emissionsfrei, weder Blech noch Plastik noch Batterien.

Eine weitere große Herausforderung ist der Aufbau eines robusten Energienetzes, um die wachsende Flotte an E-Autos verlässlich zu laden. Die derzeitigen Netze sind nicht ansatzweise darauf vorbereitet, vor allem nicht mit grünem Strom. Volatile Ladezeiten treffen hier auf volatile Stromversorgung, das kann schnell in einem Zusammenbruch der Netze enden. Dabei ließe sich das auch vom anderen Ende her denken, wenn man E-Autos nicht nur als Verbraucher sieht, sondern auch als Speicher. *Vehicle to Grid* (V2G) nennt sich das und beschreibt eine mögliche Lösung, den notorisch schwankenden Ökostrom von Sonne und Wind in Autos zwischenzuspeichern. Tausende E-Autos könnten sich so zu einem virtuellen Riesen-Akku verbinden lassen und das Netz stabilisieren. BMW experimentiert mit seinem Modell i3 seit einigen Jahren damit und hat mit 100 Fahrern in seinem Pilotprojekt *Charge Forward* Erfahrungen gesammelt. Die Forschungsstelle für Energiewirtschaft rechnet in ambitionierten Szenarien damit, dass im Jahr 2035 20 Millionen E-Fahrzeuge eine Speicherkapazität von 1000 GWh bereitstellen könnten, sämtliche Pumpspeicherkraftwerke in Deutschland kommen heute auf weniger als 50 GWh.[65] Eher unrealistisch, doch selbst ein Bruchteil der Kapazität wäre bereits ein Erfolg. Soll dieses System funktionieren, braucht es nämlich eine hochkomplexe Abstimmung aller Teilnehmer in nahezu Echtzeit, um eine schleunige Umpolung von Ladung zu Entladung zu ermöglichen, falls das Netz an einen Engpass gerät. Nur ausreichend grüne Energie, die haben wir nach wie vor nicht.

Nun sollen Autos ja nicht nur elektrisch, sondern auch autonom durch die Gegend kurven. Aber das wird wohl noch auf sich warten lassen, wir haben nicht einmal Level 3 von 5 auf dem Weg zum vollautonomen Fahren abgeschlossen. Assistiertes Fahren (Level 1) ist abgehakt. Teilautomatisiertes Fahren (Level 2), bei dem das Auto selbstständig in der Spur bleibt, lenkt, beschleunigt und sich im Stau am Vordermann orientieren kann, ist technisch zwar schon möglich, rechtlich aber noch nicht eindeutig geklärt, daher muss man auch hier außerhalb Österreichs noch die Hände brav am Steuer lassen. Das Alpenland hat 2019 für bestimmte Autobahnstrecken die gesetzlichen Voraussetzungen geschaffen, die Hände vom Steuer zu nehmen, sofern man jederzeit in der Lage ist, wieder einzugreifen.

Ab Level 3, dem hoch automatisierten Fahren, muss die Fahrerin ihr Auto nicht mehr jederzeit beherrschen, sondern darf sich vorübergehend anderweitig beschäftigen. Meldet sich das System jedoch, muss sie kurzfristig eingreifen und das Steuer übernehmen können. Fragt sich nur, ob im Falle einer Gefahrensituation die Reaktionszeit schnell genug ist. Audi und eine Reihe anderer Hersteller wollten derartige Systeme bereits für Stausituationen auf der Autobahn zulassen, bisher scheinen jedoch die Anforderungen nicht erfüllt zu werden. Bei voll automatisiertem Fahren (Level 4), darf man sogar schlafen, zumindest wenn die Sonne scheint und alle Umstände top sind. Gerät der Wagen in eine Gefahrensituation, bringt er sich selbst in sicherem Zustand zum Stehen. Bei Regen, Sturm und Schnee kann es allerdings sein, dass er gar nicht erst losfährt. Level 5 wäre schließlich das tatsächlich autonome Fahren, wir Menschen wären nur mehr Passagiere bzw. gar nicht mehr vorhanden, falls das Gefährt nur Güter transportiert.

Wo also stehen wir auf der Skala? Der rechtliche Rahmen für Level 3 ist in einigen Ländern geschaffen, und Deutschland kündigte an, das erste Land zu sein, das Level 4 auf der Straße erlaube.[66] Blickt man allerdings auf KPMGs Index, wie parat ein Land für autonomes Fahren ist, findet man das Autoland Deutschland auf dem wenig glamourösen 14. Platz.[67] Level 5 zu erreichen ist eine unheimlich komplexe Angelegenheit. Neben dem rechtlichen Rahmen gilt es, Haftungsfragen zu klären und die Infrastruktur bereitzustellen, was nicht nur Straßen umfasst, sondern auch flächendeckende und vor allem zuverlässige digitale Infrastruktur. Länder wie die Niederlande und Finnland hängen Deutschland in diesen Disziplinen locker ab. Apropos verschiedene Länder, nachdem man ja doch gerne mal über die Grenzen fährt, müssen sowohl Regulierung als auch unterstützende Technik grenzübergreifend abgestimmt sein.

Bleibt noch das Auto selbst, das sich immer mehr in ein riesiges Sensorium verwandelt. Neben einer engmaschigen Kontrolle des eigenen Zustandes muss es permanent exakt wissen, wo es ist (hochpräzises GPS, 5G), was wie schnell um es herumschwirrt und wie die allgemeine Außensituation ist (Kamera, Radar, Lidar, Ultraschall, 5G). Die Systeme müssen redundant sein, um sich gegenseitig ersetzen zu können, sollte eines ausfallen oder an seine technischen Grenzen kommen. Kameras sind zum Beispiel nicht so gut geeignet, Objekte präzise in einem 3-D-Raum zu verorten und ihre Geschwindigkeit festzustellen. Lidar tastet mit Laserpulsen die Umgebung ab und ist unschlagbar, wenn es darum geht, eine 3-D-Karte zu erstellen. Dafür hat es ein Problem mit schlechtem Wetter, birgt womöglich gesundheitliche Risiken und ist derzeit noch recht teuer.

Neben den bekannten Namen wie Tesla, Waymo und auch VW tummeln sich noch interessante kleinere Spieler im Markt. Comma.ai bietet mit *Openpilot* eine Software mitsamt Kamera an, mit der man sein Auto selbst aufmotzen kann. Bisher unterstützt es aber nur wenige Modelle, und ob man wirklich die Open-Source-Version nutzen und eigenständig auf sein Automodell umprogrammieren will, ist fraglich.

Neben der Interoperabilität und physischen Sicherheit gilt die Hauptsorge der Cybersicherheit und der Stabilität der Systeme. Digitale Systeme sind erfahrungsgemäß deutlich fehleranfälliger als analoge. Was macht man also bei einem Systemabsturz? Einem erfolglosen Software-Update? Internetausfall? Wenn das Auto darauf programmiert ist, keine durchgezogene Linie zu überfahren, und ein Scherzbold auf dem Parkplatz einen Kreis ums Auto malt?

Es gibt also noch viel zu tun. Wenn wir allerdings eines Tages den Traum vom autonomen Fahren verwirklicht haben, können wir uns wahrscheinlich neben dem Zeitgewinn und einem besseren Ruhepuls über eine Reihe von Vorteilen freuen. Die Sicherheit würde sich erhöhen, denn derzeit lassen sich 95 Prozent aller Unfälle auf menschliches Versagen zurückführen.[68] Der Verkehr könnte besser organisiert und zügiger werden. Autonomes Carsharing könnte Parkplätze einsparen, wenn die Autos besser ausgelastet sind und eigenständig durch die Gegend cruisen, solange sie gerade keinen Passagier transportieren. Autonome Fahrzeuge im ÖPNV könnten wiederum entlegene Orte besser anbinden.

Auf jeden Fall ändert sich gerade die Rolle des Autos. Neben einem Transportmittel wird es mehr und mehr zum persönlichen Assistenten und zur Erlebniswelt. Es bleibt spannend, was die Hersteller aus diesen neuen Chancen machen.

Ein Level höher als die Straße befinden wir uns im Hoheitsgebiet der Vögel. Bis jetzt. Denn immer mehr Firmen stehen an der Schwelle, die »urbane Luftmobilität« wahr werden zu lassen. Drohnen, fliegende Autos und eVTOLs (*electric vertical takeoff and landing aircrafts*) werden neben Helikoptern bald den Luftraum bevölkern. Zwar hatte die Szene mit einigen Rückschlägen wie abgebrannten oder abgestürzten Prototypen zu kämpfen. Doch das Interesse scheint nicht sehr gelitten zu haben. Laut EASA (*European Union Aviation Safety Agency*) zeigten sich in einer Umfrage in sechs urbanen Zentren 83 Prozent der Befragten offen für Lufttaxis und/oder Lieferdienste, 71 Prozent würden es selbst ausprobieren.[69] Fliegende medizinische Dienste könnten in New York sogar bald Wirklichkeit werden. Urban Aeronautics produziert jetgetriebene VTOLs, die als fliegende Ambulanz eingesetzt werden können. Anfang 2021 wurden die ersten Modelle an eine medizinische Organisation in New York verkauft. Die EASA wiederum hält es für möglich, dass der kommerzielle Lufttaxibetrieb bereits 2024 oder 2025 starten könnte, die NASA geht eher von 2028 aus. EASA sieht bis 2030 einen 4,2 Milliarden Euro schweren globalen Markt, der allein in der EU 90.000 Jobs generieren könnte.[70]

Bevor Passagiere in eVTOLs abheben, werden wohl unsere Amazon-Päckchen durch die Gegend schwirren. UPS transportiert per Drohnen bereits medizinische Güter auf dem Campus des Raleigh-Krankenhauses in North Carolina. Die Erwartungen an die urbane Fliegerei sind hoch, laut WEF soll sie Straßen entlasten und Unfälle vermeiden, leise, nachhaltig und bezahlbar sein, sich ins lokale Verkehrsnetz integrieren und Arbeitsplätze schaffen.[71] Klingt nach eierlegender Wollmilchsau. Wie das bewältigt werden soll, wird nur vage umrissen und eine weitere Frage tunlichst umgangen: Wie voll kann und darf unser Himmel werden?

Im April 2001 stand ich auf dem Dach eines Hochhauses im brasilianischen São Paulo und schaute entsetzt auf das dystopische Bild, das sich mir bot. Tief unter meinen Füßen eine Blechlawine, die sich durch die Stadt und den Smog schob. Über der Smogglocke flogen Hubschrauber die Eliten von einem Wolkenkratzer zum nächsten. Alles an diesem Bild war furchtbar, die Trennung der Gesellschaft, die Luftverschmutzung, die Überfüllung der Stadt. Denkt man die urbane Fliegerei weiter, finden wir uns schnell in einem noch katastrophaleren Bild wieder, denn die Gefahr besteht, dass wir mit der urbanen Fliegerei nicht nur den Stau von der Straße in den Luftraum packen, sondern dass wir am Ende beides haben. Statt Ruhe und Raum entstünde eine wie von einem Mückenschwarm geplagte Stadt, in der Stresslevel und Lärmemissionen ansteigen und die soziale Spaltung noch sichtbarer wird. Sicher, mit Regulierung lassen sich Grenzen setzen, doch fairer Zugang, beispielsweise, bedeutet, dass die Verkehrsmittel eine große Anzahl an Menschen bezahlbar bewegen können. Da eVTOL in der Regel auf etwa sechs Passagiere ausgelegt sind, kann man sich leicht ausrechnen, wie viele von ihnen in einer Millionenstadt unterwegs sein müssen. Ganz zu schweigen von all den Lieferdrohnen. E-Commerce wird einer WEF-Prognose zufolge bis 2030 gut ein Drittel mehr

Lieferfahrzeuge in die 100 größten Städte bringen.[72] Die Analysten schlagen zwar eine Reihe von Lösungen vor, etwa, dass elektronische Vehikel das Problem der Luftverschmutzung in Städten lösen, aber das alles reicht nicht. Die effizientesten Lösungen sind zugleich die einfachsten: einfach mal weniger konsumieren, und wenn, dann vielleicht Bestellungen sammeln und Lebensmittel bei der Urban Farm um die Ecke holen, per pedes.

… fern …

Beinahe lautlos gleitet der Flieger durch die Nacht über Abu Dhabi. Er hat eine lange Reise hinter sich, 558 Stunden in der Luft, 42.438 Kilometer, einmal um die Welt.[73] Verbrauchter Sprit: 0 Liter. Sicher landet Bertrand Piccard die Solar Impulse 2 am 26. Juli 2016 kurz nach Mitternacht dort, wo sein Partner André Borschberg 505 Tage vorher gestartet war. Ein Meilenstein der Fliegergeschichte, die erste Weltumrundung eines rein solarbetriebenen Flugzeuges. Die Solar Impulse 2 ist ein technisches Meisterwerk, ihre Spannweite ist mit 72 Metern breiter als die einer Boeing 747, dabei wiegt sie gerade einmal so viel wie ein SUV. Die großen Tragflächen helfen nicht nur im Gleitflug, sie bieten vor allem genug Platz für 17.248 Solarzellen, die für die Weltreise 11.655 kWh Energie für Propeller und Batterien bereitstellten.[74] Auch wenn kommerzielle Flüge noch nicht bald folgen, bewirkt der Testflug ein Aufsprengen gedanklicher Grenzen, den Beweis des Machbaren, ein Zeugnis von Willenskraft und Innovation.

Wahrscheinlicher für die Zukunft der kommerziellen Fliegerei wie auch für den Schiffsverkehr sind Wasserstoff und synthetische Kraftstoffe. Der Powertrain der britischen Firma ZeroAvia gilt als die Speerspitze der Fliegerei mit Wasserstoff und steht angeblich kurz vor der Marktreife. Schon 2024 will die Firma ein Flugzeug für bis zu 20 Passagiere und einer Reichweite bis zu 500 Meilen anbieten; 2035 sollen bereits über 200 Reisende Platz finden und bis zu 3000 Meilen fliegen. Den Wasserstoff plant ZeroAvia vollkommen grün mittels Windkraft herzustellen. Dennoch sollen sich die Kosten laut Firma stark reduzieren, da ihre Flieger mit deutlich weniger Treibstoff und Wartung auskommen als derzeitige Flugzeuge. Auch die Riesen der Branche setzen auf den neuen Kraftstoff, Airbus hat gleich mehrere Projekte am Laufen, der Konzern rechnet mit einem Launch 2025.

Andere setzen auf Elektrizität, zum Beispiel Eviation. Neun Passagiere sollen mit ihrem Flieger Alice ab 2024 bis zu 440 Meilen reisen können, der Jungfernflug bereits 2021 stattfinden. Und auch für Warentransport hat Eviation eine Variante im Angebot, die immerhin 1,2 Tonnen transportieren kann. Das reicht zwar nicht für die großen interkontinentalen Warenströme, doch DHL bestellte bereits zwölf Flugzeuge.

Nach einem Dornröschenschlaf von fast 20 Jahren sind sogar Überschallflugzeuge zurück, zumindest in der Entwicklung. Boom Supersonic versucht, gleich eine Reihe von Trends unter einen Hut zu bringen: die oberste Maxime einer möglichst kurzen Reisezeit mit grüner Antriebstechnologie zu verbinden und die materiallastige Luftfahrt mit Kreislaufwirtschaft. Trotz der energieintensiven Überschallgeschwindigkeit soll ihr Flaggschiff Overture komplett CO_2-neutral sein. Den Treibstoff liefert Prometheus Fuels, die durch Direct Air Capture CO_2 aus der Luft gewinnen und in synthetischen Kraftstoff umwandeln. Neue Materialien auf Karbonfaserbasis, Computersimulation und 3-D-Druck sollen den Materialverbrauch optimieren, gleichzeitig strebt die Firma ein Recycling ihrer Flieger an.

Fliegen ist nicht alles, und so schraubt Mobilitäts-Visionär Elon Musk währenddessen mit seiner Boring Company an einem Hyperloop. Mit seinem Konzeptpapier löste er 2012 einen wahren Boom aus. Passagiere auf Magnetschwebebahnen durch Vakuumröhren zu schießen schien vielen die Lösung des Massentransports über längere Distanzen zu sein. Und in der Tat ist die Idee bestechend, denn sie setzt an den zwei Hauptproblemen einer hohen Geschwindigkeit an: Reibung und Luftwiderstand (was im Prinzip auch wieder Reibung ist). Dadurch sollen Spitzengeschwindigkeiten von bis zu 1200 km/h möglich sein. Doch Technik, Infrastruktur, Sicherheit und Regulierung stellen uns noch vor große Herausforderungen. Die Magnetschwebetechnik gibt es zwar schon, sie muss allerdings vor allem energetisch noch stark verbessert werden, und es ist fraglich, ob sie sich tatsächlich, wie von Musk geplant, durch Solarenergie betreiben lässt.

Vor allem aber die Vakuumröhren sind problematisch. Wie lässt sich über derartige Distanz ein Vakuum aufrechterhalten? Wie baut man das Röhrensystem ohne scharfe Kurven und große Gefälle? Und wie sichert man die Röhren gegen mögliche Schäden ab, die das Vakuum unterbrechen würden? Die Wartungsmaßnahmen für einen Hyperloop wären ausgesprochen hoch.

Überhaupt, wo stellt man diese Röhren hin? Überirdische Röhren würden die ohnehin immensen Investitionskosten etwas senken und wären leichter zu warten. Wenn wir allerdings an unser Ziel, den Naturraum zu bewahren, denken, sollten wir uns fragen, ob wir wirklich ein gigantisches Röhrensystem in der Landschaft haben wollen. Bei einem unterirdischen System würden die Kosten explodieren. Und nicht zuletzt sind Infrastrukturprojekte notorisch schwierig durch die Bürokratie zu bekommen – besonders bei neuen Technologien.

Einige Ingenieure haben sich daher bereits vom Grundkonzept abgewandt und arbeiten an einem Hyperloop ohne Vakuum. Nur, was dann davon übrig bleibt, gibt es bereits eine geraume Weile: eine Magnetschwebebahn. So stellt sich die Frage, inwieweit ein Hyperloop wettbewerbsfähig ist, und zwar technisch wie wirtschaftlich, von der Akzeptanz bei den Passagieren ganz abzusehen. Warum also nicht lieber Systeme nutzen, die über die grundlegende Infrastruktur bereits verfügen – wie die Bahn.

An einem heißen Julitag 2018 wollte ich mit der Bahn eigentlich nur von München nach Regensburg, also keine Weltreise machen, und doch war es mühsamer, als von München nach Bangkok zu fliegen – und dauerte fast genauso lang. Mein erster Zug fiel aus, daraufhin trabte die gesamte Horde von Bahnsteig A nach Bahnsteig B und quetschte sich dort in einen Zug, der gefühlt doppelt so alt war wie ich. Klimaanlage gab es nicht, die Fenster ließen sich nicht öffnen, das Bordrestaurant war abgekoppelt, kurz: Alltag bei der Deutschen Bahn. Als wir wegen einer Baustelle standen, las ich passenderweise im *Spiegel* einen Artikel über die Neuerfindung der DB.[75] Die zitierten Manager gefielen sich als Visionäre, die Yoga in die Züge bringen wollten und eindeutig seit Längerem nicht mehr selbst in dieser nicht artgerechten Haltung transportiert worden waren. Dann stieß ich auf ein interessantes Detail: Viele Weichen des wichtigen deutschen Bahnnetzes werden noch per Flaschenzug aus dem Kaiserreich bedient. Während sich die Schweiz in Rekordzeit unter dem Gotthard durchbuddelt und dabei nicht einmal das volle Budget ausschöpft, während China eine Hochgeschwindigkeitstrasse nach der anderen in Betrieb nimmt, sucht Deutschland die Heftklammer und den Wiedervorlage-Stempel und legt die Digitalisierung der Infrastruktur erst einmal auf den Aktenstapel.

Dabei haben Züge enorme Vorteile: Die Bahn ist bereits quasi-autonomes Fahren. Dazu ist sie grüner als alle anderen motorisierten Fortbewegungsmittel, und auch innovative Antriebstechnologien lassen sich beim Zug oft leichter integrieren, etwa Wasserstoff. Bain & Company geht davon aus, dass H_2-betriebene Regionalzüge bereits ab 2025 kostenmäßig wettbewerbsfähig sind, Busse, Fähren und Flugzeuge wären das wohl erst gegen 2040.[76] Zu guter Letzt haben wir bereits einen großen Teil der Infrastruktur, sie müsste nur erneuert werden. Koppelt man dann noch die Bahnhöfe mit flexibler und praktischer Mikromobilität, kommt das dem Ideal von individueller, autonomer und vernetzter Mobilität schon sehr nahe. Und nicht nur unsere Mobilität macht per Zug mehr Sinn, auch Güter sind auf der Schiene deutlich besser unterwegs als auf dem Asphalt. Worauf also warten die Entscheidungsträger?

… ganz weit weg

Gönnen wir uns zum Abschluss noch einen Blick auf die ganz ferne Destination, das All. Im Sommer 2021 geben sich dort die Tech-Milliardäre die Türklinke in die Hand. Noch sind sie nur auf Stippvisite im Orbit, doch eines Tages wollen sie reguläre Touristen-Trips in den Weltraum anbieten, und Elon Musk will gar den Roten Planeten besiedeln. Eines Tages, so seine Überlegung, wird unser Planet für eine menschliche Existenz zu lebensfeindlich sein, wir brauchen eine Alternative. Das Problem ist nur, der Mars ist bereits lebensfeindlich, was für eine Alternative soll das sein? Und ist es nicht verrückt, all die Ressourcen in die Eroberung des Weltalls zu stecken, um uns eines Tages von einem unwirtlichen Ort zum nächsten zu schießen, statt die Energie in die Erhaltung unseres (noch) so lebenswerten Planeten zu stecken?

Die Wahrheit liegt wie so oft in der Mitte. Fakt ist, dass Weltraumprogramme maßgeblich am technologischen Fortschritt ihren Anteil haben. Viele Innovationen gehen etwa auf NASA-Forschung zurück, darunter medizinische Erfolge wie Prothesen und Insulinpumpe, aber auch Gebäudeisolierung, Wasserfilter, kabellose Kopfhörer, die Computermaus und vieles mehr. Derzeit fördert die NASA unter anderem Forschung zu künstlichen Organen und nachhaltigen Nahrungsquellen. Für beide Vorhaben könnten 3-D-gedruckte Gewebe der Schlüssel sein, und beide sind nicht nur für Reisen ins All bedeutend, sondern auch für das Leben auf der Erde. Dazu liefern Experimente im All wertvolle Erkenntnisse für Grundlagen- und auch angewandte Forschung. Eine Demokratisierung von Weltraumflügen, indem Firmen wie Blue Origin und SpaceX sie kommerzialisieren, würde es Forschern ermöglichen, mit ihren Experimenten ins All zu fliegen, statt diese durch weit weniger geschulte Astronauten durchführen zu lassen. Man kann also den Weltraumprogrammen und auch den kommerziellen Anbietern nicht den Nutzen absprechen.

Was man aber infrage stellen darf, ist die Priorisierung. Stecken wir unsere finanziellen Ressourcen gerade in die akutesten Fragen? Ist Weltraumtourismus mitsamt seinem ungeheuren Energieverbrauch dringlich in Zeiten, in denen wir immer noch keine tragbare Lösung für die Stabilisierung des Erdklimas haben und gleichzeitig unser Energiehunger im alltäglichen Leben immens wächst? Richard Bransons Stippvisite an den Rand des Orbits schlug je Passagier mit geschätzt 60-mal höheren Emissionen als ein durchschnittlicher Business-Flug zu Buche.[77] Das mag bei einem Ausflug verkraftbar sein, doch allein seine Firma Virgin Galactic will bald mehrere Hundert Flüge im Jahr anbieten. Bransons Konkurrent Jeff Bezos legte Wert darauf, dass der Antrieb seiner Raketen mit flüssigem Wasser- und Sauerstoff bei der Verbrennung keinerlei CO_2-Emissionen generiere, ließ dabei jedoch elegant die Emission bei der Erzeugung seines Treibstoffes unter den Tisch fallen. Kritiker der Ausflüge ins All haben also jede Menge guter Argumente auf ihrer Seite. Auch wenn es viele Vor- und Nachteile gibt, wir werden die Entwicklung sicher nicht aufhalten können und sollten es auch nicht.

Aber es müssen ohnehin nicht gleich alle in den Orbit fliegen. Allein, was jetzt bereits um unsere Erde kreist, ist ein unbeschreiblicher Gewinn. Ohne Satelliten keine Navigation, keine Wettervorschau, keine Kommunikation, wie wir sie kennen. Die kommerzielle Raumfahrt beschert auch dem Geschäft mit den Trabanten einen enormen Schub, denn nie war es so günstig, sie ins All zu schießen. Einer der großen Trends ist die Beobachtung unseres Planeten aus dem All, nicht mehr nur für militärische Zwecke, sondern immer häufiger, um den Zustand der Wälder zu erfassen oder hochauflösende Karten sowie Vulkanausbrüche zu detektieren. Der andere große Trend ist, ein Satelliten-gestütztes Internet aufzubauen, das Zugang in den entlegensten Gebieten der Erde erlaubt. SpaceX zieht mit seinem Starlink-Programm bereits lange Ketten an Satelliten in den Himmel, und auch andere Firmen wie Lynk arbeiten an einem Internet aus dem All. Am

Ende werden Tausende Satelliten benötigt, um unseren Globus abzudecken, ein Vielfaches der heute aktiven Trabanten.

Das Problem ist, dass wir im All genau dasselbe tun, was wir immer tun, wenn wir neue Gebiete erobern: Wir müllen sie zu. Bisher hat kaum ein Satellitenbetreiber daran gedacht, wie er sie nach ihrem Lebensende wieder aufräumen kann. Laut NASA flitzen über 23.000 Schrottteile größer als zehn Zentimeter um unseren Planeten, weitere 500.000 mit einer Größe zwischen einem und zehn Zentimetern und etwa 100 Millionen noch kleinere Teilchen.[78] Und das bringt ganz irdische Probleme, denn dieser Weltraumschrott stellt Abermillionen von ultraschnellen Geschossen dar, die die noch aktiven Satelliten bedrohen. Jede Kollision generiert einen weiteren Schwarm an Projektilen und zerstört womöglich kritische Infrastruktur wie Navigationssatelliten für die Mobilität auf der Erde.

Nicht nur relativ kleine Satelliten sollen die Erde umkreisen, der Vorstellungskraft sind keine Grenzen gesetzt. Der geniale Isaac Asimov erdachte in seiner Geschichte »Vernunft« bereits 1941 Sonnenkraftwerke im Weltraum. Doch obwohl wir bereits die Internationale Raumstation und Satelliten durch Sonnenenergie am Laufen halten, ist ein rentables Weltraumkraftwerk, das die Energie noch dazu auf die Erde schicken kann, eine ganz andere Nummer. Staatliche Organisationen wie die NASA, Tophochschulen wie das CalTech und Firmen wie Solaren arbeiten seit Langem an Lösungen, doch auch sie gehen davon aus, dass es noch weitere Jahrzehnte dauern wird. Einerseits bräuchte man ultraleichte, faltbare und pflegeleichte Solarpaneele, die trotz des herumtrudelnden Weltraumschrotts und der intensiven Strahlung eine hohe Lebensdauer haben. Dazu bedarf es einer effizienten und sicheren Energieübertragung zur Erde. Kabel kann man vergessen, und damit bleiben uns fokussierte Strahlen, entweder in Form von Mikrowellen oder Laserstrahlen, die auf der Erde von sogenannten Rectennen aufgefangen werden. Noch schwieriger sind die wahrhaft exorbitanten Kosten, um die Kraftwerke in den Orbit zu bringen.

Energy.gov schätzt das Gewicht einer solchen Anlage mit mehreren Gigawatt Kapazität und Mikrowellen-Transmission auf 80.000 Tonnen, das eines Laser-Transmissions-Kraftwerkes mit mehreren Megawatt Kapazität auf mindestens 10 Tonnen.[79] Eine sehr grobe Rechnung mit Launchkosten von 10.000 US-Dollar pro Kilo für eine Ariane-V-Rakete und 2000 US-Dollar pro Kilo für eine Falcon-Heavy-Rakete bringt uns also in die Gegend von 160 bis 800 Milliarden US-Dollar für die Mikrowellen-Variante und 20 bis 100 Milliarden US-Dollar für die Laser-Option bei ähnlicher Kapazität im GW-Bereich. Ersteres ist indiskutabel, allein schon, weil es bei dem Gewicht Dutzende an Raketen bräuchte, um das gesamte Material in den Weltraum zu bringen, womit die wunderbar grüne CO_2-Bilanz der Sonnenenergie beim Teufel wäre. Zweiteres sieht schon besser aus, doch um beim Energiepreis konkurrieren zu können, müsste man Gewicht senken und vor allem die Launchkosten auf unter 200 US-Dollar pro Kilo bringen. Die Alternative, die Kraftwerke inklusive Materialgewinnung gleich ganz im Weltraum zu bauen, dürfte jedoch noch lange dauern.

Eines ist klar: Ohne große Visionen passiert wenig, und das zu langsam. Es braucht Idealisten, Fantasten und Vordenker, um neue Konzepte zu ersinnen. Schaffen wir es, diese Kreativität mit offenem Diskurs und pragmatischem Umsetzungswillen zusammenzubringen, sollte uns die Zukunft nicht ängstigen.

Und was jetzt?

»Was die Zukunft betrifft, so geht es nicht darum, sie vorherzusagen, sondern sie zu ermöglichen.«
Antoine de Saint-Exupéry

Nun sind wir durch die unterschiedlichsten Lebensbereiche gereist, haben den Einfluss von Technologien auf unseren Körper, auf unser Miteinander, unseren Konsum und Zeitvertreib und auf unseren Aufenthaltsort betrachtet. Wir haben festgestellt, dass einige Themen und Dilemmata sich durch viele Bereiche ziehen. Die großen Themen Vertrauen, Anerkennung und Ungleichheit, beispielsweise. Auch Zugang, Bezahlbarkeit und Verantwortung, ebenso wie unser stetiges Mühen, eine ausgewogene Balance von Autonomie und Zugehörigkeit zu finden. Unsere Überforderung durch Technologie, die uns davon abhält, ihren Einsatz offen und neugierig zu reflektieren, und die uns häufig auch einfach an den Rand des Wahnsinns treibt. Die gezielte Lenkung unseres Fokus auf Nebensächlichkeiten und Nonsens durch die Aufmerksamkeitsökonomie, die uns von wichtigeren Themen ablenkt. Das damit zusammenhängende Dilemma zwischen kurz- und langfristigem Denken, zwischen kurzfristiger Befriedigung von Wünschen und Bequemlichkeit und langfristiger Investition in unsere Zukunft. Auch die euphorische Überbewertung von Technik, die irreführende Suggestion, sie böte inhärente Sicherheit und Genauigkeit, ist ein wiederkehrendes Motiv, ebenso wie voreilige Ablehnung und Schwarzmalerei.

Gleichzeitig haben wir immer noch kein klares Bild von unserer Zukunft. Ob und wenn ja, wann eine starke KI das Zepter übernimmt,

Mammuts über die Wiesen streunen oder wir in fliegenden Autos durch die Gegend zappen – wir wissen es nicht und können es auch nicht wissen. Macht auch nichts, denn statt um konkrete Zukunftsbilder geht es vielmehr um ihre Gestaltung, es geht darum, wie wir mit Technologie und ihrer Entwicklung umgehen, wie wir sie anwenden und auf ihrer Basis Produkte entwickeln.

In der Produktentwicklung fasst langsam, aber beharrlich eine Idee Fuß, die das Potenzial hat, unsere Auffassung von Gegenständen, Dienstleistungen und Technologien, ihrer Nützlichkeit und Bedeutung grundlegend zu ändern. Die Rede ist von ethischem oder auch werteorientiertem Design. Nicht mehr nur der materielle Wert, der mit einem Produkt geschaffen werden kann, sondern auch die ethischen Werte, die durch das Produkt vermittelt werden, sollen von vornherein in die Gestaltung miteinbezogen werden. Soll eine App Transparenz gewährleisten oder Datenschutz? Soll die neue soziale Plattform exklusiv sein oder inklusiv? Ist der Schuh für Fast Fashion oder als nachhaltiger Artikel für die Kreislaufwirtschaft gedacht? Welche (technischen) Anforderungen ergeben sich daraus für das Produkt, welche Eigenschaften braucht es, um diese Werte zu garantieren? Und welche Risiken können diese Wertevermittlung gefährden?

Einfach ist dieser Entwicklungsprozess nicht, gerade wenn es um komplexe Technologien wie KI geht. Die Werte, die mit einem Produkt verbunden werden, sind abhängig von Kontext, Interessengruppen, kulturellem und ökonomischem Ökosystem. Dutzende weltweit entstandene Leitfäden für ethische KI, beispielsweise, kommen auf kein gemeinsames Set an Werten, die bei ihrer Entwicklung eine zentrale Rolle spielen sollen. Große Übereinstimmung fanden zwar die ethischen Prinzipien der Transparenz, der Gerechtigkeit und Fairness, der Schadensvermeidung, der Verantwortung und des Datenschutzes.[1] Doch selbst die Einigung auf die Werte allein heißt noch nicht, dass alle Beteiligten auch dasselbe darunter verstehen. Transparenz etwa kann als Anforderung eine Veröffentlichung des Quellcodes bedeuten, aber auch der zugrunde liegenden Daten, der befolgten Rechtslage oder der getätigten Investitionen. Wir werden also viele Diskussionen führen müssen, es wird mühsam, aber auch enorm bereichernd sein, diesen Weg einzuschlagen. Und es ist der richtige Weg, wenn wir mit der Macht der neuen Technologien verantwortungsvoll umgehen wollen. Denn wenn wir noch mal einen Blick auf die wiederkehrenden Dilemmata und gesellschaftlichen Herausforderungen werfen, stellen wir fest, dass sich die meisten eben um ethische Werte drehen. Denken wir diese von Anfang an mit, können wir viele problematische Auswirkungen von vornherein adressieren.

Die nach ethischem Design entworfenen Produkte und Technologien werden daher einen großen Beitrag zu einem umfassend besseren Leben leisten und eine größere Akzeptanz finden. Denn Technik ist nicht alles. Wer denkt, Technologie kann alle Probleme lösen, vergisst, dass Erfolg und Misserfolg einer neuen Technologie damit steht und fällt, wie sie angenommen wird; somit ist die Lösung der Probleme auch eine gesellschaftliche Frage. Wir können aber das Konzept des werteorientierten Designs noch weiterdenken, die Idee vom Produktdesign auf andere Bereiche übertragen, es geht ja in erster Linie um einen Gestaltungsprozess, und das lässt sich auf das Soziale, das Politische, ja das Systemische ausdehnen. Warum also nicht unsere Arbeitswelt wertebasiert gestalten? Unsere Gesundheitsversorgung, Wohn- und Lebensräume und unsere Mobilität? Was auch immer wir gestalten wollen, wir können es gedankenlos, auf kurzfristigen Profit oder schnelle Ergebnisse ausgerichtet tun, oder wir können uns damit auseinandersetzen, was wir über einen materiellen Wert hinaus damit erreichen und welche ethischen Werte wir vermitteln wollen.

Während ich dieses letzte Kapitel schreibe, schläft mein neugeborener Sohn neben mir. Die Lebenswirklichkeit, in der er aufwachsen wird, wird sich in vielen Aspekten grundlegend von der meinen unterscheiden. Seine Welt wird von unseren heutigen Entscheidungen abhängen, er wird sich mit den Auswirkungen unserer Politik und unserer Gestaltung des sozialen Miteinanders auseinandersetzen müssen, er wird auf dem Wissen, das wir schaffen, und den Technologien, die wir entwickeln, aufbauen und mit ihnen leben müssen. Um diese, seine Wirklichkeit geht es, wenn ich mir Gedanken um eine Zukunftsvision mache. Und meine Vision für die Welt, in der er und seine Generation leben sollen, dreht sich um die zentralen Werte Offenheit, Selbstbestimmung und Nachhaltigkeit.

Seine Welt soll von Offenheit geprägt sein, die ihre Kraft aus Neugier, Unvoreingenommenheit und Toleranz zieht. Denn ohne Neugier existiert man nur für sich allein, ohne sie gibt es schlicht keine Welt um einen herum. Neugier ist essenziell, um Technologien wie auch Menschen entdecken zu wollen, um zu lernen und zu erleben, um mitreden zu können und zu wollen. Sie geht Hand in Hand mit der Unvoreingenommenheit, auch sie ist wesentlich, um uns als Individuen und als Gesellschaft voranzubringen und sich nicht in Sackgassen, in destruktiven Narrativen und hermetischen Bubbles zu verlieren. Toleranz, schließlich, ist unerlässlich, um als Individuen in einer Gesellschaft zusammenzuleben, zumal in einer Gesellschaft, die zunehmend polarisiert und offenen, konstruktiven Diskurs ablehnt. In dieser Welt soll mein Sohn sein Leben selbstbestimmt leben können, er soll Mitspracherecht, Sicherheit und Freiheit genießen. In meiner Vision hat er den Raum und die Möglichkeiten, sich eine eigene Meinung zu bilden, die Sicherheit und Freiheit, sich einzumischen, er selbst zu sein und über seine Zeit, seine Arbeit, seinen Lebensstil selbst zu verfügen. In dieser Welt wird Nachhaltigkeit tatsächlich gelebt, nicht nur im Umgang mit unseren natürlichen, sondern auch mit unseren immateriellen Ressourcen, allen voran mit unserer Zeit.

Technologie hat das Potenzial, diese Vision zu ermöglichen und zu stützen, durch digitale Demokratie und Austausch, durch die Abnahme von mühsamer, langweiliger Arbeit, durch eine bessere Gesundheitsversorgung und all die anderen Themen, die wir in diesem Buch entdeckt haben. Doch es kommt ganz darauf an, wie wir die Technologien entwickeln und einsetzen, wie wir den gesellschaftlichen Diskurs darüber führen. Einige werden meine Vision teilen, andere werden ihre eigene entwerfen. Vollkommen in Ordnung, denn wir sollten Pluralität als eigenen Wert schätzen. Aber wir brauchen im Kleinen wie im Großen doch auch Schnittmengen, über die wir uns verständigen können. Das braucht Mut und offenen Diskurs, den Willen, sich in andere hineinzuversetzen und sich auch mal vom Gegenteil überzeugen zu lassen.

Eine werteorientierte Gestaltung unserer Zukunft wird sich auszahlen, für unsere Zufriedenheit, unsere Gesundheit und nicht zuletzt auch für unseren Wohlstand. Packen wir es an.

Danksagung

An diesem Buch waren unzählige Menschen beteiligt, direkt und indirekt, bewusst und unbewusst. Viele wissen es wahrscheinlich gar nicht. Mein großer Dank geht daher an alle, die mir geholfen haben, dieses Buch zu verwirklichen, die mit mir diskutiert und bereitwillig ihr Wissen geteilt haben, die mich ermuntert, korrigiert und mich während des Schreibprozesses ertragen haben – allen voran mein wunderbarer Mann Adrian. Aber auch mein vielfältiger und inspirierender Freundes- und Kollegenkreis, meine Eltern, die mir früh Neugier und Entdeckungsfreude mitgaben, all die Forscher und Experten, deren Wissen in dieses Buch floss, und nicht zuletzt meine Lektorinnen und Agentin, die mich mit viel Kompetenz und Humor durch den Schreibprozess lotsten.

Herzlichen Dank!

Anhang

Bonustrack

Liebe Leserinnen und Leser,

Technologie und Gesellschaft, was für ein wundervoll ergiebiges Thema! Damit kann man ohne Probleme dutzende Bücher füllen. Mit Begeisterung fing ich also an zu schreiben und füllte allein mit Kapitel 1 über 80 Manuskriptseiten, bevor mich meine Lektorin bremste. »Verena, wir dachten mehr an 250 Seiten – für alle 14 Kapitel.« Wir trafen uns dann bei 320, was zur Folge hatte, dass ich mehr als die Hälfte des ersten Kapitels wieder rausschmeißen musste. Nachverhandlungen liefen ins Leere, so charmant wie knallhart blieb meine Lektorin bei den 320 Seiten. Dafür kam ihr die schöne Idee, die lange Version als Bonustrack auf die Website zum Buch zu stellen. Und so findet, wer Lust auf mehr hat, dort nicht nur die Technologie-Steckbriefe und das Diskussionsforum, sondern auch die ursprüngliche Version von »Vererbung, Design und den erweiterten Menschen«.

Viel Vergnügen beim Lesen und spannende Diskussionen wünscht

Eure
Verena Lütschg

www.zukunftskompass.org

Bibliografie

Sämtliche Fußnoten und Quellenangaben finden Sie unter dem Link www.heyne.de/ueber_morgen

Abkürzungsverzeichnis

AIDS	Acquired Immune Deficiency Syndrome
ALL	Akute lymphatische Leukämie
AR	Augmented Reality
ATP	Adenosintriphosphat
AV	Augmented Virtuality
AWES	Airborne Wind Energy Systems
BIP	Bruttoinlandsprodukt
BMI	Brain-Machine-Interface
CAR-T-Zellen	Chimeric Antigen Receptor-T-Zellen
Cas	CRISPR-assoiated
CDR	Carbon Dioxide Removal
CEO	Chief Executive Officer
CF	Cystische Fibrose
CNN	Convolutional Neural Networks
CO_2	Kohlenstoffdioxid
COVID-19	Coronavirus Disease 2019
CRISPR	Clustered Regularly Interspaced Short Palindromic Repeats
CSP	Concentrated Solar Power
CT	Computertomografie
DAC	Direct Air Capture
DALY	Disability Adjusted Life Years
DARPA	Defense Advanced Research Projects Agency
DDoS	Distributed Denial of Service
DHEA	Dehydroepiandrosteron
DL	Deep Learning

DLT	Distributed-Ledger-Technologie
DNA	Desoxyribonukleinsäure (Desoxyribonucleic Acid)
EASA	European Union Aviation Safety Agency
EEG	Elektroenzephalogramm
EPFL	École Polytechnique Fédérale de Lausanne
ETHZ	Eidgenössische Technische Hochschule Zürich
EU	Europäische Union
eVTOL	Electric Vertical Takeoff and Landing Aircraft
FDA	Food and Drug Administration
FV	Fotovoltaik
GMO	Genmodifizierte Organismen
GPS	Global Positioning System
GPT-3	Generative Pre-Training-3
GW	Gigawatt
GWh	Gigawattstunden
H_2	Wasserstoff
HE	Human Enhancement
hGH	Human Growth Hormone
HIV	Humanes Immundefizienz-Virus
HR	Human Resources
ICD	International Classification of Disease
IEA	International Energy Agency
IIoT	Industrial Internet of Things
IoMT	Internet of Medical Things
IoT	Internet of things
IRENA	International Renewable Energy Agency
IVF	In-vitro-Fertilisation
IVG	In-vitro-Gametogenese
JET	Joint-European-Torus
KI	Künstliche Intelligenz
KP	Kommunistische Partei
kWh	Kilowattstunden

LED	Light-emitting Diode
Lidar	Light Imaging, Detecting and Ranging
MINT	Mathematik-Informatik-Naturwissenschaften-Technik
MIT	Massachusetts Institute of Technology
ML	Machine Learning
MR	Mixed Reality
Mrd	Milliarden
mRNA	messanger RNA
MRT	Magnetresonanztomografie
NASA	National Aeronautics and Space Administration
NFT	Non-Fungible Token
ÖPNV	Öffentlicher Personennahverkehr
PET	Polyethylenterephthalat
PHA	Polyhydroxyalkanoat
PoW	Proof-of-Work
QC	Quantencomputer
RIPE	Realizing Increased Photosynthetic Efficiency
RNA	Ribonukleinsäure (Ribonucleic Acid)
RWE	Real-World-Evidenz
SEO	Search Engine Optimization
SHERO	Self-Healing Soft Robotics
SLAM	Simultaneous Localization and Mapping
SRM	Solar Radiation Management
TWh	Terawattstunden
TWR	Traveling Wave Reactor
UCLA	University of California Los Angeles
UGE	Universelles Grundeinkommen
USA	United States of America
USD	US-Dollar
UV	Ultraviolett
V2G	Vehicle to grid
VR	Virtual Reality

W	Watt
WEF	World Economic Forum
WHO	World Health Organisation
XR	Extended Reality